U0264141

中等职业教育土木水利类专业“互联网+”数字化创新教材
中等职业教育“十四五”系列教材

混凝土结构平法识图

李庆肖　主编
刘晓立　庞　玲　高　静　副主编

中国建筑工业出版社

图书在版编目（CIP）数据

混凝土结构平法识图/李庆肖主编. —北京：中国建筑工业出版社，2020.4（2024.11重印）
中等职业教育土木水利类专业“互联网+”数字化创新教材　中等职业教育“十四五”系列教材
ISBN 978-7-112-26054-6

Ⅰ. ①混…　Ⅱ. ①李…　Ⅲ. ①混凝土结构-混凝土施工-识图-中等专业学校-教材　Ⅳ. ①TU755

中国版本图书馆CIP数据核字（2021）第064286号

教学服务群
QQ：796494830

本教材是根据《中等职业学校建筑工程施工专业教学标准（试行）》《建筑结构可靠性设计统一标准》GB 50068—2018和《混凝土结构施工图平面整体表示方法制图规则和构造详图》16G101（以及22G101系列图集）等编写。

教材共有9个教学单元，即混凝土结构平法识图基础知识、结构设计总说明识读、柱平法施工图识读、梁平法施工图识读、板平法施工图识读、独立基础平法施工图识读、条形基础平法施工图识读、板式楼梯平法施工图识读、剪力墙平法施工图识读。教材提供丰富的学习资源，包括微视频、习题、图纸等，读者可以通过扫描二维码拓展学习。

本教材适合作为中等职业教育建筑工程施工、工程造价及相关专业识图课程教材，同时可作为相关工程技术人员的工作参考用书。

为了便于课程教学，作者自制免费课件资源。索取方式为：1. 邮箱 jckj@cabp.com.cn；2. 电话 010-58337285；3. 建工书院 http://edu.cabplink.com；4. QQ群 796494830。

责任编辑：司　汉　李　阳
责任校对：张　颖

中等职业教育土木水利类专业“互联网+”数字化创新教材
中等职业教育“十四五”系列教材
混凝土结构平法识图
李庆肖　主编
刘晓立　庞　玲　高　静　副主编
*
中国建筑工业出版社出版、发行（北京海淀三里河路9号）
各地新华书店、建筑书店经销
霸州市顺浩图文科技发展有限公司制版
建工社（河北）印刷有限公司印刷
*
开本：787毫米×1092毫米　1/16　印张：14¼　插页：6　字数：387千字
2021年6月第一版　2024年11月第七次印刷
定价：**43.00**元（赠教师课件）
ISBN 978-7-112-26054-6
（36737）

前　言

“混凝土结构平法识图”是建筑工程施工、工程造价等专业中一门应用性较强的课程，也是“钢筋翻样与加工”及“工程计量计价”奠定基础的专业核心课程，课程旨在培养学生在工程施工中正确识读施工图、运用标准构造要求解决实际问题的职业能力。

本教材是以《混凝土结构施工图平面整体表示方法制图规则和构造详图》22G101 系列图集和《混凝土结构设计规范（2015 年版）》GB 50010－2010 等相关规范为基础，以 1＋X“建筑工程识图职业技能等级要求”大纲为依据编写的。教材在编写时还依据国家对中等职业教育培养目标的定位，吸取行业专家意见，综合优秀教师的教学经验及国内外一些先进的教学理念，并突出如下特点：

（1）以实际工程施工图为载体（附录《某某小区别墅结构施工图》图纸），以建筑工程施工图组成内容为主线，按建筑工程构件划分教学单元，每一个教学单元根据知识需要插入立体模型数字资源，二维施工图与三维模型对照，直观形象。

（2）体现“理论够用、实践为重”的原则，根据专业理论需要，设置教材知识点，融“教、学、做”为一体。

（3）柱、梁、板模块采用项目形式，设置任务情境，引导识读训练，学生通过完成真实工程的综合识读实训任务，在实操中习得重要知识点。建议教学过程中，教师演示案例后，可以将识读任务逐一布置给学生，引导学生解决新任务，学生可独立或小组讨论的方式来完成识读任务，教师检查并讲评、指导学生梳理知识点，最后布置项目训练后所附的思考训练题，进一步巩固知识点，促进学生提高识读技能。

本教材由河北城乡建设学校李庆肖担任主编并统稿，河北城乡建设学校张玉威主审，河北城乡建设学校刘晓立、广西城市建设学校庞玲、唐山劳动技师学院高静担任副主编，具体编写分工：河北城乡建设学校李庆肖编写教学单元 1，唐山劳动技师学院高静编写教学单元 2 和教学单元 7，温州市城乡建设职工中等专业学校林海燕、郑艳丹分别编写教学单元 3 的 3.1 节和 3.2 节，广西城市建设学校庞玲编写教学单元 3 的 3.3 节，石河子工程职业技术学院宋燕和广西城市建设学校庞玲合编教学单元 4，河北城乡建设学校刘晓立编写教学单元 5，长春市城建工程学校杨韬编写教学单元 6，威海市水产学校夏虹雨编写教学单元 8，吉林省城市建设学校田雪编写教学单元 9。辽宁省建筑设计研究院有限责任公司白文彬参与教材编写并审查稿件。

本教材还是一本“互联网＋”数字化创新教材，引入“云学习”在线教育创新理念，增加了与课程知识点相关的数字资源，将传统教育对接到网络，学生通过手机扫描文中的二维码，可以自主反复学习，帮助理解知识点、学习更有效。教材中的模型和部分截图来自中望 3D EDUBIM 识图教学软件，对广州中望龙腾软件股份有限公司给予的技术支持表示衷心的感谢！

由于编者的学识和经验有限，难免存有纰漏和不妥之处，敬请同行批评指正。

目　录

Chapter 01

教学单元1

混凝土结构平法识图基础知识

教学目标

1. 知识目标

(1) 了解建筑结构构件名称及构件配置钢筋名称;

(2) 了解建筑基础的类型;

(3) 理解各结构体系的特点;

(4) 掌握图纸上钢筋表示方法及钢筋锚固连接要求。

2. 能力目标

(1) 通过基本知识学习,掌握混凝土结构构件通用要求,为平法识图奠定基础;

(2) 建立起结构体系和构件关联的理念。

建议学时: 16学时

建议教学形式: 配套使用教材提供的数字资源。

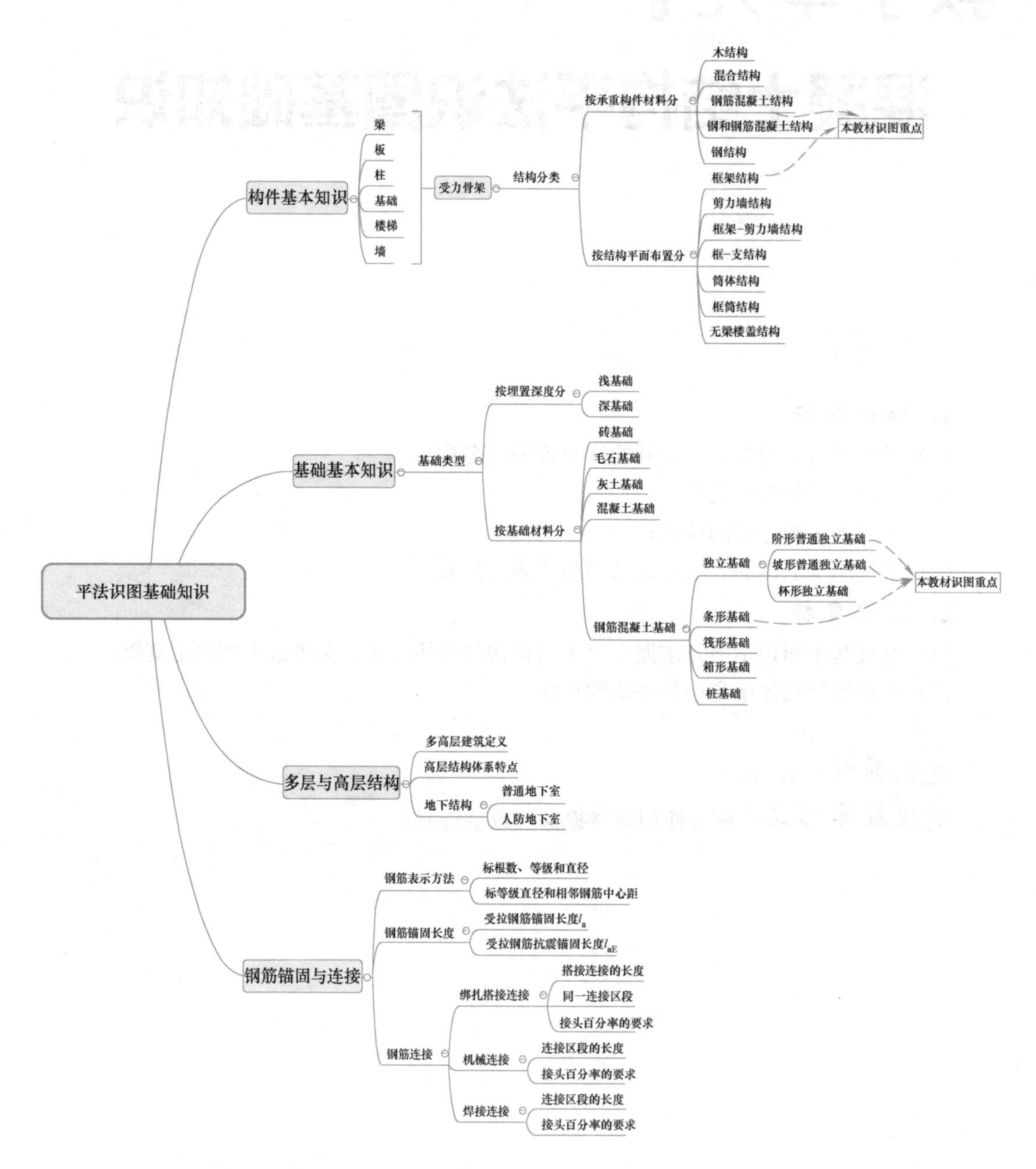

建筑工程图纸就是用标明尺寸的图形和文字来说明工程建筑、设备等的结构、形状、尺寸及其他要求的一种技术文件。作为即将从事工程施工的技术人员首要一点就是看好图纸，这样才能完成工程施工、监理和预算等工作。要正确识读结构施工图纸，需具备领会结构设计意图、了解结构构件种类及结构体系组成、熟知结构施工图的表达方法、熟知各类结构构件构造要求等知识。我国现行的建筑结构规范和标准、平面整体表示方法和制图规则是识读图纸、工程设计、施工的重要依据。

一套混凝土结构平法施工图包括：结构设计总说明、基础平法施工图、柱（墙）平法施工图、梁平法施工图、板平法施工图、楼梯平法施工图。

1.1 建筑结构构件基本知识

建筑结构是由梁、板、墙、柱、基础、楼梯等基本构件，按照一定组成规则，通过正确的连接方式所组成的能够承受并传递荷载和其他间接作用的骨架。

建筑结构形式有多种类型，其中最常见的分类方法是按建筑物主要承重构件所用的材料分类和按结构平面布置情况分类，见表 1-1 和表 1-2。

按建筑物主要承重构件所用的材料分类　　表 1-1

序号	结构类型名称	识别特征	适用范围
1	木结构	主要承重构件所使用的材料为木材	单层建筑
2	混合结构	竖向承重构件材料为砖石，楼面板、屋面板、梁为钢筋混凝土	单层或多层建筑
3	钢筋混凝土结构	主要承重构件所使用的材料为钢筋混凝土	多层、高层、超高层建筑
4	钢和钢筋混凝土结构	主要承重构件所使用的材料为型钢和混凝土	超高层建筑
5	钢结构	主要承重构件所使用的材料为型钢	重型厂房、受动力作用的厂房、可移动或可拆卸的建筑、超高层建筑或高耸建筑

按结构平面布置情况分类　　表 1-2

序号	结构类型	常用范围
1	框架结构	厂房或 20 层以下多、高层建筑
2	全剪力墙结构	住宅、旅馆等小开间的高层建筑
3	框架-剪力墙结构	20 层左右的高层建筑
4	框-支结构	下部需要大空间，上部为住宅、酒店等综合高层建筑
5	筒体结构(单/多筒)	超高层建筑
6	框筒结构	超高层建筑
7	无梁楼盖结构	大空间、大柱网的多层建筑

1.1.1 建筑结构荷载

建筑结构在施工和使用期间，要承受其自身和外加荷载的各种作用，这些作用在结构中产生不同的效应，如内力和变形。这些引起构件或结构产生内力、变形、裂缝等的各种原因统称为结构上的作用。

结构上的作用可分为直接作用和间接作用：直接作用是指直接以集中力或均匀分布力形式施加在结构上的作用，如结构自重、土压力、物品及人群重量、风荷载、雪荷载等，直接作用也称为结构的荷载。间接作用是指能够引起结构外加变形和约束变形或震动的各种原因，如温度变化、材料收缩、地基沉降、混凝土徐变等。

《建筑结构荷载规范》GB 50009—2012 将结构上的荷载分为三类：

1. 永久荷载

永久荷载是指在结构使用期间，其值不随时间变化，或其变化与平均值相比可以忽略不计，或其变化是单调的并能趋于限值的荷载，如结构自重、土压力、预应力等。永久荷载也称恒荷载。

2. 可变荷载

可变荷载是指在结构使用期间，其值随时间变化，或其变化与平均值相比不可以忽略不计的荷载，如楼面活荷载、屋面活荷载和积灰荷载、风荷载、雪荷载、吊车荷载等。可变荷载也称活荷载。

3. 偶然荷载

偶然荷载是指在结构使用期间不一定出现，一旦出现，其值很大且持续时间很短的荷载，如爆炸力、撞击力等。

建筑结构荷载在施工图纸结构设计总说明中列出。

1.1.2 结构的功能要求

任何结构设计都应在预定的设计使用年限内满足设计所预期的各种功能要求。建筑结构的功能要求包括安全性、适用性、耐久性。

1. 安全性

安全性指结构在正常施工和正常使用条件下，能够承受可能出现的各种作用，以及在偶然事件发生时和发生后，结构仍能保持必须的整体稳定性，即结构仅产生局部破坏而不致发生连续倒塌。

2. 适用性

适用性指结构在正常使用条件下，具有良好的工作性能。如不发生影响使用的过大变形或振幅，不发生过宽的裂缝。

3. 耐久性

耐久性指结构在正常维护条件下，具有足够的耐久性能，能够正常使用到预定的设计使用年限。如混凝土不发生严重风化、腐蚀，钢筋不发生严重锈蚀等。

设计使用年限是指设计规定的一个期限，在这一规定的时间内，结构或构件只需进行正常维护而不需进行大修即可按其预定目的使用。结构设计使用年限分类见表 1-3。

结构设计使用年限分类　　表 1-3

类别	设计使用年限(年)	示　例
1	5	临时性建筑结构
2	25	易于替换的结构构件
3	50	普通房屋和构筑物
4	100	纪念性建筑和特别重要的建筑结构

1.1.3　建筑结构材料的强度等级及表示符号

1. 混凝土

混凝土强度等级按立方体抗压强度标准值确定。混凝土强度等级分为 C15、C20、C25、C30、C35、C40、C45、C50、C55、C60、C65、C70、C75、C80 共 14 级。

2. 钢筋

建筑工程用的钢筋，需具有良好的塑性，较高的强度。普通混凝土结构主要采用的热轧钢筋牌号及符号见表 1-4。

热轧钢筋牌号及符号　　表 1-4

牌　号	符　号	公称直径 d(mm)
HPB300	Φ	6～22
HRB400 HRBF400 RRB400	Φ $Φ^{F}$ $Φ^{R}$	6～50
HRB500 HRBF500	Φ $Φ^{F}$	6～50

3. 钢材

在钢结构中采用的钢材主要有碳素结构钢和低合金高强度结构钢两种。碳素结构钢牌号由代表屈服点的字母“Q”、屈服点数值（N/mm^2）、质量等级符号和脱氧方法符号四部分组成。

例如：Q235-Ab 表示屈服强度为 $235N/mm^2$ 的 A 级半镇静钢。

低合金高强度结构钢牌号由代表屈服点的字母“Q”、屈服点数值（N/mm^2）、质量等级符号三部分组成。

例如：Q345B 表示屈服强度为 $345N/mm^2$ 的 B 级钢；Q390E 表示屈服强度为 $390N/mm^2$ 的 E 级钢。

1.1.4 混凝土结构构件

1. 受弯构件

受弯构件是工程中常见构件，如工业与民用建筑中的梁、板、楼梯。梁的截面形式有矩形、T形、工字形等，如图 1-1 所示。板的截面形式有矩形、槽形等，如图 1-2 所示。混凝土梁板工程实例如图 1-3 所示。

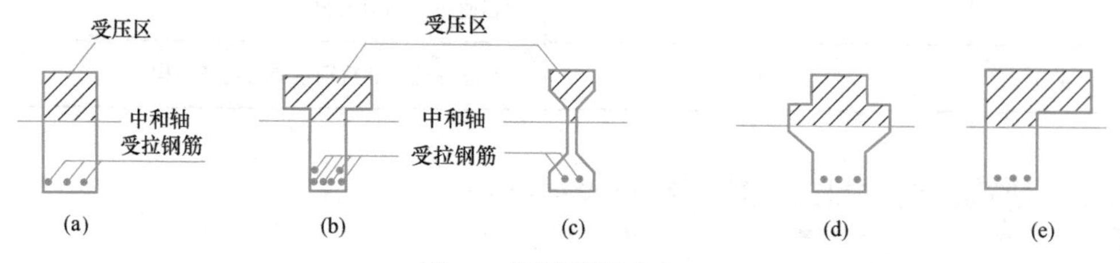

图 1-1 梁的截面形式

（a）单筋矩形梁；（b）T形梁；（c）工字形梁；（d）花篮形；（e）倒L形梁

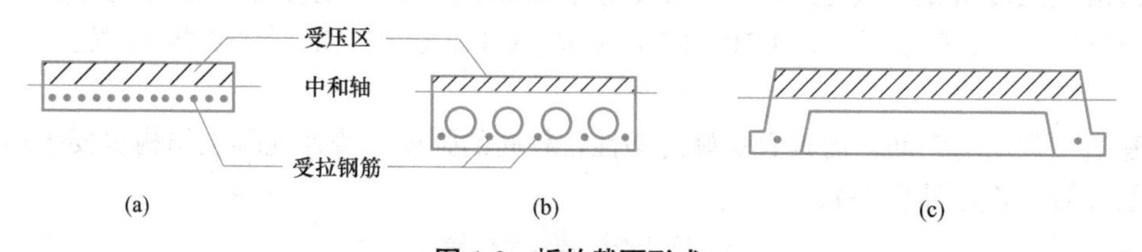

图 1-2 板的截面形式

（a）矩形板；（b）空心板；（c）槽形板

图 1-3 混凝土梁板工程实例

梁中通常配置有受力钢筋、箍筋、弯起钢筋及架立钢筋。当梁的截面高度较大时，还应在梁侧设置构造钢筋。如图 1-4 所示。

梁纵向受力钢筋沿着梁的纵向布置在受拉区，主要作用承受弯矩产生的拉力。箍筋的主要作用是承担剪力，在构造上还能固定纵向受力钢筋的位置和间距，与其他钢筋通过绑

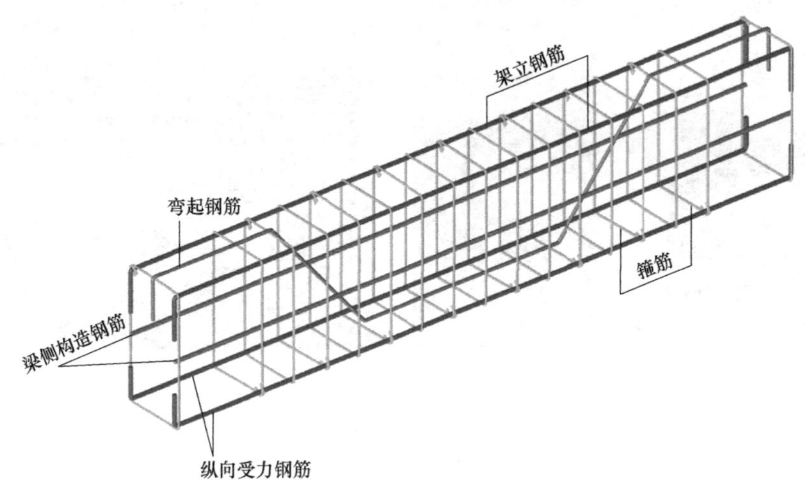

图 1-4 梁的配筋

扎形成骨架。弯起钢筋由纵向受拉钢筋在支座附近弯起而成，有时也单独设置弯起钢筋。架立钢筋设置在梁的受压区且平行纵向受拉钢筋，用来固定箍筋和形成骨架。当梁的腹板高度 $h_w \geqslant 450$mm 时，在梁的两个侧面应沿高度配置纵向构造钢筋，其作用是保证受力钢筋与箍筋构成的骨架稳定，并且防止梁侧中部因温度变化和混凝土收缩引起的竖向裂痕。

板中通常配有受力筋和分布筋，如图 1-5 所示。

板的受力钢筋沿板的跨度方向配置，位于受拉区，承担弯矩产生的拉力作用。其数量由计算确定，并满足构造要求，简支板受力钢筋布置在板下部；悬臂板在支座处产生负弯矩，受力钢筋布置在板上部，为了保证受力钢筋位于板的上部，钢筋端部应设置直角弯钩支撑在板底。

1-2 一般梁的钢筋形态认知

分布钢筋是与受力钢筋垂直均匀布置的构造钢筋，位于受力钢筋的内侧，绑扎固定受力钢筋的位置并形成钢筋骨架。其作用是把板面上荷载均匀地传递给受力钢筋，减小因混凝土收缩及温度变化在垂直于板跨度方向产生裂痕。

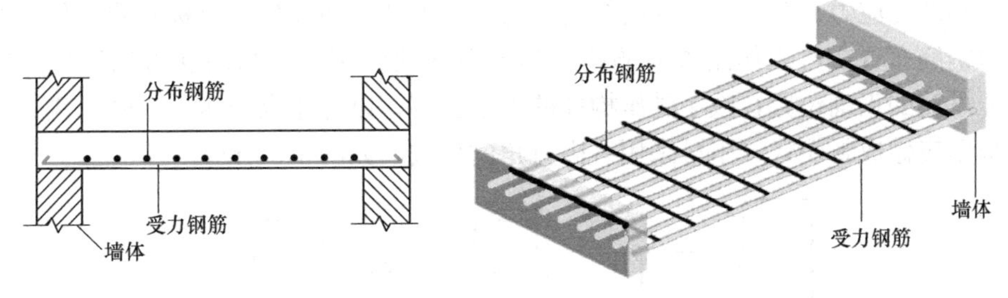

图 1-5 板的配筋

2. 受压构件

工程中常见的受压构件有柱、基础等，如图 1-6 所示。

柱通常配有纵向受力钢筋和箍筋，如图 1-7 所示。

柱的纵向受力钢筋主要协助混凝土承受压力，同时承受可能的弯矩及混凝土收缩和温

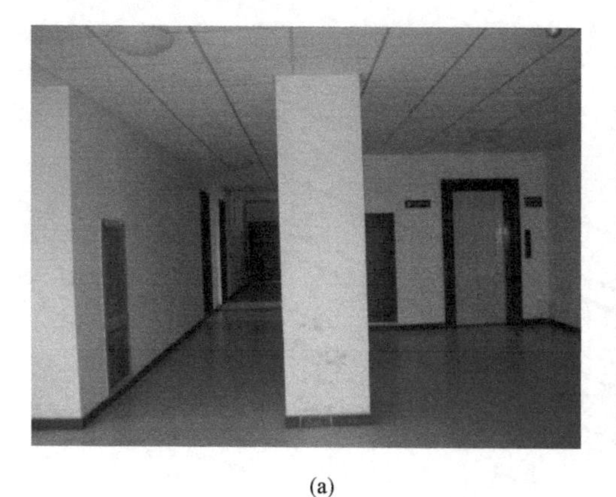

(a)

(b)

图 1-6 受压构件

(a) 混凝土柱；(b) 混凝土独立基础

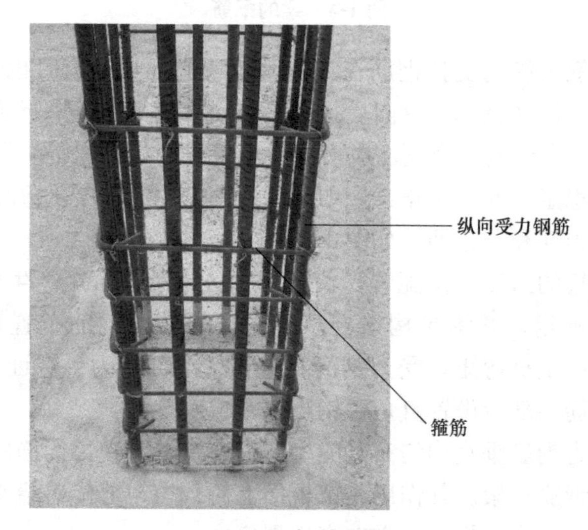

图 1-7 柱的配筋

度变化引起的拉应力。轴心受压柱的纵向受力钢筋沿截面四周均匀对称布置，偏心受压柱纵向受力钢筋布置在弯矩作用方向的两对边。箍筋的作用是与纵向受力钢筋形成钢筋骨架，保证纵筋的正确位置，减小受压构件的支承长度，以防止纵筋压屈。受压构件中截面周边的箍筋应做成封闭式，不可采用有内折角的形式，如图 1-8 所示。

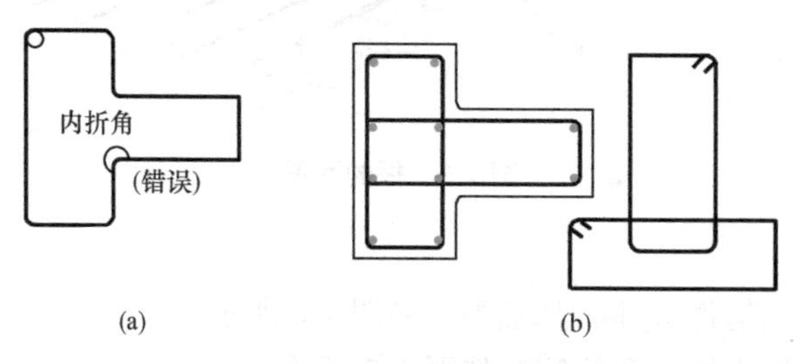

图 1-8 柱封闭箍筋

(a) 箍筋内折角形式；(b) 箍筋正确形式

3. 受扭构件

在混凝土结构中，受扭构件通常处于弯矩、剪力、扭矩共同作用的复合受扭状态。如吊车梁、现浇框架边梁、雨篷梁等，如图 1-9 所示。当梁处于受扭状态，通常在梁的侧面设置抗扭钢筋。

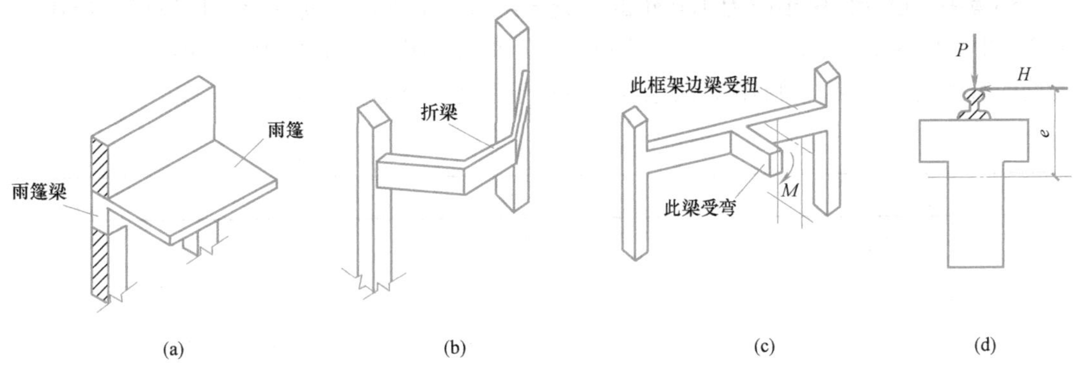

图 1-9　受扭构件

（a）雨篷梁；（b）折梁；（c）边框梁；（d）吊车梁

4. 混凝土结构构件一般构造要求

（1）混凝土结构的环境类别（表 1-5）

混凝土结构的环境类别　　表 1-5

环境类别	条　件
一	室内干燥环境； 无侵蚀性静水浸没环境
二 a	室内潮湿环境； 非严寒和非寒冷地区的露天环境； 非严寒和非寒冷地区与无侵蚀性的水或土壤直接接触的环境； 严寒和寒冷地区的冰冻线以下与无侵蚀性的水或土壤直接接触的环境
二 b	干湿交替环境； 水位频繁变动环境； 严寒和寒冷地区的露天环境； 严寒和寒冷地区冰冻线以上与无侵蚀性的水或土壤直接接触的环境
三 a	严寒和寒冷地区冬季水位变动区环境； 受除冰盐影响环境； 海风环境
三 b	盐渍土环境； 受除冰盐作用环境； 海岸环境
四	海水环境
五	受人为或自然的侵蚀性物质影响的环境

注：1. 室内潮湿环境是指构件表面经常处于结露或湿润状态的环境；
2. 严寒和寒冷地区的划分应符合现行国家标准《民用建筑热工设计规范》GB 50176 的有关规定；
3. 海岸环境和海风环境宜根据当地情况，考虑主导风向及结构所处迎风、背风部位等因素的影响，由调查研究和工程经验确定；
4. 受除冰盐影响环境是指受到除冰盐盐雾影响的环境；受除冰盐作用环境是指被除冰盐溶液溅射的环境以及使用除冰盐地区的洗车房、停车楼等建筑；
5. 暴露的环境是指混凝土结构表面所处的环境。

（2）混凝土保护层最小厚度

混凝土保护层是指最外层钢筋（包括箍筋、构造筋、分布筋等）的边缘至混凝土表面的距离。

设计使用年限为50年的混凝土结构，最外层钢筋的保护层厚度应符合表1-6的规定。一类环境中，设计使用年限为100年的混凝土结构，最外层钢筋的保护层厚度不应小于表1-6中数值的1.4倍；二、三类环境中，设计使用年限为100年的混凝土结构，应采取专门的有效措施。受力钢筋保护层厚度不应小于钢筋的公称直径 d。

混凝土保护层最小厚度（mm）　　表1-6

环境类别	板、墙	梁、柱
一	15	20
二a	20	25
二b	25	35
三a	30	40
三b	40	50

（3）纵向钢筋间距

梁纵向钢筋间距如图1-10（a）所示。梁上部纵向钢筋水平方向的净间距（钢筋外边缘之间的最小距离）不应小于30mm和1.5d；下部纵向钢筋水平方向的净间距不应小于25mm和 d。梁的下部纵向钢筋配置多于2层时，2层以上钢筋水平方向的中距应比下面两层的中距增大一倍；各层钢筋之间的净间距不应小于25mm和 d（d 为钢筋的最大直径）。

当梁的腹板高度 $h_w \geq 450$mm时，在梁的两个侧面应沿梁高度配置纵向构造钢筋，其间距 a 不宜大于200mm。当设计注明梁侧面纵向钢筋为抗扭钢筋时，侧面纵向钢筋应均匀布置。

柱纵向钢筋间距如图1-10（b）所示。柱中纵向受力钢筋的净间距不应小于50mm，且不宜大于300mm；截面尺寸大于400mm的柱，纵向钢筋的间距不宜大于200mm。

剪力墙分布钢筋间距如图1-10（c）所示。混凝土剪力墙的水平钢筋及竖向分布钢筋

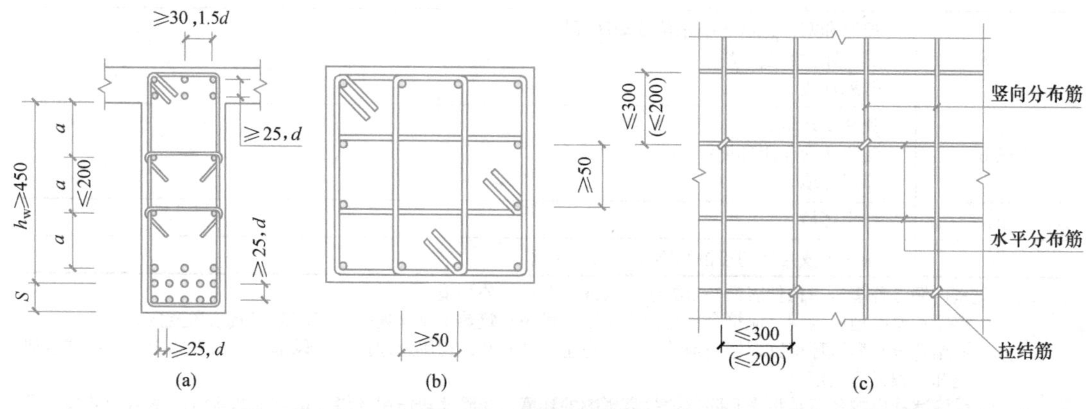

图1-10　纵向钢筋间距

（a）梁纵向钢筋间距；（b）柱纵向钢筋间距；（c）剪力墙钢筋间距

间距（中心距）不宜大于 300mm。部分框支剪力墙结构的底部加强部位，剪力墙的水平和竖向分布钢筋间距不宜大于 200mm。

5. 地震与结构抗震的基本知识

（1）地震、震级及烈度的概念

1）地震：是地球内部构造运动的产物，危害性极大。地震会产生建筑物的破坏，进而产生人员伤亡和经济损失。抗震就是和地震灾害“做斗争”。

2）震级：是衡量一次地震大小的等级，用 M 表示。$M<2$ 称为微震；$M=2\sim5$ 称为有感地震；$M>5$ 的地震，对建筑物构成不同程度的破坏，统称为破坏性地震；$M=7\sim8$ 称为大地震；$M>8$ 称为特大地震。

3）地震烈度：是指地震对一定地点震动的强烈程度。对于一次地震，震级只有一个，但对不同地点的影响程度是不同的。为评定地震烈度，建立的一个标准称为地震烈度表，我国使用的是 12 度烈度表。地震烈度为 1～5 度时，对建筑物基本无影响，不出现破坏；6～9 度时，建筑物会出现损坏、破坏；10～12 度时，建筑物普遍被破坏、摧毁。

（2）地震的破坏作用

1）建筑物的破坏现象

① 结构丧失稳定性：强烈地震作用下，构件连接不牢、支撑强度不够和支撑失稳，造成结构丧失整体性而破坏。

② 强度破坏：未考虑抗震设防或抗震设防不足的结构，在具有多向性的地震作用下，会使结构因强度不足而破坏。如地震使砖墙产生交叉斜裂缝，钢筋混凝土柱被剪断、压碎等，如图 1-11 所示。

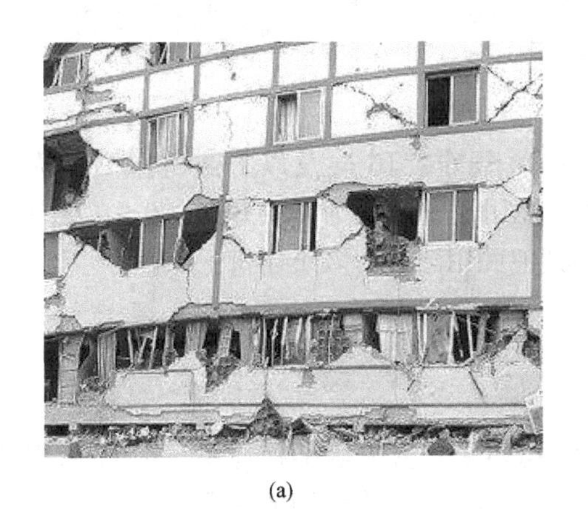

(a)

(b)

图 1-11　地震作用下建筑物的破坏形态

（a）砖墙产生交叉斜裂缝；（b）钢筋混凝土柱被剪断

③ 地基失效：在强烈地震作用下，地基承载力可能下降甚至丧失，也可能是由于地基饱和及砂层液化造成了建筑物沉陷、倾斜或倒塌。

2）次生灾害

次生灾害是指地震时给水排水管网、燃气管道、供电线路造成的破坏，以及对易燃、易爆、有毒物质、核物质容器的破裂，引起的水灾、火灾、污染、瘟疫等严重灾害。次生灾害造成的损失有时比地震直接造成的损失还大。

(3) 抗震设防

1) 抗震设防烈度：是按国家规定的权限批准作为一个地区抗震设防依据的地震烈度。抗震设防烈度采用《建筑抗震设计规范（2016 年版）》GB 50011—2010 的数据。规范规定，抗震设防烈度为 6 度及以上地区的建筑，必须进行抗震设计。一般情况下，取 50 年内超越概率 10%的地震烈度作为一个地区的抗震设防烈度。如某学校实训楼抗震设防烈度为 7 度；某医院门诊大楼抗震设防烈度为 8 度。

2) 抗震设防分类：根据建筑物使用功能的重要性不同，《建筑工程抗震设防分类标准》GB 50223—2008 将建筑物分为甲、乙、丙、丁四个抗震设防类别。甲类指重大工程（如人民大会堂、毛主席纪念堂等）或地震时可能发生严重次生灾害的建筑（如核电站等）；乙类指地震时使用功能不能中断需尽快恢复的建筑物（如电力调度建筑物、通信枢纽工程、医院等）或地震时可能导致大量人员伤亡的建筑物（如学校的教学用房、宿舍、食堂等）；丁类指次要建筑，震后破坏不造成人员伤亡和较大损失的建筑（如临时性建筑物等）；甲、乙、丁类以外的一般建筑（如量大面广的一般工业与民用建筑物）为丙类。如某居民小区的居住建筑为丙类抗震设防；某县医院大楼为乙类抗震设防。

3) 抗震设防目标：小震不坏、中震可修、大震不倒。

4) 抗震等级：是结构构件抗震设防的标准。抗震等级分为一、二、三、四级四个等级，一级抗震要求最高。如某学校实训楼框架抗震等级为三级；某县医院大楼抗震墙抗震等级一级，框架抗震等级二级。确定构件钢筋的抗震锚固长度与结构的抗震等级相关。

1.2 混凝土多层与高层结构

《高层建筑混凝土结构技术规程》JGJ 3—2010 规定：10 层及以上或房屋高度大于 28m 的住宅建筑和房屋高度大于 24m 的其他高层民用建筑定义为高层建筑。2～9 层且高度不大于 28m 的住宅建筑和高度不大于 24m 的其他民用建筑为多层建筑。

1.2.1 多高层结构体系

多层与高层建筑常用的结构体系有：框架结构体系、剪力墙结构体系、框架-剪力墙结构体系、板柱-剪力墙结构体系、框支-剪力墙结构体系、筒体结构体系等。

1. 框架结构体系

框架结构是由梁和柱为主要构件组成的承受竖向和水平作用的结构。框架结构的房屋墙体不承重，仅起到围护和分隔作用，如图 1-12 所示。框架结构的主要优点：空间分隔灵活，自重轻，节省材料；可以较灵活地配合建筑平面布置，利于安排较大空间；框架结构的梁、柱构件易于标准化、定型化，便于采用装配整体式结构，以缩短施工工期；采用现浇混凝土框架时，结构的整体性、刚度较好，还可以把梁、柱浇筑成各种需要的截面形状。框架结构的缺点为：框架节点应力集中显著；框架结构的侧向刚度小，在强烈地震作用下，结构所产生水平位移较大，工程施工受季节环境影响较大；不适宜建造高层建筑。

混凝土框架结构广泛用于住宅、学校、办公楼、剧场、商场等。

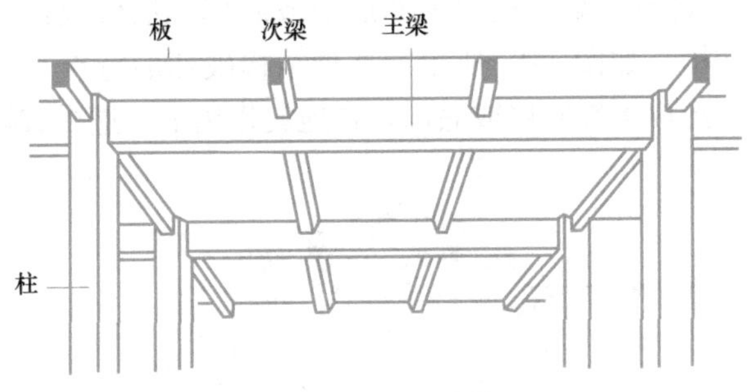

图 1-12　框架结构体系

2. 剪力墙结构体系

剪力墙结构是由剪力墙组成的承受竖向和水平作用的结构。钢筋混凝土楼板搭在剪力墙上，剪力墙楼盖内不设梁。剪力墙的主要作用是承担竖向荷载（重力）、抵抗水平荷载(风荷载、地震作用等)，同时兼起维护、分隔作用，如图 1-13 所示。

剪力墙结构的优点是：剪力墙结构中的墙与楼板组成受力体系，结构体系刚度大、空间整体性好；缺点是：不能拆除或破坏剪力墙，不利于形成大空间，住户无法对室内布局自行改造。剪力墙结构主要应用于住宅、旅馆等开间较小的高层建筑。

3. 框架-剪力墙结构体系

在框架中设置适量的剪力墙，即形成框架-剪力墙结构。该体系综合了框架结构和剪力墙结构的优点，竖向荷载由框架承担、水平荷载主要由剪力墙承担。框架-剪力墙结构刚度大、抗震性较好，具有平面布置灵活、使用方便的特点，广泛应用于办公楼和宾馆等公用建筑中，一般以层数小于 25 层为宜。如图 1-14 所示。

图 1-13　剪力墙结构体系

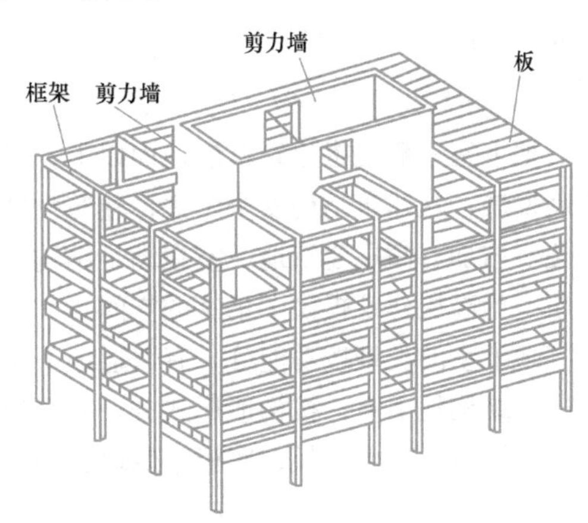

图 1-14　框架-剪力墙结构体系

4. 板柱-剪力墙结构体系

板柱-剪力墙结构是由无梁楼板与柱组成的板柱框架和剪力墙共同承受竖向和水平作用的结构。板柱-剪力墙结构形式在地下工程中广泛应用。板柱-剪力墙结构具有不少优点，如施工支模及绑扎钢筋较简单；结构本身高度较小，可以充分利用建筑物竖向高度，从而降低建筑物的造价等。

5. 框支-剪力墙结构体系

框支-剪力墙结构是将剪力墙结构房屋的底层或底部几层做成框架，这种结构亦称为带转换层的高层建筑结构，如图 1-15 所示。这种结构破坏的特点是在其转换层上下层间的侧向刚度发生突变，形成柔性底层或底部，在地震作用下易遭受破坏甚至倒塌。

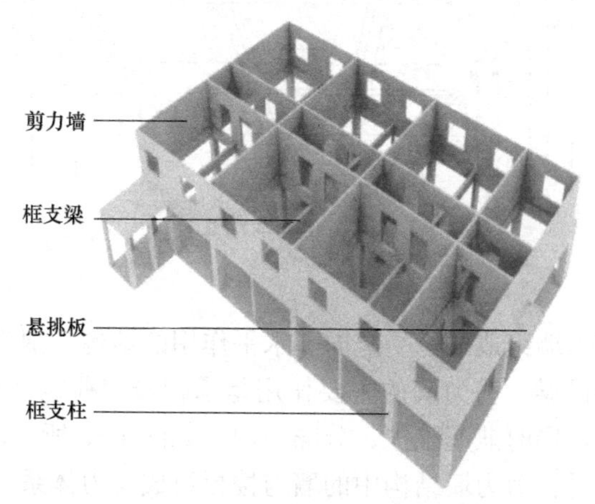

图 1-15　框支-剪力墙结构体系

6. 筒体结构体系

筒体结构体系是由剪力墙体系和框架-剪力墙体系演变发展而成。是将剪力墙或密柱框架围合而成一个或多个封闭的筒体，以通体承受房屋的大部分或全部竖向荷载和水平荷载的结构体系。其特点是剪力墙集中布置，故可以获得较大的自由分割空间，多用于写字楼建筑。

1.2.2　高层建筑地下室

地下室一般是指建筑首层地面以下，可以使用的构筑空间。随着高层建筑向地面上空不断发展，从建筑结构安全考虑，建筑物埋入地下的深度也随之加大，地下室的深度和层数逐步增加。高层建筑地下室在满足结构安全的同时，可作为地下车库、设备用房、人防工事，为高层建筑提供了足够的空间。

地下室的类型按功能分，有普通地下室和防空地下室；按结构材料分，有砖墙结构和混凝土结构地下室；按构造形式分，有全地下室和半地下室。

地下室一般由顶板、底板、侧墙、门窗、采光井等组成。如图 1-16 所示。

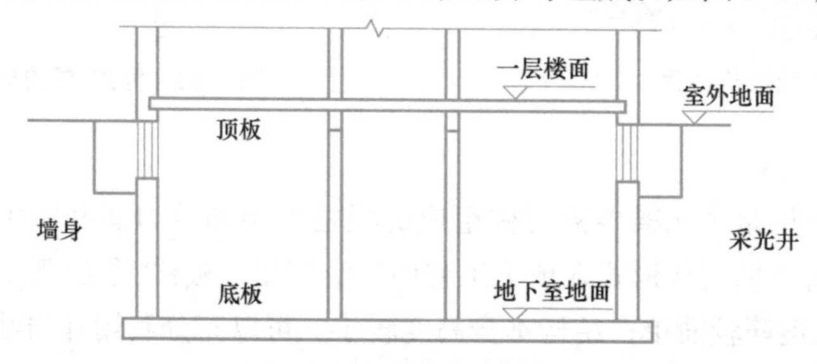

图 1-16　地下室的组成

（1）地下室的顶板采用现浇或预制混凝土楼板，现浇地下室顶板可分为梁板式和无梁楼盖式。

（2）地下室的底板不仅要承受作用在其上的垂直荷载，在地下水位高于地下室地面时，还会承受地下水的浮力，因此必须具有足够的强度、刚度、抗渗透和抗浮的能力。

（3）地下室的外墙不仅要承受上部的垂直荷载，还要承受土压力、地下水及土壤冻结产生的侧压力。地下室外墙通常配置有水平钢筋、竖向钢筋及拉筋，由于地下室外墙主要受竖向荷载作用，故地下室外墙竖向钢筋放置在外侧，水平钢筋置于竖向钢筋的内侧。

（4）地下室的门窗与地上部分相同。当地下室的窗台低于室外地面时，为了保证采光和通风，应设采光井。

（5）采光井由侧墙、底板、遮雨设施或铁箅子组成，一般每个窗户设一个，当窗户的距离很近时，也可将采光井连在一起。

1.3 建筑基础基本知识

1.3.1 基础的类型

基础是建筑物的墙或柱埋入地下的扩大部分，基础承担着建筑物的上部自重荷载、使用荷载、风荷载等，并将其传至地基。

1. 按基础埋置深度分类

按基础埋置深度不同，可将基础分为浅基础和深基础。

（1）浅基础

一般指基础埋深为 3～5m 或者基础埋深小于基础宽度的基础，且只需排水、挖槽等普通施工即可建造的基础。浅基础分为扩展基础、联合基础、柱下条形基础、柱下交叉条形基础、筏形基础、箱形基础、壳体基础等。

（2）深基础

一般指位于地基深处、承载力较高的土层上，埋置深度大于 5m 或大于基础宽度的基础，如桩基、地下连续墙、墩基和沉井等。

2. 按基础使用材料分类

按基础使用的材料可分为：砖基础、毛石基础、灰土基础、混凝土基础、钢筋混凝土基础。

（1）砖基础

砖基础的剖面为阶梯形，称为“大放脚”。其砌筑方式有“两皮一收”“二一间隔收”两种。砖基础地面以下需设垫层，垫层材料可用素混凝土等，如图 1-17 所示。

（2）毛石基础

毛石基础是采用强度较高而未经风化的毛石砌筑而成，如图 1-18 所示。毛石基础不能用于层数较多的建筑物。

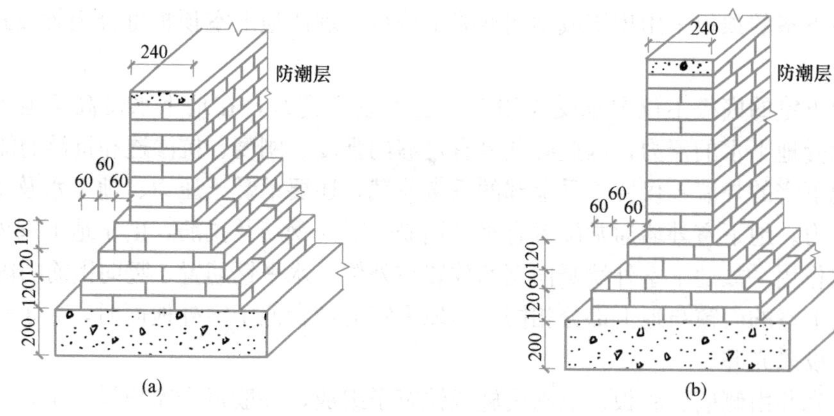

图 1-17　砖基础剖面图

（a）砖基础“两皮一收”；（b）砖基础“二一间隔收”

（3）灰土或三合土基础

灰土是由石灰和黏性土按体积比为 3∶7 或 2∶8 加适量水拌匀混合而成，每层虚铺 220～250mm，夯至 150mm 为 1 步，一般可铺 2～3 步。灰土基础一般用于地下水位较低、层数较少的建筑物。三合土是由石灰、砂、碎砖或碎石按体积比为 1∶2∶4 或 1∶3∶6 加适量水配制而成。一般每层虚铺 220mm，夯至 150mm。如图 1-19 所示。

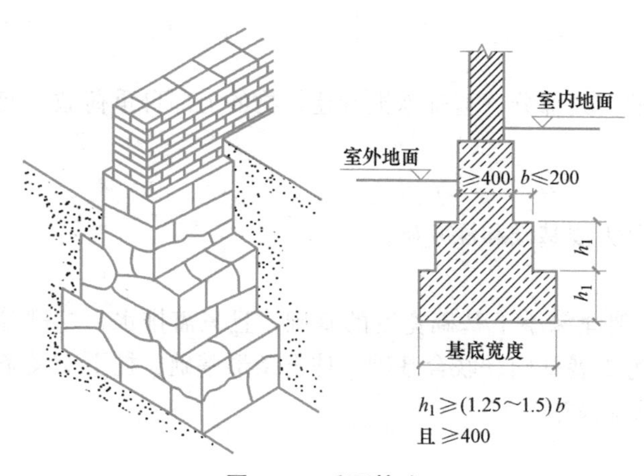

图 1-18　毛石基础

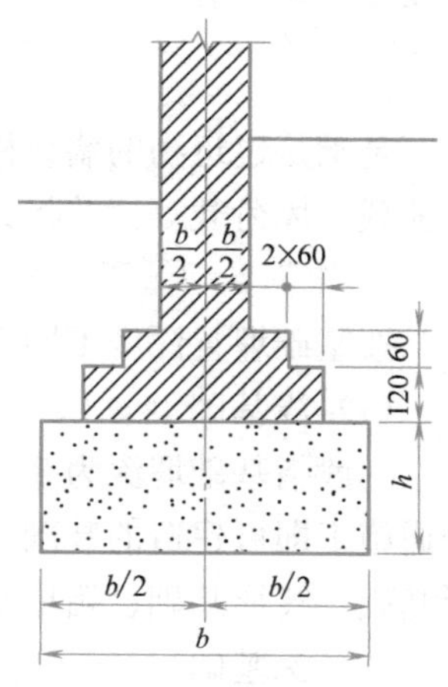

图 1-19　灰土或三合土基础

（4）混凝土基础

混凝土基础强度高、耐久性好、抗冻性好、造价高，适用于基础承受的荷载较大或基础位于地下水位以下。为节约混凝土，可掺入少于基础体积 30％的毛石做成毛石混凝土基础。如图 1-20 所示。

（5）钢筋混凝土基础

钢筋混凝土基础适用于上部结构荷载比较大、地基比较柔软、用刚性基础不能满足要求的情况。钢筋混凝土基础按构造形式可分为独立基础、条形基础、筏形基础、箱形基础、桩基础。

1）独立基础

当建筑物上部为框架结构或单独柱子时，常采用独立基础；若柱子为预制时，则采用

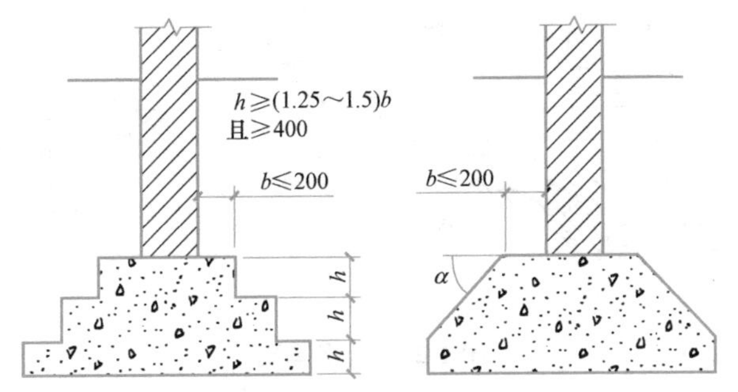

图 1-20　混凝土基础

杯形基础形式。如图 1-21 所示。

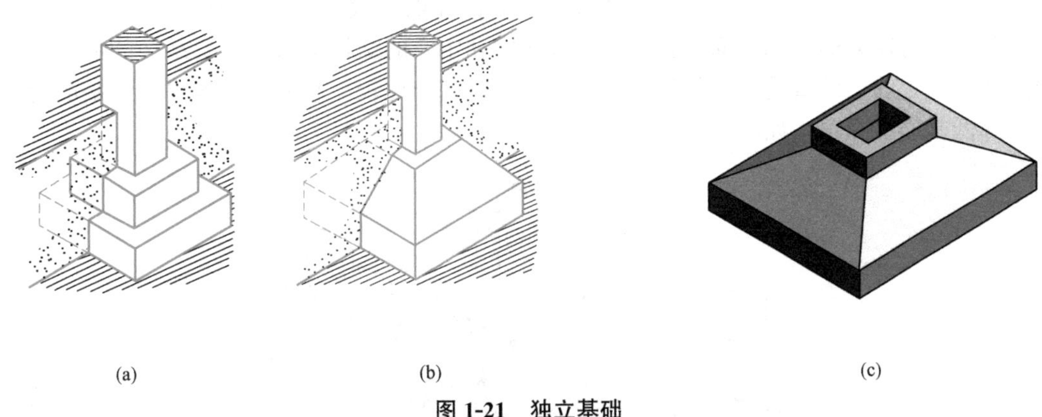

图 1-21　独立基础

（a）阶梯形；（b）锥形；（c）杯形

2）条形基础

条形基础是连续带形的，也称带形基础，分为墙下条形基础和柱下条形基础。墙下条形基础一般用于多层混合结构的承重墙下。如图 1-22 所示。

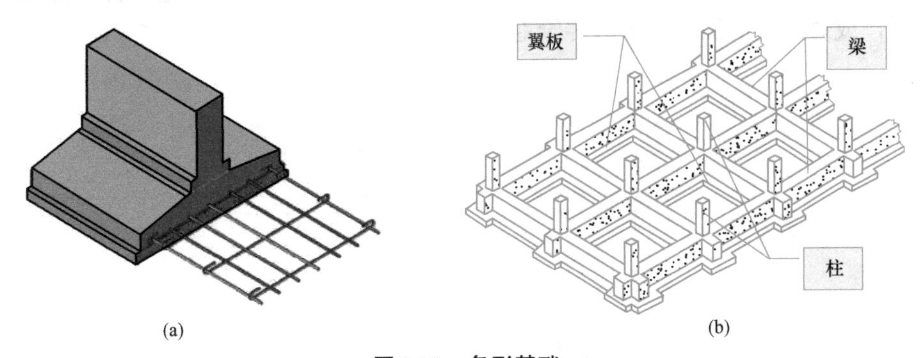

图 1-22　条形基础

（a）墙下条形基础；（b）柱下条形基础

3）筏形基础

建筑物的基础由整片的钢筋混凝土板组成，板直接由地基土承担，称为筏形基础。筏形基础整体性好，可以跨越基础下的局部软弱土。筏形基础分为梁板式和平板式两种，如图 1-23 所示。

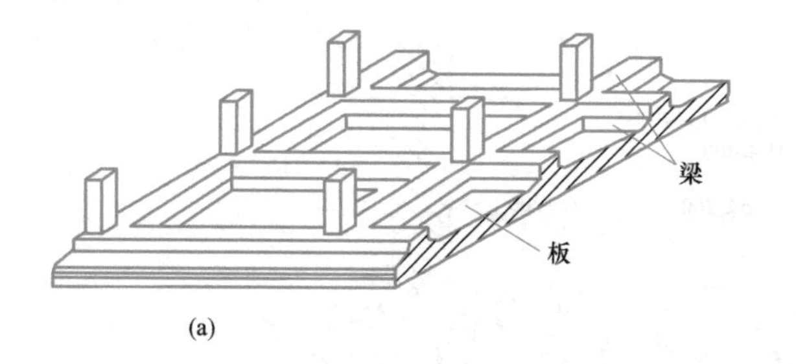

(a)

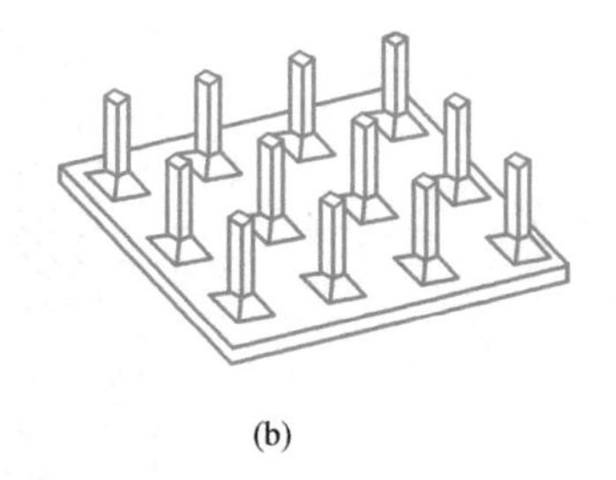

(b)

图 1-23 筏形基础

（a）梁板式；（b）平板式

4）箱形基础

箱形基础是指由底板、顶板、钢筋混凝土纵横隔墙构成的整体现浇钢筋混凝土结构。箱形基础具有较大的基础底面、较深的埋置深度和中空的结构形式，上部结构的部分荷载可用开挖卸去的土的重量得以补偿。与一般的实体基础比较，它能显著地提高地基的稳定性，降低基础沉降量。如图 1-24 所示。

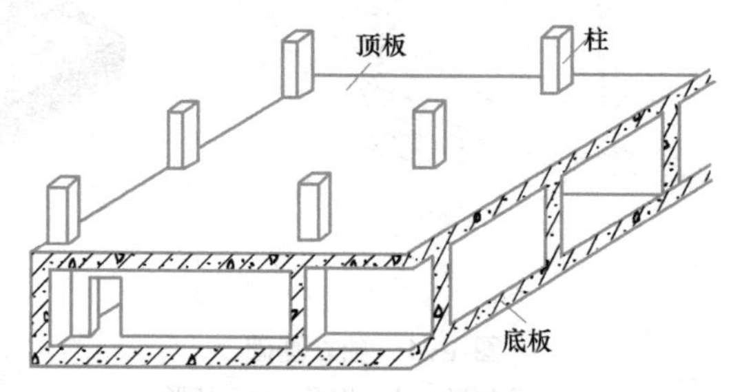

图 1-24 箱形基础

5）桩基础

当建造规模比较大的工业与民用建筑时，若地基的软弱土层较厚，采用浅埋基础不能满足地基强度和变形要求，常采用桩基础。桩基础的作用是将荷载通过桩传给埋藏较深的坚硬土层，或通过桩周围的摩擦力传给地基。如图 1-25 所示。

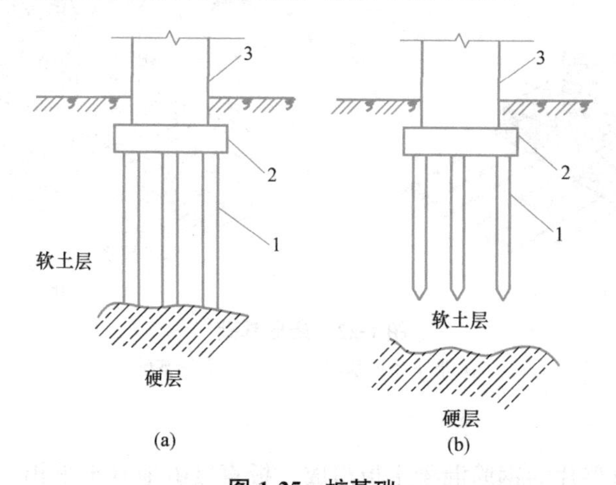

图 1-25 桩基础

（a）端承桩；（b）摩擦桩

1—桩；2—承台；3—上部结构

1.4 钢筋锚固与连接

1.4.1 混凝土构件钢筋表示方法

混凝土构件钢筋有两种标注方法，一种是标注钢筋的根数、等级和直径；另一种是标注钢筋的等级、直径和相邻钢筋中心距。

1. 标注钢筋的根数、直径和等级

例如，某钢筋混凝土柱纵向受力钢筋标注：8⏀20。

标注意义　8——钢筋的根数；

⏀——钢筋为HRB400级钢筋；

20——钢筋的直径是20mm。

2. 标注钢筋的等级、直径和相邻钢筋中心距

例如，某钢筋混凝土梁箍筋标注：Φ10@200。

标注意义　Φ——钢筋为HPB300级钢筋；

10——钢筋的直径是10mm；

@——钢筋相等中心距符号；

200——相邻钢筋的中心距（≤200mm）。

1.4.2 纵向受力钢筋的锚固长度

纵向受力钢筋的锚固长度是指受力钢筋依靠其表面与混凝土的粘结作用而达到设计承受应力所需的长度。《混凝土结构设计规范（2015年版）》GB 50010—2010规定，按钢筋从混凝土中拔出时，钢筋正好达到抗拉强度设计值作为确定锚固长度的依据。锚固长度分为纵向受拉钢筋的锚固长度和纵向受压钢筋的锚固长度，通常规定纵向受拉钢筋的锚固长度可由图集查得，纵向受压钢筋的锚固长度按不小于纵向受拉钢筋锚固长度的70%控制。

纵向受拉钢筋的锚固长度与钢筋种类和直径、结构抗震等级和混凝土强度有关。钢筋的抗拉强度越大，纵向受拉钢筋的锚固长度越长；混凝土抗压强度越大，纵向受拉钢筋的锚固长度越短；结构抗震等级越高（结构抗震等级分为一、二、三、四级，抗震等级一级为最高），纵向受拉钢筋的锚固长度越长。纵向受力钢筋的锚固长度可由《22G101-1》第2-3页查得，见表1-7和表1-8。

1.4.3 纵向受力钢筋的连接

工程中使用的钢筋供货长度通常为9m或12m，实际工程中，往往由于钢筋的供货长度不足需要进行钢筋连接。钢筋连接可采用绑扎搭接连接、机械连接或焊接连接，如图1-26所示。机械连接接头及焊接接头的类型及质量应符合国家标准的规定。

表 1-7

受拉钢筋锚固长度 l_a

钢筋种类	混凝土强度等级															
	C25		C30		C35		C40		C45		C50		C55		≥C60	
	d≤25	d>25	d≤25	d>25	d≤25	d>25	d≤25	d>25	d≤25	d>25	d≤25	d>25	d≤25	d>25	d≤25	d>25
HPB300	34d	—	30d	—	28d	—	25d	—	24d	—	23d	—	22d	—	21d	—
HRB400、HRBF400 RRB400	40d	44d	35d	39d	32d	35d	29d	32d	28d	31d	27d	30d	26d	29d	25d	28d
HRB500、HRBF500	48d	53d	43d	47d	39d	43d	36d	40d	34d	37d	32d	35d	31d	34d	30d	33d

表 1-8

受拉钢筋抗震锚固长度 l_{aE}

钢筋种类及抗震等级		混凝土强度等级															
		C25		C30		C35		C40		C45		C50		C55		≥C60	
		d≤25	d>25	d≤25	d>25	d≤25	d>25	d≤25	d>25	d≤25	d>25	d≤25	d>25	d≤25	d>25	d≤25	d>25
HPB300	一、二级	39d	—	35d	—	32d	—	29d	—	28d	—	26d	—	25d	—	24d	—
	三级	36d	—	32d	—	29d	—	26d	—	25d	—	24d	—	23d	—	22d	—
HRB400 HRBF400	一、二级	46d	51d	40d	45d	37d	40d	33d	37d	32d	36d	31d	35d	30d	33d	29d	32d
	三级	42d	46d	37d	41d	34d	37d	30d	34d	29d	33d	28d	32d	27d	30d	26d	29d
HRB500 HRBF500	一、二级	55d	61d	49d	54d	45d	49d	41d	46d	39d	43d	37d	40d	36d	39d	35d	38d
	三级	50d	56d	45d	49d	41d	45d	38d	42d	36d	39d	34d	37d	33d	36d	32d	35d

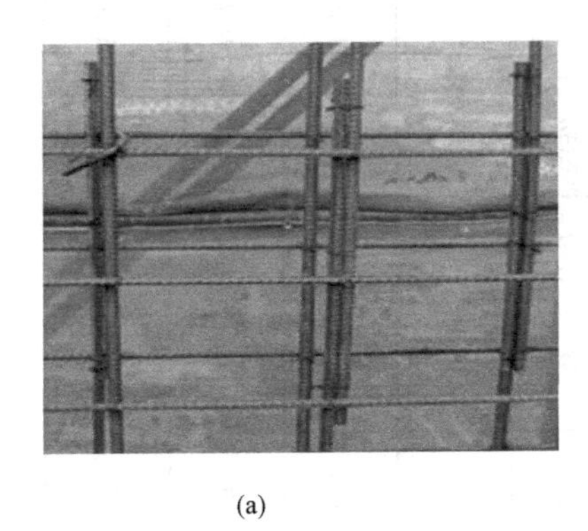

(a)

(b)

(c)

图 1-26　钢筋连接方式

(a) 绑扎搭接连接；(b) 机械连接；(c) 焊接连接

混凝土结构中受力钢筋的连接接头宜设置在受力较小处。在同一根受力钢筋上宜少设接头。在结构的重要构件和关键传力部位，纵向受力钢筋不宜设置连接接头。

1. 钢筋的绑扎搭接连接

按《混凝土结构设计规范（2015 年版）》GB 50010—2010 规定：

(1) 轴心受拉及小偏心受拉杆件的纵向受力筋不得采用绑扎搭接；其他构件中的钢筋采用绑扎搭接时，受拉钢筋直径不宜大于 25mm，受压钢筋直径不宜大于 28mm。

(2) 同一构件相邻纵向受力钢筋的绑扎搭接接头宜相互错开。钢筋绑扎搭接接头连接区段的长度为 1.3 倍搭接长度，凡搭接接头中点位于该连接区段长度内的搭接接头均属于同一连接区段（图 1-27）。同一连接区段内纵向受力钢筋搭接接头面积百分率为该区段内有搭接接头的纵向受力钢筋与全部纵向受力钢筋截面面积的比值。当直径不同的钢筋搭接时，按直径较小的钢筋计算。

位于同一连接区段内的受拉钢筋接头百分率：对梁类、板类及墙类构件，不宜大于 25%；对柱类构件，不宜大于 50%。当工程中确有必要增大受拉钢筋搭接接头面积百分率时，对梁类构件，不宜大于 50%；对板、墙、柱及预制构件的拼接处，可根据实际情况放宽。

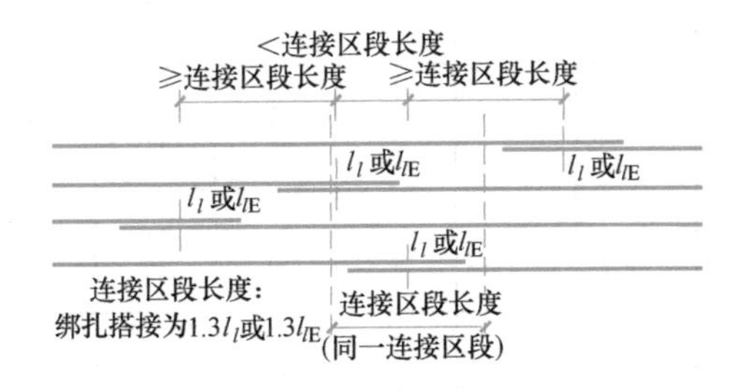

图 1-27　同一连接区段内纵向受拉钢筋绑扎搭接接头

纵向受拉钢筋的绑扎搭接长度与钢筋的种类和直径、结构抗震等级、同一区段内搭接接头面积百分率和混凝土强度等级有关。纵向受拉钢筋的绑扎搭接长度 l_l、l_{lE} 可由《22G101-1》第 2-5、2-6 页查表得到，见表 1-9 和表 1-10。

纵向受拉钢筋搭接长度 l_l 表 1-9

钢筋种类及同一区段内搭接钢筋面积百分率		混凝土强度等级															
		C25		C30		C35		C40		C45		C50		C55		C60	
		$d \leqslant 25$	$d > 25$	$d \leqslant 25$	$d > 25$	$d \leqslant 25$	$d > 25$	$d \leqslant 25$	$d > 25$	$d \leqslant 25$	$d > 25$	$d \leqslant 25$	$d > 25$	$d \leqslant 25$	$d > 25$	$d \leqslant 25$	$d > 25$
HPB300	≤25%	$41d$	—	$36d$	—	$34d$	—	$30d$	—	$29d$	—	$28d$	—	$26d$	—	$25d$	—
	50%	$48d$	—	$42d$	—	$39d$	—	$35d$	—	$34d$	—	$32d$	—	$31d$	—	$29d$	—
	100%	$54d$	—	$48d$	—	$45d$	—	$40d$	—	$38d$	—	$37d$	—	$35d$	—	$34d$	—
HRB400 HRBF400 RRB400	≤25%	$48d$	$53d$	$42d$	$47d$	$38d$	$42d$	$35d$	$38d$	$34d$	$37d$	$32d$	$36d$	$31d$	$35d$	$30d$	$34d$
	50%	$56d$	$62d$	$49d$	$55d$	$45d$	$49d$	$41d$	$45d$	$39d$	$43d$	$38d$	$42d$	$36d$	$41d$	$35d$	$39d$
	100%	$64d$	$70d$	$56d$	$62d$	$51d$	$56d$	$46d$	$51d$	$45d$	$50d$	$43d$	$48d$	$42d$	$46d$	$40d$	$45d$
HRB500 HRBF500	≤25%	$58d$	$64d$	$52d$	$56d$	$47d$	$52d$	$43d$	$48d$	$41d$	$44d$	$38d$	$42d$	$37d$	$41d$	$36d$	$40d$
	50%	$67d$	$74d$	$60d$	$66d$	$55d$	$60d$	$50d$	$56d$	$48d$	$52d$	$45d$	$49d$	$43d$	$48d$	$42d$	$46d$
	100%	$77d$	$85d$	$69d$	$75d$	$62d$	$69d$	$58d$	$64d$	$54d$	$59d$	$51d$	$56d$	$50d$	$54d$	$48d$	$53d$

纵向受拉钢筋抗震搭接长度 l_{lE}　　表 1-10

钢筋种类及同一区段内搭接钢筋面积百分率			混凝土强度等级															
			C25		C30		C35		C40		C45		C50		C55		C60	
			$d \leqslant 25$	$d>25$	$d \leqslant 25$	$d>25$	$d \leqslant 25$	$d>25$	$d \leqslant 25$	$d>25$	$d \leqslant 25$	$d>25$	$d \leqslant 25$	$d>25$	$d \leqslant 25$	$d>25$	$d \leqslant 25$	$d>25$
一、二级抗震等级	HPB300	≤25%	47*d*	—	42*d*	—	38*d*	—	35*d*	—	34*d*	—	31*d*	—	30*d*	—	29*d*	—
		50%	55*d*	—	49*d*	—	45*d*	—	41*d*	—	39*d*	—	36*d*	—	35*d*	—	34*d*	—
	HRB400 HRBF400	≤25%	55*d*	61*d*	48*d*	54*d*	44*d*	48*d*	40*d*	44*d*	38*d*	43*d*	37*d*	42*d*	36*d*	40*d*	35*d*	38*d*
		50%	64*d*	71*d*	56*d*	63*d*	52*d*	56*d*	46*d*	52*d*	45*d*	50*d*	43*d*	49*d*	42*d*	46*d*	41*d*	45*d*
	HRB500 HRBF500	≤25%	66*d*	73*d*	59*d*	65*d*	54*d*	59*d*	49*d*	55*d*	47*d*	52*d*	44*d*	48*d*	43*d*	47*d*	42*d*	46*d*
		50%	77*d*	85*d*	69*d*	76*d*	63*d*	69*d*	57*d*	64*d*	55*d*	60*d*	52*d*	56*d*	50*d*	55*d*	49*d*	53*d*
三级抗震等级	HPB300	≤25%	43*d*	—	38*d*	—	35*d*	—	31*d*	—	30*d*	—	29*d*	—	28*d*	—	26*d*	—
		50%	50*d*	—	45*d*	—	41*d*	—	36*d*	—	35*d*	—	34*d*	—	32*d*	—	31*d*	—
	HRB400 HRBF400	≤25%	50*d*	55*d*	44*d*	49*d*	41*d*	44*d*	36*d*	41*d*	35*d*	40*d*	34*d*	38*d*	32*d*	36*d*	31*d*	35*d*
		50%	59*d*	64*d*	52*d*	57*d*	48*d*	52*d*	42*d*	48*d*	41*d*	46*d*	39*d*	45*d*	38*d*	42*d*	36*d*	41*d*
	HRB500 HRBF500	≤25%	60*d*	67*d*	54*d*	59*d*	49*d*	54*d*	46*d*	50*d*	43*d*	47*d*	41*d*	44*d*	40*d*	43*d*	38*d*	42*d*
		50%	70*d*	78*d*	63*d*	69*d*	57*d*	63*d*	53*d*	59*d*	50*d*	55*d*	48*d*	52*d*	46*d*	50*d*	45*d*	49*d*

2. 钢筋的机械连接

当受拉钢筋直径大于25mm及受压钢筋直径大于28mm时，不宜采用绑扎搭接接头，应优先采用套筒挤压、直螺纹等机械连接，确保接头质量可靠。机械连接接头的有关要求如下：

（1）纵向受力钢筋机械连接接头宜相互错开。钢筋机械连接接头连接区段的长度为35d（d为纵向受力钢筋的较大直径），凡接头中点位于该连接区段长度的机械连接接头均属于同一连接区段。

（2）同一连接区段的纵向受拉钢筋机械接头面积百分率不应大于50%。纵向受压钢筋的钢筋接头面积百分率可不受限制。

3. 钢筋的焊接连接

常用的钢筋焊接方法有：闪光对焊、电弧焊、电渣压力焊、电阻点焊、钢筋气压焊。焊接连接接头的有关要求如下：

1-4
柱
纵向钢筋
焊接连接

（1）纵向受力钢筋的焊接连接接头应相互错开。钢筋焊接连接接头连接区段的长度为35d（d为纵向受力钢筋的较大直径），且不小于500mm，凡接头中点位于该连接区段长度内的焊接连接接头均属于同一连接区段。

（2）同一连接区段的纵向受拉钢筋焊接接头面积百分率不应大于50%。纵向受压钢筋的钢筋接头面积百分率可不受限制。

单元小结

本单元从建筑结构类型、建筑结构构件、建筑基础种类以及施工图钢筋表示方法和锚固连接等几个方面阐述混凝土结构平法识图基础知识。

建筑结构类型和建筑结构构件部分系统地讲述了常见混凝土结构形式、构件名称、构件基本受力状态及构造要求；建筑基础部分讲述了基础的种类及适用范围；施工图钢筋表示方法和锚固连接部分讲述了混凝土结构中钢筋的表示方法、符号意义、钢筋连接方式、钢筋锚固长度的确定方法。

通过本单元的学习，使学生熟练掌握识读混凝土结构平法图应具备的基础知识，为平法识图奠定基础。

思考及练习题

一、填空题

1. 一套混凝土结构平法施工图包括：结构设计总说明、________平法施工图、________平法施工图、________平法施工图、________平法施工图和楼梯平法施工图。

2. 混合结构竖向承重构件材料为________，楼面板、屋面板、梁为______。

3. 框架结构常用范围为____。

4. 下部需要大空间，上部为住宅、酒店等综合高层建筑常用________结构类型。

5. 《建筑结构荷载规范》GB 50009—2012将结构上的荷载按时间的变异分为三类，

分别是＿＿＿＿＿＿、＿＿＿＿＿＿、＿＿＿＿＿＿。

6. 结构的安全性指结构在＿＿＿＿和＿＿＿＿条件下，能够承受可能出现的各种作用，以及在偶然事件发生时和发生后，结构仍能保持必须的＿＿＿＿，即结构仅产生局部破坏而不致发生＿＿＿＿＿。

7. 混凝土强度等级按＿＿＿＿＿＿＿＿确定，混凝土强度等级分为＿＿＿级。

8. 建筑工程用的钢筋，需具有良好的＿＿＿＿、较高的＿＿＿＿。

9. 在钢结构中采用的钢材主要有＿＿＿＿＿＿＿和＿＿＿＿＿＿＿＿＿两种。

10. Q235-Ab 表示＿＿＿＿＿为 235N/mm^2 的＿＿＿级半镇静钢。

11. 地下室一般由＿＿＿＿、＿＿＿＿、侧墙、楼梯、门窗、采光井等组成。

12. 地下室外墙通常配置有＿＿＿＿＿、＿＿＿＿＿及拉筋，由于地下室外墙主要受竖向荷载作用，故地下室外墙＿＿＿钢筋放置在外侧，＿＿＿＿钢筋置于竖向钢筋的内侧。

13. 按基础使用的材料可分为：＿＿＿＿＿基础、＿＿＿＿＿基础、＿＿＿＿＿基础、＿＿＿＿＿＿基础、＿＿＿＿＿基础。

14. 砖基础的剖面为阶梯形，称为＿＿＿＿。其砌筑方式有＿＿＿＿＿、＿＿＿两种。砖基础底面以下需设＿＿＿，垫层材料可用素混凝土等。

15. 三合土是由＿＿＿＿＿、＿＿＿＿＿、＿＿＿＿＿按体积比 1∶2∶4 或 1∶3∶6 加适量水配制而成。一般每层虚铺＿＿＿＿mm，夯至＿＿＿＿mm。

16. 钢筋混凝土基础按构造形式可分为＿＿＿基础、＿＿＿＿基础、＿＿＿基础、＿＿＿＿基础、＿＿＿＿基础。

17. 当建筑物上部为框架结构或单独柱时，常采用＿＿＿基础；若柱为预制时，则采用＿＿＿＿基础形式。

18. 独立基础按形式可分为＿＿＿＿＿独立基础和＿＿＿＿＿独立基础。

19. 条形基础是连续带形，也称带形基础。有＿＿＿＿＿条形基础和＿＿＿＿＿条形基础。

20. 某钢筋混凝土柱纵向受力钢筋标注：12Φ̳22，表示此柱配置＿＿＿根纵向受力钢筋，钢筋牌号是＿＿＿，钢筋直径是＿＿＿mm。

二、单选题

1. 下列工程中常见构件属于受弯构件的是（　　）。

A. 梁、板、楼梯　B. 梁、板、柱　C. 梁、板、基础　D. 梁、板、墙

2. 下列属于永久荷载的是（　　）。

A. 风荷载　B. 雪荷载　C. 结构自重　D. 爆炸力

3. 普通房屋和构筑物设计使用年限为（　　）。

A. 5 年　B. 50 年　C. 100 年　D. 25 年

4. 牌号为 HRB400 的钢筋在图上用（　　）符号表示。

A. Φ　B. Φ̳　C. Φ̲　D. Φ̲̅

5. 低合金高强度结构钢牌号中的字母“Q”代表（　　）。

A. 屈服点　B. 钢材质量等级　C. 脱氧方法符号　D. 以上都不对

6. 当梁的截面高度较大时，还应在梁的侧面设置（　　）钢筋。

A. 受力　B. 构造　C. 弯起　D. 架立

7. 板中通常配有受力钢筋和（　　）钢筋。

A. 弯起　　B. 构造　　C. 分布　　D. 架立

8. 柱中（　　）钢筋主要协助混凝土承受压力，同时承受可能的弯矩及混凝土收缩和温度变化引起的拉应力。

A. 箍筋　　B. 纵向受力　　C. 分布　　D. 架立

9. 为增加基底面积或增强整体刚度，以减少不均匀沉降，常用钢筋混凝土条形基础，将各柱下基础用基础梁相互连接成一体，形成（　　）基础。

A. 独立　　B. 箱形　　C. 筏形　　D. 井格

10. 下列结构构件属于受扭构件的是（　　）。

A. 雨篷板　　B. 雨篷梁　　C. 框架柱　　D. 屋面板

11. 下列混凝土结构的环境类别，属于一类环境的是（　　）。

A. 室内潮湿环境　　B. 干湿交替环境　　C. 室内干燥环境　　D. 盐渍土环境

12. 下列关于混凝土保护层最小厚度的说法，正确的是（　　）。

A. 混凝土保护层是指最外层钢筋（包括箍筋、构造筋、分布筋等）的边缘至混凝土表面的距离

B. 混凝土保护层是指受力钢筋的边缘至混凝土表面的距离

C. 混凝土保护层是指受力钢筋的中线至混凝土表面的距离

D. 混凝土保护层是指最外层钢筋（包括箍筋、构造筋、分布筋等）的中线至混凝土表面的距离

13. 二 a 环境梁、柱的混凝土保护层最小厚度是（　　）。

A. 15mm　　B. 20mm　　C. 25mm　　D. 30mm

14. 梁上部纵向钢筋水平方向的净间距（钢筋外边缘之间的最小距离）不应小于（　　）。

A. 30mm 和 1.5d　　B. 25mm 和 1.5d

C. 30mm 和 d　　D. 25mm 和 d

15. 梁的腹板高度 $h_w \geqslant 450$mm 时，在梁的两个侧面应沿梁高度配置纵向构造钢筋，其间距 a 不宜大于（　　）。

A. 300mm　　B. 100mm　　C. 200mm　　D. 50mm

16. 当设计注明梁侧面纵向钢筋为抗扭钢筋时，下列关于侧面纵向钢筋布置方法的描述正确的是（　　）。

A. 布置在梁的下部　　B. 沿梁侧均匀布置

C. 布置在梁的上部　　D. 以上说法均不正确

17.《高层建筑混凝土结构技术规程》JGJ 3—2010 规定，（　　）为高层建筑。

A. 8 层及以上或房屋高度大于 28m 的住宅建筑和房屋高度大于 24m 的其他高层民用建筑

B. 10 层及以上或房屋高度大于 30m 的住宅建筑和房屋高度大于 24m 的其他高层民用建筑

C. 10 层及以上或房屋高度大于 28m 的住宅建筑和房屋高度大于 30m 的其他高层民用建筑

D. 10 层及以上或房屋高度大于 28m 的住宅建筑和房屋高度大于 24m 的其他高层民

用建筑

18. 下列关于框架结构的房屋墙体的描述不正确的是（　　）。

A. 不承重，仅起到围护和分隔作用

B. 承重，且起到围护和分隔作用

C. 拆除墙体，不会影响结构受力

D. 墙体与主体结构应可靠拉结

19. 具有预定战时防空功能的附属于较坚固的建筑的地下室结构称附建式地下结构，这种地下室又称（　　）。

A. 普通地下室　　B. 建筑基础　　C. 防空地下室　　D. 储藏间

20. 浅基础一般指（　　）。

A. 基础埋深 3～5m 或者基础埋深小于基础宽度的基础，且只需排水，挖槽等普通施工即可建造的基础

B. 基础埋深 3～5m 或者基础埋深大于基础宽度的基础，且只需排水，挖槽等普通施工即可建造的基础

C. 基础埋深 2～5m 或者基础埋深小于基础宽度的基础，且只需排水，挖槽等普通施工即可建造的基础

D. 基础埋深 2～5m 或者基础埋深大于基础宽度的基础，且只需排水，挖槽等普通施工即可建造的基础

三、多选题

1. 纵向受拉钢筋的锚固长度与（　　）有关。

A. 钢筋根数　　B. 钢筋种类

C. 钢筋直径　　D. 结构抗震等级

E. 混凝土强度

2. 钢筋连接方式有（　　）。

A. 绑扎搭接连接　　B. 螺栓连接

C. 机械连接　　D. 焊接连接

E. 拉结连接

3. 下列关于钢筋绑扎搭接连接的描述，正确的是（　　）。

A. 轴心受拉及小偏心受拉杆件的纵向受力筋不得采用绑扎搭接

B. 钢筋采用绑扎搭接时，受拉钢筋直径不宜大于 25mm，受压钢筋直径不宜大于 28mm

C. 同一构件相邻纵向受力钢筋的绑扎搭接接头宜相互错开

D. 钢筋绑扎搭接接头连接区段的长度为 1.3 倍搭接长度，凡搭接接头中点位于该连接区段长度内的搭接接头均属于同一连接区段

E. 当直径不同的钢筋搭接时，按直径较大的钢筋计算搭接长度

4. 纵向受拉钢筋的绑扎搭接长度与（　　）有关。

A. 钢筋根数　　B. 钢筋的种类和直径

C. 结构抗震等级　　D. 混凝土强度等级

E. 同一区段内搭接接头面积百分率

5. 下列关于钢筋机械连接的描述，正确的是（　　）。

A. 当受拉钢筋直径大于 25mm 及受压钢筋直径大于 28mm 时，不宜采用绑扎搭接接头，应优先采用套筒挤压、直螺纹等机械连接

B. 钢筋机械连接接头连接区段的长度为 $35d$（d 为纵向受力钢筋的较小直径），凡接头中点位于该连接区段长度的机械连接接头均属于同一连接区段

C. 同一连接区段的纵向受拉钢筋机械接头面积百分率不应大于 50%

D. 同一连接区段的纵向受拉钢筋机械接头面积百分率不应大于 25%

E. 当钢筋采用机械连接时，纵向受压钢筋的钢筋接头面积百分率可不受限制

四、识图题

1. 写出图 1-28 的梁中各个编号钢筋的名称。

2. 写出图 1-29 的柱中各个编号钢筋的名称，柱钢筋采用的哪种连接方式？

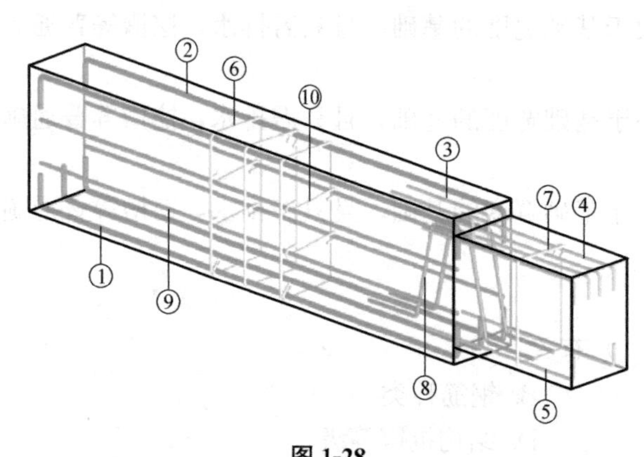

图 1-28

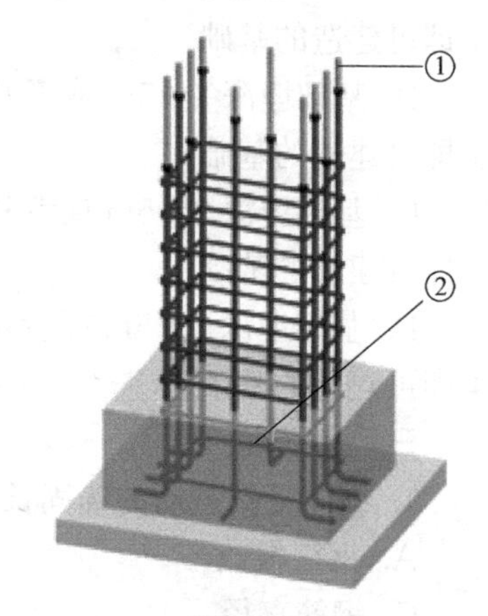

图 1-29

教学单元2 结构设计总说明识读

Chapter 02

1. 知识目标

（1）了解图纸目录的基本内容；

（2）掌握结构设计总说明的主要内容；

（3）掌握节点详图的识读方法。

2. 能力目标

（1）能够通过图纸目录了解整套图纸的基本内容，并能准确定位每张图纸的位置；

（2）能掌握结构设计总说明的格式和表达方式；

（3）能识读常见部位的节点详图。

建议学时：6学时

建议教学形式：配套使用教材提供的数字资源。

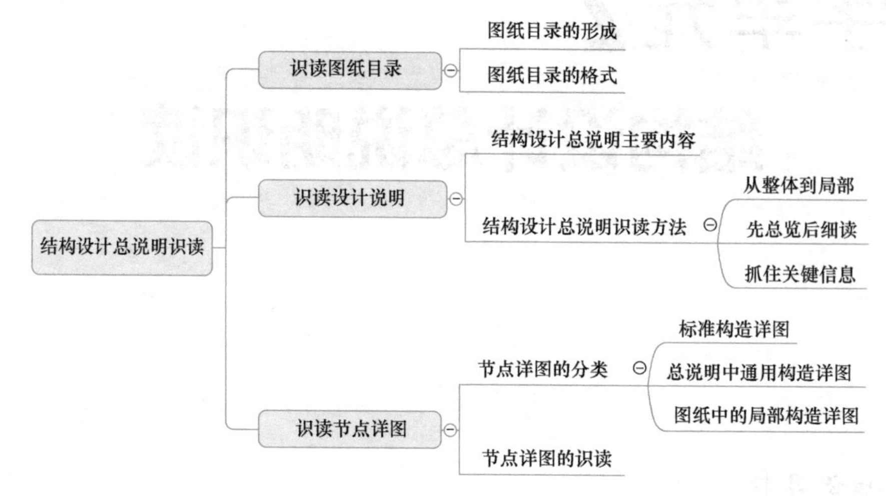

2.1 识读图纸目录

每一套完整的建筑结构施工图都包括很多张图纸，为了迅速准确找到目标图纸，就需要将所有图纸按顺序编号，最后形成的一张图纸目录放在整套图纸的第一页。

图纸目录通常以表格形式出现，如图 2-1 所示。我们可以根据图纸目录

结构图纸目录

图号	图别	图纸内容	图幅
01	结施	图纸目录	A4
02	结施	结构设计总说明（一）	A3
03	结施	结构设计总说明（二）	A3
04	结施	基础平面布置图	A3
05	结施	基础顶～屋顶柱平法施工图	A3
06	结施	标高 4.170 米梁平法施工图	A3
07	结施	标高 8.370 米梁平法施工图	A3
08	结施	标高 11.700 米梁平法施工图	A3
09	结施	坡屋顶梁平法施工图	A3
10	结施	标高 4.170 米板配筋图	A3
11	结施	标高 8.370 米板配筋图	A3
12	结施	标高 11.700 米板配筋图	A3
13	结施	坡屋顶板配筋图	A3
14	结施	楼梯结构图	A3

建设单位	××中专	图名	图纸目录	图幅	A4
工程名称	学生宿舍楼			图号	结施-01
				比例	1∶100

图 2-1　图纸目录

检查图纸是否完整。图纸目录里除了建设项目的基本信息外，最主要的就是每张图纸的图号、图名、图别、图幅等内容。所有图纸应按照施工顺序编排。

2.2 识读设计说明

2.2.1 结构设计总说明主要内容

结构设计总说明是整套结构施工图的首页图纸，如图 2-2 所示。主要以文字形式来表达与工程建设直接相关的重要信息，是全套图纸的总览性文件。为编制预算和结构施工提供依据。

虽然结构设计总说明根据具体的工程内容各不相同，但以下几点是必不可少的：

(1) 结构概况。主要介绍工程名称、结构类型、主体结构的层数、总高度、±0.000相对的绝对标高等。

(2) 设计依据。设计图纸采用的相关规范、图集的名称和代号都要一一列出。另有一些采用软件计算设计的图纸，还应注明所用软件的名称和版本。

(3) 自然条件和设计参数。包括建筑结构所处的场地类别、抗震等级、建筑结构的安全等级、设计使用年限、混凝土结构所处的环境类别等重要信息。

(4) 地基与基础。主要包括地质勘察情况、场地类别、土层承载力、基础类型及所选用的材料、基槽处理要求等。

(5) 设计荷载取值。包括基本风荷载、基本雪荷载和建筑楼面屋面等活荷载取值。这部分作为原始资料，对后续施工和预算影响不大。

(6) 各部位材料选用。这是施工预算的另一个重要信息，主要包括混凝土的强度等级、钢筋的型号与种类及焊条、型钢和其他材料的选用情况。

(7) 通用性构造措施。这部分是结构设计说明的主体内容，根据具体工程有所不同，所有图样中没有体现的内容都会在此说明，是整套图纸的有机补充。主要包含工程中各部位的构造做法、节点详图等。例如混凝土保护层厚度、钢筋锚固长度、钢筋连接方式、变形缝后浇带的处理、砌体填充墙等。

2.2.2 结构设计总说明识读方法

在阅读结构设计总说明时要从整体到局部，先总览后细读，抓住关键信息。以图 2-2为例，解读结构设计总说明与平法识图相关的重要信息。

2-4
结构设计总说明识读

(1) 工程概况。重点信息是上部结构的高度，共三层、结构高度12.6m、层高 4.2m、室内外高差 0.45m。这些信息既是施工放线依据，又是预算软件的必填内容。

结构设计总说明（一）

一、工程概况

1.本工程为××中专学生宿舍楼。该建筑为地上三层，层高4.2m，结构高度为12.600m，室内外高差0.450m。

2.本工程结构形式为钢筋混凝土现浇框架结构。

二、施工图纸说明

1.全部尺寸除注明外均以mm为单位，标高以m为单位。

2.本工程±0.000相对于绝对标高根据现场情况定。

3.本工程设计一般结构构件代号说明如下：
KL楼层框架梁，WKL屋面框架梁，TZ楼梯柱，
LZ梁上柱，GZ构造柱，GL过梁，JC独立柱基。

4.施工图中梁柱均采用平法标注，相关构造均详参图集《22G101－1、2、3》。

5.施工过程中，除应符合本说明外，其他事宜，均应按国家现行有关规范、标准和地方规定执行 。

三、建筑结构分类等级及自然条件

1.建筑结构安全等级：　二级
2.主体结构设计使用年限：50年
3.建筑抗震设防类别：　丙类
4.地基基础设计等级：　丙级
5.框架抗震等级：　三级
6.建筑耐火等级：　二级
7.混凝土构件的环境类别：一、二类
8.抗震设防烈度为7度，设计基本地震加速度0.10g ，设计地震分组第二组，多遇地震。

四、本工程设计遵循的标准、规范、规程

《建筑结构可靠性设计统一标准 》(GB 50068—2018)
《建筑抗震设防分类标准 》(GB 50223—2008)
《建筑结构荷载规范》(GB 50009—2012)
《混凝土结构设计规范》(GB 50010—2010)(2015年版)
《建筑抗震设计规范 》(GB 50011—2010)(2016年版)
《建筑地基基础设计规范》(GB 50007—2011)

五、设计采用的均布活荷载标准值

1.基本风压(50年基准期)：　w_0=0.40kN/m²
2.办公宿舍　2.0kN/m²　　走廊、楼梯　2.5kN/m²
3.卫生间　8.0kN/m²　　不上人屋面　0.5kN/m²
楼梯、阳台和上人屋面等栏杆顶部水平荷载为1.0kN/m，其他设备荷载按实际重量考虑。

六、主要结构材料

1.混凝土强度等级

(1)基础：C30；(2)柱：C30；(3)梁、板、楼梯：C30；(4)未注明部分混凝土为C25。

2.钢筋采用

(1)钢筋的抗拉强度实测值与屈服强度实测值的比值不应小于1.25；钢筋的屈服强度实测值与屈服强度标准值的比值不应大于1.3，且钢筋在最大拉力下的总伸长率实测值不应小于9%。

(2)当需要以强度等级较高的钢筋替代原设计中的纵向受力钢筋时，应按照钢筋承载力设计值相等的原则换算，并应满足最小配筋率等要求。

(3)预埋钢板采用Q235B、Q355B钢。

(4)吊钩采用HPB300级钢筋，不得采用冷加工钢筋。

3.焊条：HPB300钢筋采用E43型，HRB335、HRB400钢筋采用E50型。

4.墙体：±0.000以上墙体均需采用强度等级为A3.5级(3.5MPa)，干密度等级为B06级(600kg/m³)加气混凝土砌块砌筑。砌体施工质量控制等级B级。

5.砂浆：±0.000以下M7.5水泥砂浆，MU15混凝土普通砖砌筑，±0.000以上Mb5.0混合砂浆，200mm厚标准砖。

七、地基基础

1.本工程地基基础设计等级为丙级，基础为钢筋混凝土柱下条形基础。基础持力层为第一层杂填土，地勘报告未给出天然地基承载力，须进行地基土处理，地基土采用高压喷射注浆法进行处理，高压喷射注浆须有专业的施工单位人员进行施工，处理后的地基承载力不小于120kPa。

2.电气专业上对基础钢筋连接的要求详见电气施工图。

建设单位	××中专	图名	结构设计总说明(一)	图幅	A3
工程名称	学生宿舍楼			图号	结施-02
				比例	1:100

图 2-2　结构设计总说明（一）

结构设计总说明(二)

八、结构构造要求

1.混凝土环境类别及最外层钢筋保护层见下表:不大于C25时，数值增加5mm。
室内正常环境为一类;室内潮湿环境为二(a)类;露天环境、与无侵蚀的水或土壤直接接触的环境为二(b)类。

环境类别＼部位	混凝土墙	梁	板	柱	基础	楼梯
一	15	20	15	20		15
二a	20	25	20	25		
二b	25	35	25	35	40	

2.结构混凝土耐久性的基本要求见下表:

环境类别	最大水灰比	最低强度等级	最大氯离子含量(%)	最大碱含量(%)
一	0.60	C20	0.3	不限制
二a	0.55	C25	0.2	3.0
二b	0.50	C30	0.15	3.0

3.纵向受拉钢筋最小锚固及搭接长度见图集《16G101-1》。

4.墙柱、梁贯通筋须采用机械连接。当钢筋直径不小于22mm应优先采用机械连接，接头须采用一级。且同一截面内接头钢筋截面面积不应超过全部纵筋截面面积的50%，接头位置应避开上部墙体开洞部位、梁上托柱部位及受力较大部位。柱顶主筋锚固见图一。

5.悬挑构件需待混凝土强度达到100%方可拆除支撑。

6.现浇楼板、屋面板的构造要求:

(1)现浇楼板的分布筋除图中注明外均为Φ8@250。

(2)当钢筋长度不够时，楼板梁及屋面板、梁上部筋应在跨中1/3范围内搭接，梁板下部钢筋应在支座处1/3范围内搭接。

(3)板上的孔洞应预留，当孔洞尺寸不大于300mm时，将板内钢筋绕过洞边，不得切断;当孔洞尺寸大于300时,且洞边未设边梁，应在孔洞边配置附加钢筋,其每侧面积不小于孔洞宽度内被切断板筋的1/2且不少于每边上下各2Φ12，伸过洞边40d见图二。

(4)有高差的现浇板板面钢筋的锚固见图三。

7.填充墙沿框架柱全高每隔500mm设2ϕ6拉筋，拉筋伸入墙内为1000mm，做法采用预埋件。

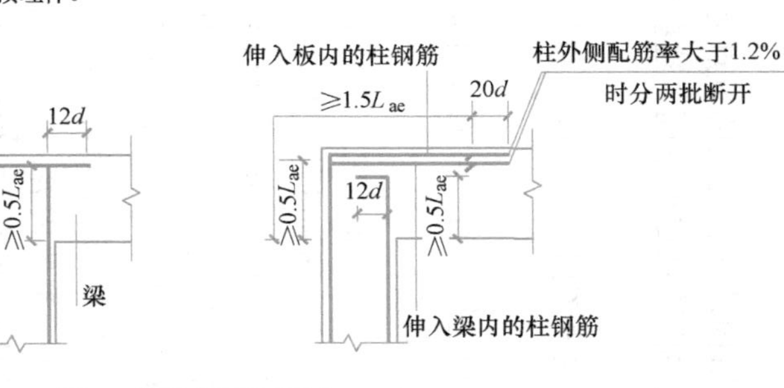

图一　柱顶主筋的锚固

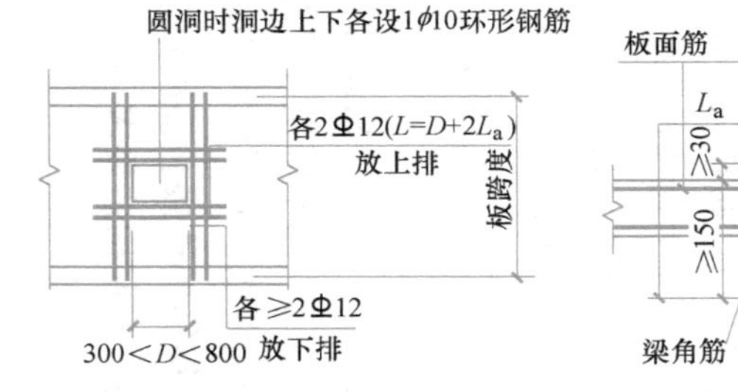

图二　板上开洞加强示意图

板面筋
L_a
L_a
≥30
≥150
≥150
板底筋
梁
梁角筋

图三　板面高低差处板面钢筋锚固

建设单位	××中专	图名	结构设计总说明(二)	图幅	A3
工程名称	学生宿舍楼			图号	结施-03
				比例	1:100

图 2-2　结构设计总说明（二）

（2）施工图纸说明。表明图纸所选图集编号为《22G101-1》《22G101-2》《22G101-3》；各个结构构件代号，如KL楼层框架梁、TZ楼梯柱等。这些是本套图的必须信息，其他条款不再细读。

（3）建筑结构分类等级及自然条件。这是结构设计总说明的重点之一，不同的抗震级别、安全等级选用的标准构造详图不同，相关的构造规定也不同。这些信息是预算软件的必填内容。

（4）标准、规范和规程。这是设计人员的主要依据，对于施工和预算仅供参考，可以略读。

（5）设计荷载取值。包括风荷载、雪荷载和建筑楼面、屋面等活荷载取值。这部分作为原始资料，对后续施工和预算影响不大，也可略读。

（6）主要结构材料。这是结构设计总说明另一个重要信息。阅读时要看清梁板柱等构件在不同部位所选用的混凝土强度等级和钢筋牌号，钢筋的锚固长度和搭接长度等。砂浆和砌块的选用，也都是施工预算的必须信息。凡是工程中用到的都应写明。如本工程中预埋钢板采用Q235B、Q355B，吊钩采用HPB300级钢筋，不得采用冷加工等。

（7）地基与基础。这是结构设计总说明中必不可少的一项，也是基础施工的重要依据，需要细读。本工程的基础设计等级为丙级，类型为柱下条形基础。

（8）结构构造要求。这是结构设计说明的又一主要内容。本图包括的保护层厚度表、耐久性要求表；钢筋的连接和锚固要求；楼板的构造要求及其他部位的施工要求等，都是施工必须遵守的。有些构造要求还需要用详图说明。

2.3 识读节点详图

2.3.1 节点详图的分类

结构施工图的节点详图，是通过较大比例绘制的，主要反映节点处构件代号、连接材料、连接方法以及对施工安装的要求等。还要清楚表达节点处配置的受力钢筋或构造钢筋的规格、型号、性能和数量，保证结构在该位置可以传递荷载，并且安全可靠。

按详图分布的位置，主要分为三大类。第一类：由于结构施工图普遍采用平法施工图表示方法，故很多细部节点都可以从平法施工图集中直接选用标准构造详图。第二类：无法采用标准构造详图的其他部位节点详图，一般由设计者自行设计，和结构设计总说明的通用性构造结合在一起，往往放在设计总说明的文字之后，如图2-2所示。第三类：还有一部分是剖面图或断面图，会和对应的平面图直接布置在一张图纸上，通过索引符号引注，如图2-3所示。

2.3.2 节点详图的识读

（1）当图纸选用标准构造详图时，图纸中只有简单的文字说明，并不给出标准详图。

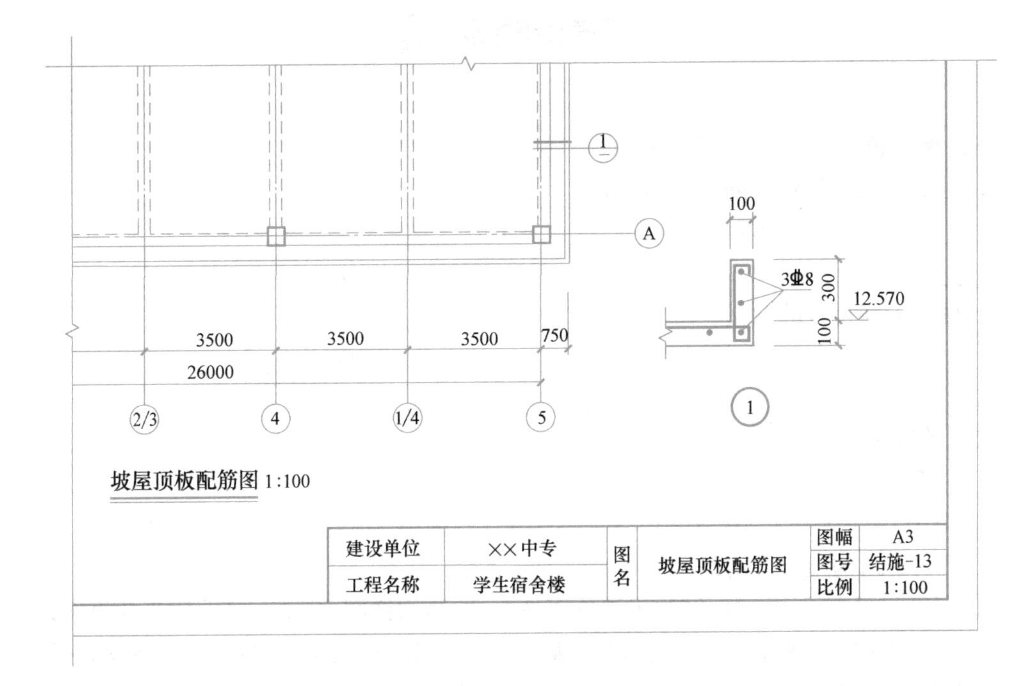

图 2-3　节点详图示例

一定要准确识读详图所在图集的名称和页码。切勿张冠李戴、选错详图。另外，在选取详图时还要熟悉图集中详图的相关规定和注解，充分理解详图的应用范围和构造要求。

（2）对于设计者自行设计的节点详图，要结合结构设计说明或者详图自带的文字注解进行识读。首先，要明确详图所指结构部位，如图 2-2 中的“图一　柱顶主筋的锚固”；其次，要明确详图的视图方向，即要看清是平面详图还是剖面详图；最后，要明确详图的配筋情况和施工要求。

（3）对于详图在本页图纸的情况，要先把详图编号和索引符号对应一致，再明确视图方向进而确定详细构造。如图 2-3 中的①号详图是平面图最右侧的索引符号引出的。视图方向为在图面上由前向后投影而成剖面图。此处是屋檐上翻部位的钢筋配置图，上翻部位纵向钢筋配置为 3Φ8。

单元小结

本单元结合工程实例从图纸目录识读、设计说明识读、节点详图识读三个方面阐述结构设计总说明识读步骤与方法。

图纸目录识读主要学习图号、图别、图纸内容及图幅；设计说明识读主要学习工程概况、材料种类、选用图集及构造要求、地基基础等内容；节点详图识读主要学习标准构造详图索引符号识读、设计者自行设计的节点详图细部构造等。

通过本单元的学习，使学生熟练掌握结构设计总说明识读方法、了解设计总说明内容，并与混凝土结构构件平法图识读融会贯通。

思考及练习题

一、填空题

1. 写出下列代号对应的构件名称

KL ________ WKL ________ GZ ________ GL ________

LZ ________

2. 写出下列符号的含义

C30 ________ M7.5 ________ Φ ________

HPB300 ________ Q235-B ________

二、单选题

1. 一般工业与民用建筑抗震设防为（　　）。

A. 甲类　　B. 乙类　　C. 丙类　　D. 丁类

2. 不属于结构施工图的是（　　）。

A. 图纸目录　　B. 结构平法施工图　　C. 结构详图　　D. 建筑效果图

3. 某三级抗震框架梁，其下部配置 4Φ20 的受拉钢筋，混凝土为 C25，该纵向受拉钢筋的抗震锚固长度为（　　）。

A. 700mm　　B. 720mm　　C. 800mm　　D. 840mm

4. 当环境类别为一类，混凝土为 C20，板与梁的保护层最小厚度分别为（　　）mm。

A. 20、30　　B. 15、20　　C. 20、25　　D. 15、30

5. 纪念性建筑和特别重要的建筑结构设计使用年限是（　　）。

A. 120 年　　B. 100 年　　C. 70 年　　D. 50 年

6. 结构设计总说明不包括（　　）。

A. 设计的主要依据（如设计规范、勘察报告等）

B. 结构安全等级和设计使用年限、混凝土结构所处的环境类别

C. 建筑抗震设防类别、抗震设防烈度、场地类别及混凝土结构的抗震等级

D. 门窗表

三、名词解释

1. 混凝土保护层

2. 钢筋锚固长度

3. 混凝土耐久性

Chapter 03

教学单元3

柱平法施工图识读

教学目标

1. 知识目标

(1) 掌握柱平法制图规则和注写方式；

(2) 掌握柱标准构造详图中的钢筋构造。

2. 能力目标

(1) 能熟练运用柱平法制图规则，准确识读柱；

(2) 能熟练运用柱构造详图，理解柱钢筋的布置，正确识读柱钢筋构造；

(3) 通过实训案例和习题练习，学生能具备柱构件的识图实操能力。

建议学时：12学时。

建议教学形式：配套使用《22G101-1》图集和教材提供的数字资源。

思维导图

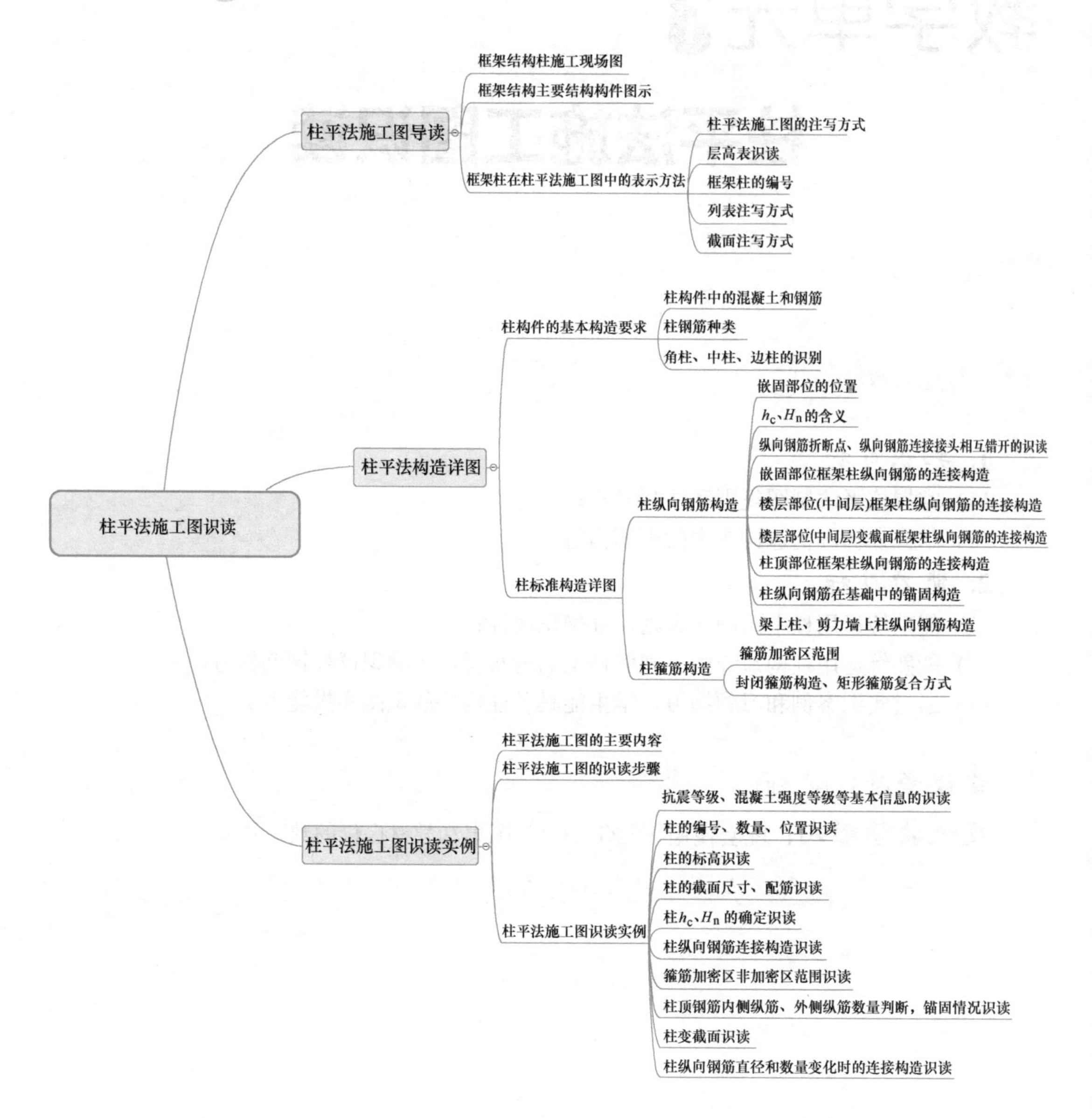

3.1 柱平法施工图导读

3.1.1 框架结构柱施工现场图

框架结构中的柱以承受竖向荷载为主，如图 3-1 所示。

图 3-1　框架柱

3.1.2　框架结构主要结构构件图

在实际的钢筋混凝土框架结构工程中，主要的结构构件包括框架柱、框架梁、现浇楼板等，如图 3-2 所示。

图 3-2　框架结构主要构件示意

3.1.3　框架柱在柱平法施工图中的表示方法

1. 柱平法施工图的注写方式

柱平法施工图：在柱平面布置图上采用列表注写方式或截面注写方式进行表达；柱平面布置图：可采用适当比例单独绘制，也可与剪力墙平面布置图合并绘制。

列表注写方式的柱平法图如图 3-3 所示（具体内容参见《22G101-1》第 1-7 页），其是由框架柱平面图和柱表两部分组成。

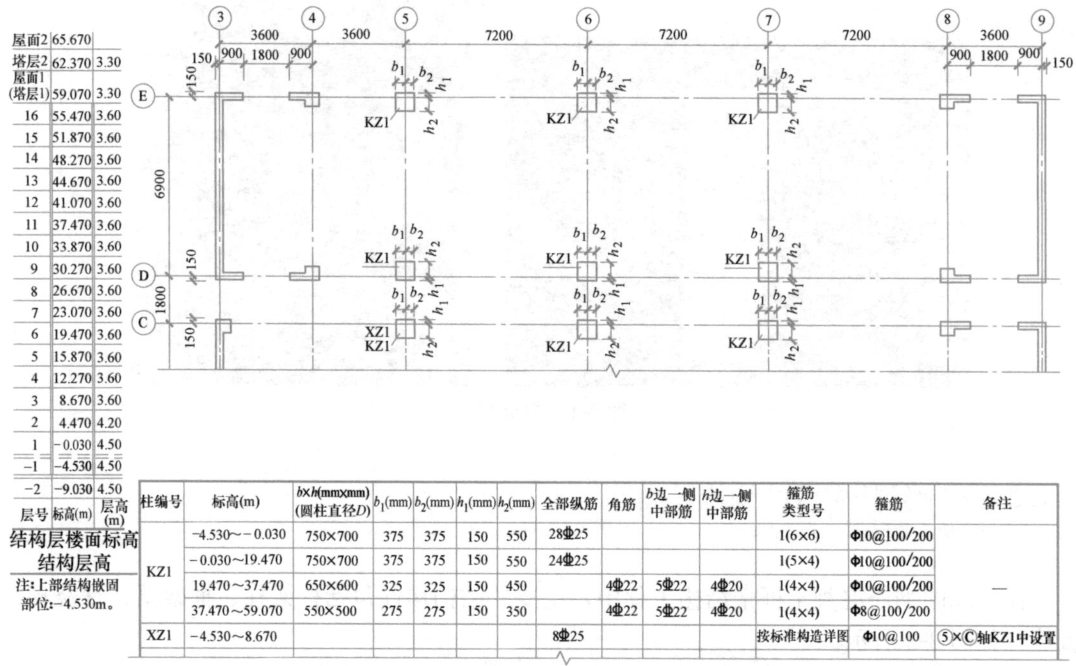

层号	标高(m)	层高(m)
屋面2	65.670	
塔层2	62.370	3.30
屋面1(塔层1)	59.070	3.30
16	55.470	3.60
15	51.870	3.60
14	48.270	3.60
13	44.670	3.60
12	41.070	3.60
11	37.470	3.60
10	33.870	3.60
9	30.270	3.60
8	26.670	3.60
7	23.070	3.60
6	19.470	3.60
5	15.870	3.60
4	12.270	3.60
3	8.670	3.60
2	4.470	4.20
1	−0.030	4.50
−1	−4.530	4.50
−2	−9.030	4.50

结构层楼面标高
结构层高
注：上部结构嵌固部位：−4.530m。

柱编号	标高(m)	b×h(mm×mm)(圆柱直径D)	b_1(mm)	b_2(mm)	h_1(mm)	h_2(mm)	全部纵筋	角筋	b边一侧中部筋	h边一侧中部筋	箍筋类型号	箍筋	备注
KZ1	−4.530～−0.030	750×700	375	375	150	550	28⌀25				1(6×6)	Φ10@100/200	—
	−0.030～19.470	750×700	375	375	150	550	24⌀25				1(5×4)	Φ10@100/200	
	19.470～37.470	650×600	325	325	150	450		4⌀22	5⌀22	4⌀20	1(4×4)	Φ10@100/200	
	37.470～59.070	550×500	275	275	150	350		4⌀22	5⌀22	4⌀20	1(4×4)	Φ8@100/200	
XZ1	−4.530～8.670						8⌀25				按标准构造详图	Φ10@100	⑤×Ⓒ轴KZ1中设置

图 3-3 柱平法施工图列表注写方式示例

截面注写方式的柱平法图如图 3-4 所示（具体内容参见《22G101-1》第 1-8 页）。

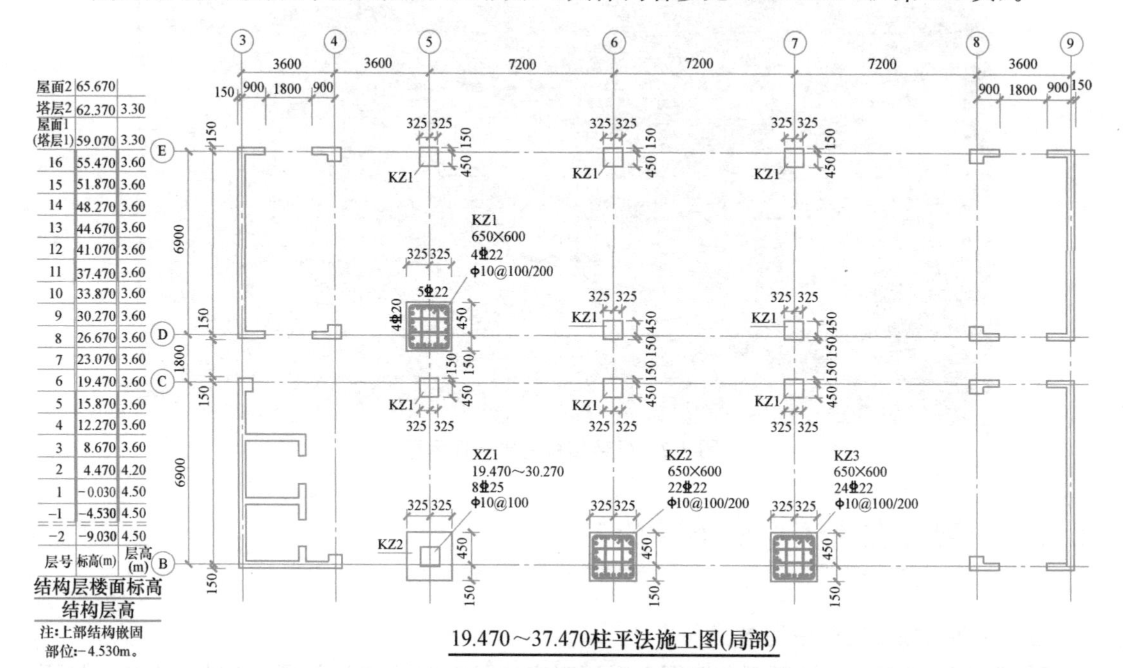

层号	标高(m)	层高(m)
屋面2	65.670	
塔层2	62.370	3.30
屋面1(塔层1)	59.070	3.30
16	55.470	3.60
15	51.870	3.60
14	48.270	3.60
13	44.670	3.60
12	41.070	3.60
11	37.470	3.60
10	33.870	3.60
9	30.270	3.60
8	26.670	3.60
7	23.070	3.60
6	19.470	3.60
5	15.870	3.60
4	12.270	3.60
3	8.670	3.60
2	4.470	4.20
1	−0.030	4.50
−1	−4.530	4.50
−2	−9.030	4.50

结构层楼面标高
结构层高
注：上部结构嵌固部位：−4.530m。

图 3-4 柱平法施工图截面注写方式示例

2. 层高表识读

在柱平法布置图中包含结构层楼面标高、结构层高及相应结构层号的表格，便于将注写的柱段高度与该表对照，明确各柱在整个结构中的竖向定位。一般柱平法施工图中标注的尺寸以毫米（mm）为单位，标高以米（m）为单位。

其中，结构层楼面标高是指将建筑图中的各楼层标高扣除建筑面层及垫层做法厚度后的标高。某项目的结构层高表见表 3-1，由表可知，一层地面标高为－0.030m（未做建筑面层和垫层），一层的层高为 4.5m，二层楼面标高 4.470m，与一层地面标高－0.030m 之差为一层的层高。

3. 框架柱的编号

柱编号由类型代号和序号组成，见表 3-2。

结构层高表　　表 3-1

层号	标高(m)	层高(m)
屋面	12.270	3.60
3	8.670	3.60
2	4.470	4.20
1	－0.030	4.50
－1	－4.530	4.50

框架柱编号　　表 3-2

柱类型	代号	序号
框架柱	KZ	××
转换柱	ZHZ	××
芯柱	XZ	××

4. 列表注写方式

3-1 柱平法识读：截面注写方式

（1）含义

列表注写方式，是在柱平面布置图上，分别在同一编号的柱中选择一个截面标注几何参数代号，在柱表中注写柱编号、柱段起止标高、几何尺寸与配筋的具体数值，并配以各种柱截面形状及其箍筋类型图的方式，来表达柱平法施工图。

（2）列表注写方式示例图如图 3-3 所示。

（3）识读要点、识读内容

柱列表注写方式识读见表 3-3。

柱列表注写方式识读要点和说明　　表 3-3

识读要点	图　示	说　明
各段柱的起止高度	标高 -4.530～-0.030 -0.030～19.470 19.470～37.470 37.470～59.070	注写各段柱的起止标高，自柱根部往上以变截面位置或截面未变但配筋改变处为界分段注写。框架柱的根部标高指基础顶面标高；梁上柱的根部标高指梁顶面标高
编号	KZ1	斜线引出标注 KZ×

续表

<table>
<tr><th>识读要点</th><th>图示</th><th>说明</th></tr>
<tr><td>截面尺寸和定位</td><td>

<table>
<tr><th>b×h
(圆柱直径D)</th><th>b_1</th><th>b_2</th><th>h_1</th><th>h_2</th></tr>
<tr><td>750×700</td><td>375</td><td>375</td><td>150</td><td>550</td></tr>
<tr><td>750×700</td><td>375</td><td>375</td><td>150</td><td>550</td></tr>
<tr><td>650×600</td><td>325</td><td>325</td><td>150</td><td>450</td></tr>
<tr><td>550×500</td><td>275</td><td>275</td><td>150</td><td>350</td></tr>
</table>
</td><td>对于矩形柱，注写柱截面尺寸 $b\times h$ 及与轴线的关系的几何参数代号 b_1、b_2 和 h_1、h_2 的具体数值。其中 $b=b_1+b_2$，$h=h_1+h_2$。对于圆形柱由“D”加圆柱直径数值表示，圆柱截面与轴线的关系也用 b_1、b_2 和 h_1、h_2 表示，其中 $D=b_1+b_2=h_1+h_2$</td></tr>
<tr><td>纵筋</td><td>
<table>
<tr><th>全部纵筋</th><th>角筋</th><th>b边一侧中部筋</th><th>h边一侧中部筋</th></tr>
<tr><td>28Φ25</td><td></td><td></td><td></td></tr>
<tr><td>24Φ25</td><td></td><td></td><td></td></tr>
<tr><td></td><td>4Φ22</td><td>5Φ22</td><td>4Φ20</td></tr>
<tr><td></td><td>4Φ22</td><td>5Φ22</td><td>4Φ20</td></tr>
</table>
</td><td>当柱各边纵筋直径、根数均相同时，注写全部纵筋的根数及直径。除此之外，按角筋、b 边一侧中部筋和 h 边一侧中部筋，三项分别注写</td></tr>
<tr><td>箍筋</td><td>
<table>
<tr><th>箍筋类型号</th><th>箍筋</th></tr>
<tr><td>1(6×6)</td><td>Φ10@100/200</td></tr>
<tr><td>1(5×4)</td><td>Φ10@100/200</td></tr>
<tr><td>1(4×4)</td><td>Φ10@100/200</td></tr>
<tr><td>1(4×4)</td><td>Φ8@100/200</td></tr>
</table>
</td><td>箍筋类型：如图“(6×6)”，表示箍筋为 6×6 肢箍；
当箍筋沿柱全高只有一种箍筋间距时，采用Φ8@200、Φ8@100 表示。当为抗震设计时，采用“/”区分柱端箍筋加密区与柱身非加密区箍筋的不同间距，采用Φ8@100/200 表示。当圆柱采用螺旋箍筋时，以“L”开头表示，采用 LΦ8@200 表示</td></tr>
</table>

3-2 柱平法识读：列表注写方式

5. 截面注写方式

(1) 含义

截面注写方式，是在柱平面布置图上，分别在同一编号的柱中选择一个截面，以直接注写截面尺寸和配筋具体数值的方式来表达柱平法施工图。

(2) 截面注写方式示例图如图 3-4 所示。

(3) 识读要点、识读内容

柱截面注写方式识读见表 3-4。

柱截面注写方式识读 表 3-4

<table>
<tr><th>识读要点</th><th>图示</th><th>说明</th></tr>
<tr><td>各段柱的起止高度</td><td>
19.470～37.470柱平法施工图
<table>
<tr><td>11</td><td>37.470</td><td>3.60</td></tr>
<tr><td>10</td><td>33.870</td><td>3.60</td></tr>
<tr><td>9</td><td>30.270</td><td>3.60</td></tr>
<tr><td>8</td><td>26.670</td><td>3.60</td></tr>
<tr><td>7</td><td>23.070</td><td>3.60</td></tr>
<tr><td>6</td><td>19.470</td><td>3.60</td></tr>
<tr><td>5</td><td>15.870</td><td>3.60</td></tr>
<tr><td>4</td><td>12.270</td><td>3.60</td></tr>
</table>
</td><td>如图名中的“19.470～37.470”和层高表中竖向粗线所示范围。本张图纸适用于 6～10 层，即 19.470～37.470m 标高之间</td></tr>
<tr><td>编号</td><td>

</td><td>斜线引出标注 KZ×，如图此柱为 KZ1</td></tr>
</table>

续表

识读要点	图　示	说　明
截面尺寸和定位	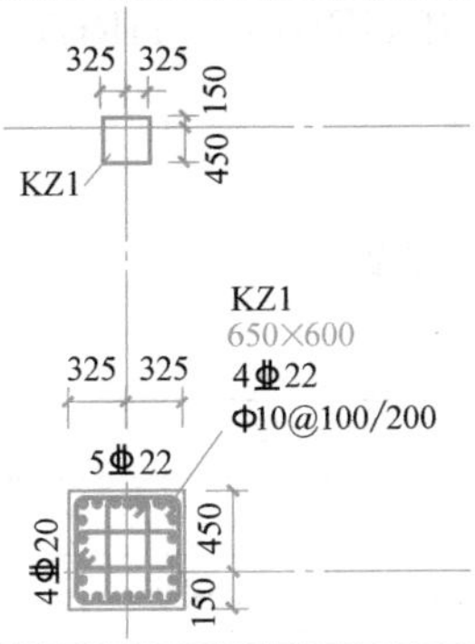 325 325 150 450 KZ1 KZ1 650×600 4Φ22 Φ10@100/200 325 325 5Φ22 4Φ20 450 150	每根柱均标注和轴线的相互关系（X 向和 Y 向），放大截面集中注写第二行“$b \times h$”
纵筋	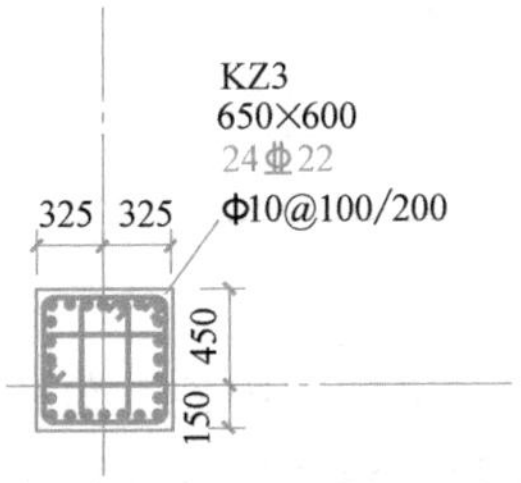 KZ3 650×600 24Φ22 Φ10@100/200 325 325 450 150	放大截面集中注写第三行为纵筋配筋。当柱各边纵筋直径、根数均相同时，注写全部纵筋的根数及直径。如图，该柱全截面共 24Φ22 的三级钢作为纵筋
	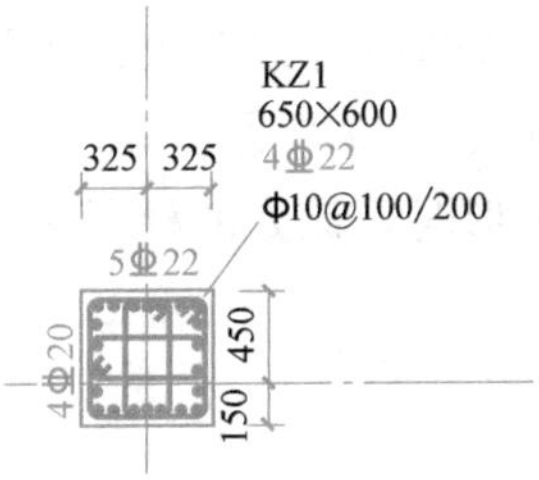 KZ1 650×600 4Φ22 Φ10@100/200 325 325 5Φ22 4Φ20 450 150	在放大截面集中注写第三行标注柱角筋、在放大截面对应边原位标注 b 边一侧中部筋和 h 边一侧中部筋。三项分别注写；如图，该 KZ1 的角筋为 4Φ22，b 边一侧中部筋为 5Φ22，h 边一侧中部筋为 4Φ20
箍筋	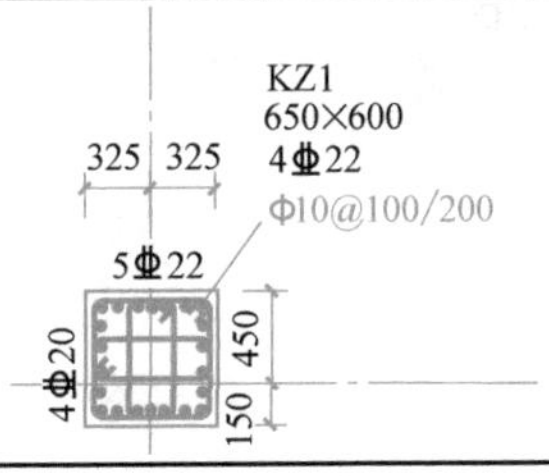 KZ1 650×600 4Φ22 Φ10@100/200 325 325 5Φ22 4Φ20 450 150	放大截面集中注写第四行为箍筋的配筋。如图，该 KZ1 箍筋采用Φ10@100/200，箍筋为 4×4 肢箍

3.2 柱平法构造详图

3.2.1　柱构件的基本构造要求

1. 柱构件中的混凝土和钢筋

框架结构中的柱多为偏心受压构件，混凝土的强度等级对受压构件的承载力影响很大。为了减少构件的截面尺寸、节约钢材，宜采用较高强度等级的混凝土。通常多层建筑柱混凝土强度等级采用 C25～C35，高层建筑柱混凝土强度等级宜采用 C30～C40，必要时可以采用高强混凝土。柱纵向受力钢筋宜采用 HRB400、HRB500 级；柱箍筋宜采用 HRB400、HRB335，也可采用 HPB300 级钢筋。

2. 柱钢筋种类

柱的钢筋种类分柱纵向钢筋和箍筋两大类，见表 3-5。

柱钢筋种类　　表 3-5

项目	类别	解　释
柱钢筋种类	柱纵向钢筋	角筋：位于柱四角的钢筋
		b 边中部钢筋：b 边除角筋以外的中部钢筋
		h 边中部钢筋：h 边除角筋以外的中部钢筋
	箍筋	普通箍筋
		复合箍筋

3-3
矩形柱
箍筋

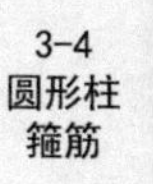

3. 角柱、中柱、边柱的识别

柱按所处位置不同可分为角柱、边柱和中柱。角柱就是一栋建筑中位于角部位置的柱；边柱指沿外墙布置除了角柱以外的柱子；中柱指除了角柱和边柱以外的柱子。如图 3-5 所示，从图中可以看出，当梁相交的位置为“L”形时，该处的柱子为角柱；当梁相交的位置为“T”形时，该处的柱子为边柱；当梁相交的位置呈现“十”字形时，该处的柱子为中柱。

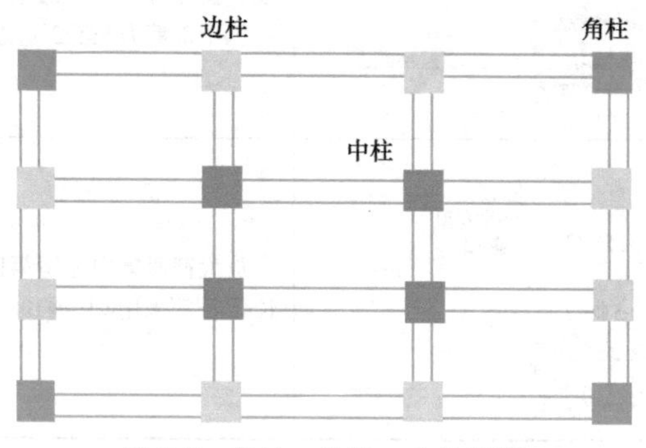

图 3-5　角柱、边柱、中柱示意

3.2.2　柱标准构造详图

1. 柱纵向钢筋构造

柱纵向钢筋构造如图 3-6 所示（具体内容参见《22G101-1》第 2-9 页）。

（1）嵌固部位的位置

1）对于无地下室的建筑物，通常指基础的顶面，在层高表中无需标注；

2）对于有地下室的建筑物，根据具体情况由设计指定嵌固部位，具体在层高表的下方注明嵌固部位的标高。

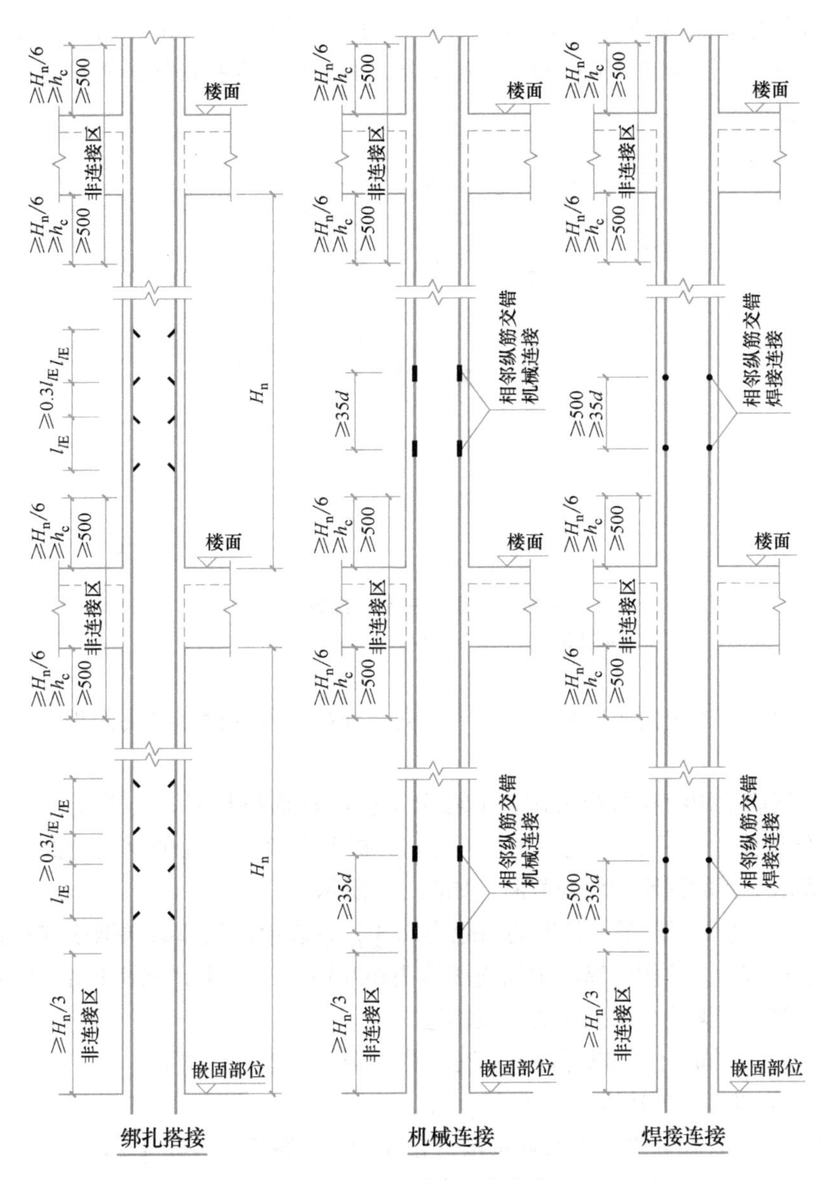

图 3-6　柱纵向钢筋构造

（2）h_c、H_n 的含义

h_c 为柱截面长边尺寸（圆柱为截面直径）；H_n 为所在楼层的柱净高，H_n 计算方法见表 3-6。

H_n 的计算方法　　表 3-6

序号	楼层	H_n 的计算方法
1	底层	H_n＝底层柱高－梁高 其中：底层柱高为基础顶面至二层楼面的距离（以无地下室的建筑物为例）
2	其余楼层	净高 H_n＝本层的层高－梁高

(3) 纵向钢筋折断点、纵向钢筋连接接头相互错开的识读

在施工过程中，当构件的钢筋不够长时（钢筋出厂长度有 8m、9m、12m，一般是 9m)，需要对钢筋进行连接。钢筋的主要连接方式有三种：绑扎搭接、机械连接和焊接连接。如图 3-7 所示。

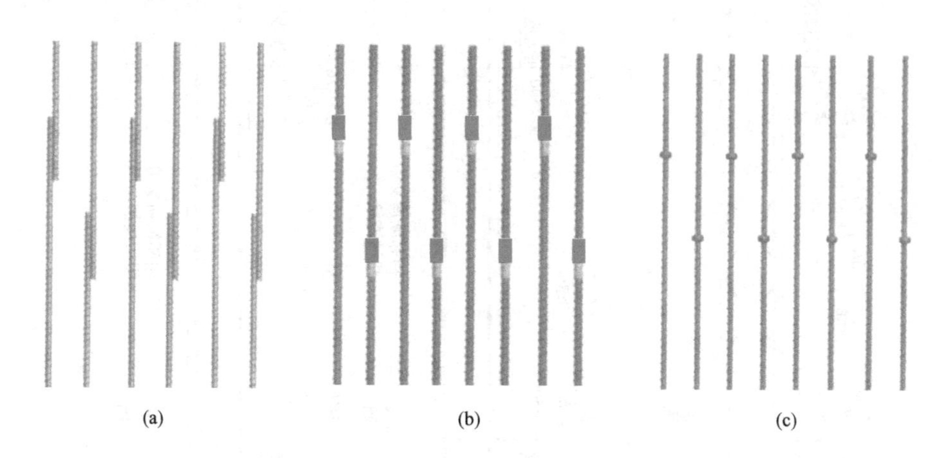

图 3-7 钢筋的主要连接方式

(a) 钢筋绑扎搭接；(b) 钢筋机械连接；(c) 钢筋焊接连接

柱相邻纵向钢筋连接接头应相互错开，在同一连接区段内钢筋接头面积百分率不宜大于 50%。

以柱纵向钢筋采用绑扎搭接为例，上柱和下柱的钢筋搭接时，会重复一段搭接长度 l_{lE}，为了方便识读，采用了折断点符号，朝上的折断点表示上面的钢筋到此处截断，朝下的折断点表示下面的钢筋到此处截断，如图 3-8 所示。

在图 3-8 中，上下两段搭接长度的间距为 $0.3l_{lE}$，表示柱相邻纵向钢筋连接接头相互错开的距离是 $0.3l_{lE}$。柱相邻纵向钢筋连接接头相互错开的三维示意图如图 3-9 所示。

(4) 嵌固部位框架柱纵向钢筋的连接构造

识读图 3-6 的嵌固部位，以无地下室建筑物为例，构造要点如下：

1) 基础顶面以上非连接区范围为 $H_n/3$；

2) 绑扎搭接时，相邻纵向钢筋连接接头相互错开的距离为 $\geqslant 0.3l_{lE}$；

3) 机械连接时，相邻纵向钢筋连接接头相互错开的距离为 $\geqslant 35d$；

4) 焊接连接时，相邻纵向钢筋连接接头相互错开的距离为 $\geqslant 500$ 且 $\geqslant 35d$；

(5) 楼层部位（中间层）框架柱纵向钢筋的连接构造

识读图 3-6 的楼层部位（中间层），构造要点如下：

1) 楼层部位非连接区范围有：

① 楼层梁柱交接节点内，即梁高范围内。

② 梁底向下的“三控区”范围，即净高 $H_n/6$、柱截面长边尺寸 h_c、500mm 三者取最大值，用 $\max(H_n/6、h_c、500)$ 表示。

③ 梁顶向上的“三控区”范围，即净高 $H_n/6$、柱截面长边尺寸 h_c、500mm 三者取最大值，用 $\max(H_n/6、h_c、500)$ 表示。

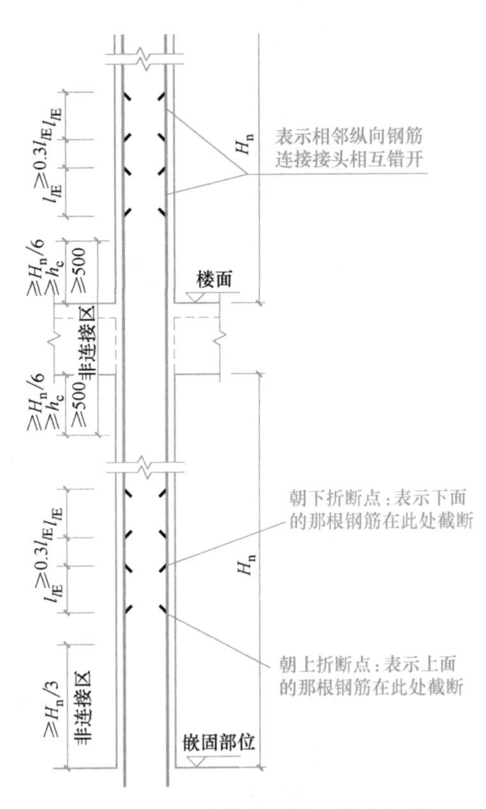

图 3-8　纵向钢筋折断点、纵向钢筋连接接头相互错开示意

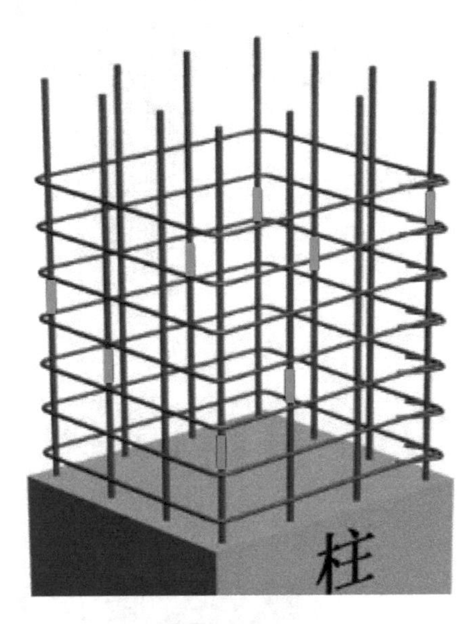

图 3-9　柱纵向钢筋连接接头相互错开三维示意

2）相邻纵向钢筋连接接头相互错开的距离：绑扎搭接时，为不小于 $0.3l_{lE}$；机械连接时，为不小于 $35d$；焊接连接时，为不小于 500mm 且不小于 $35d$。

（6）楼层部位（中间层）变截面框架柱纵向钢筋的连接构造

柱截面大小取决于截面上受力的大小。底层的柱受力大，柱所需截面大，随着楼层的增高，柱截面上的力不断减小，柱截面可适当缩小。根据柱所处位置不同，分为两边缩小和单侧缩小两种，如图 3-10 和图 3-11 所示（具体内容参见《22G101-1》第 2-16 页）。

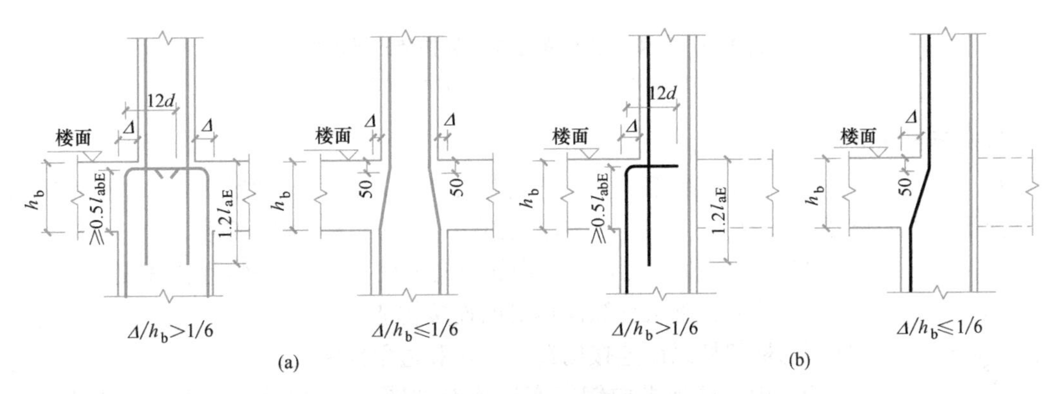

图 3-10　柱变截面位置纵向钢筋构造

（a）柱截面两边缩小；（b）柱截面单侧缩小

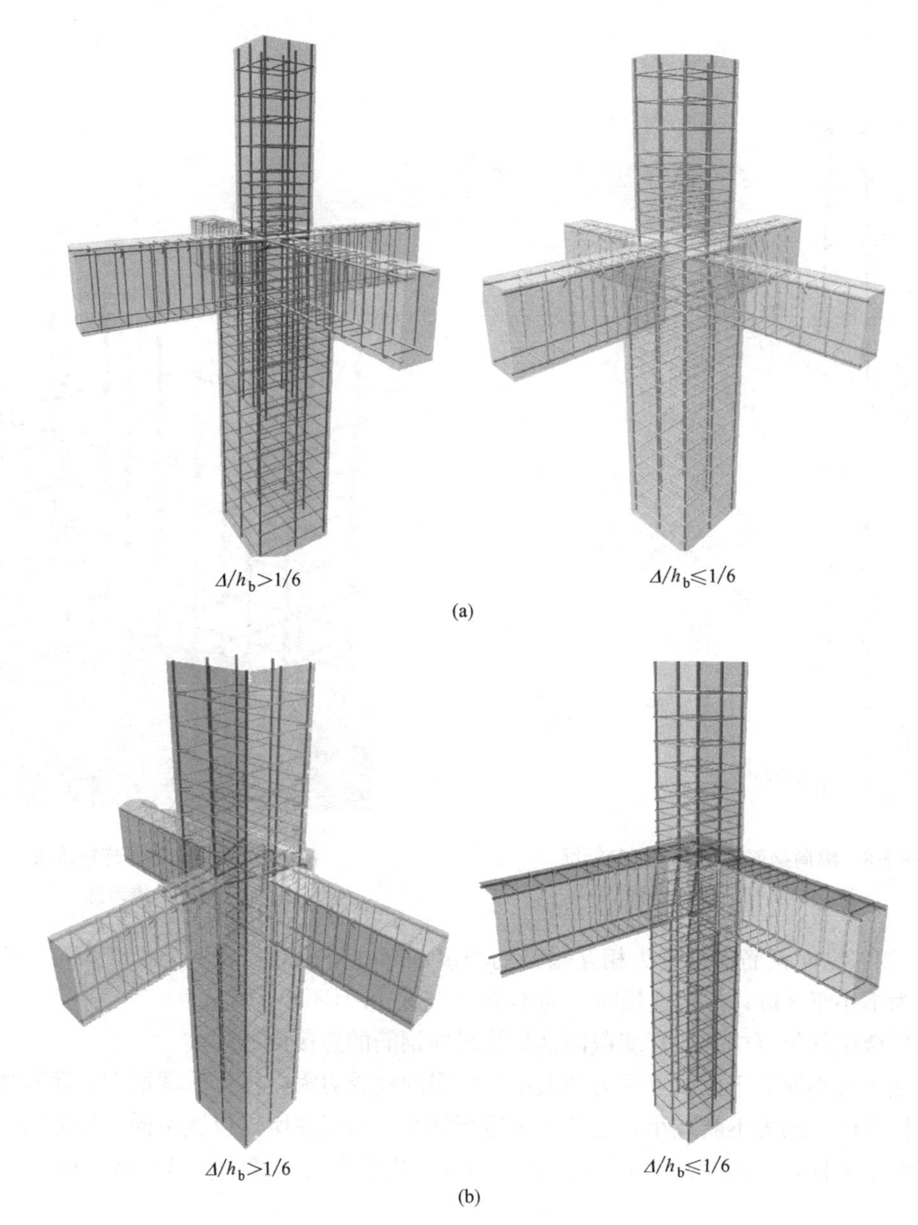

图 3-11 柱变截面位置纵向钢筋构造三维示意

（a）柱截面两边缩小；（b）柱截面单侧缩小

构造要点如下：

1）当 $\Delta/h_b>1/6$ 时，下柱钢筋伸入梁内的长度$\geqslant0.5l_{abE}$后，弯锚 $12d$；上柱钢筋从梁顶向下锚入的长度为 $1.2l_{aE}$。其中：Δ 为截面缩小值；h_b 为梁截面高度。

2）当 $\Delta/h_b\leqslant1/6$ 时，下柱钢筋斜向上柱，与上柱钢筋直接相连。

（7）柱顶部位框架柱纵向钢筋的连接构造

柱顶部框架柱纵筋连接构造分中柱和边角柱两类：

1）KZ 中柱柱顶纵向钢筋弯锚构造如图 3-12 所示，直锚构造如图 3-13

所示，中柱其他类型纵向钢筋构造图可见《22G101-1》第 2-16 页。

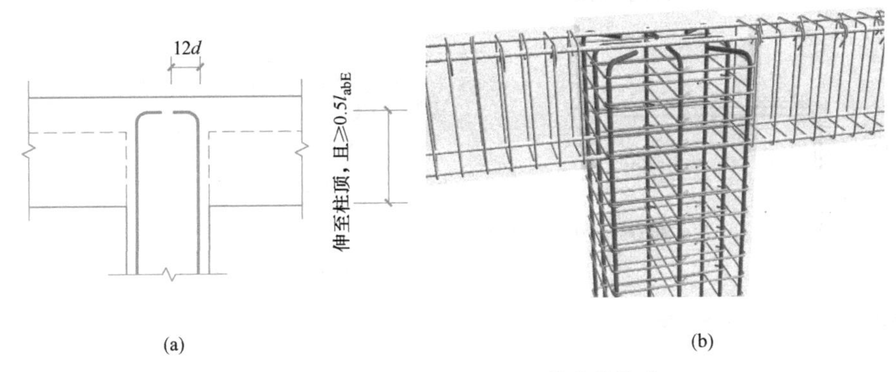

图 3-12　KZ 中柱柱顶纵向钢筋弯锚构造

(a) 弯锚构造图；(b) 三维示意

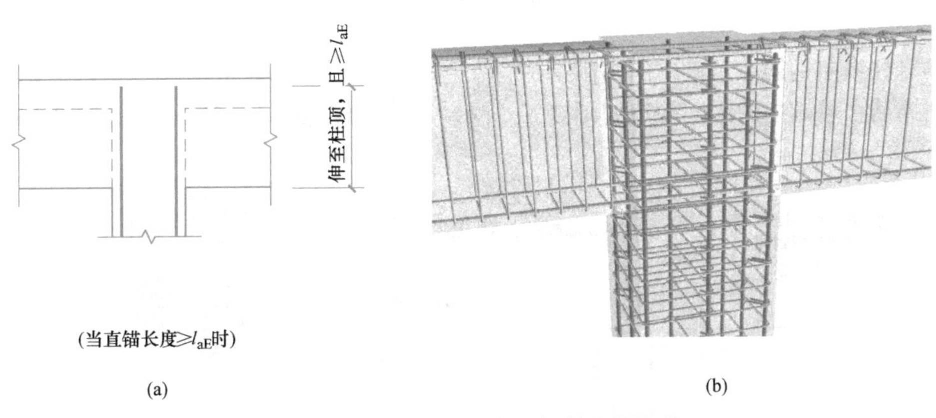

图 3-13　KZ 中柱柱顶纵向钢筋直锚构造

(a) 直锚构造图；(b) 三维示意

构造要点如下：

① 中柱柱顶纵向钢筋有直锚和弯锚两种情况。直锚条件是：当梁高－保护层厚度≥l_{aE} 时，钢筋可以直锚；当不满足直锚时，则钢筋需弯锚。

② 直锚的长度为钢筋伸至柱顶，且≥l_{aE}，可以用直锚长＝(梁高－保护层) 表示。

③ 弯锚的长度为钢筋伸至柱顶，且直段长度≥$0.5l_{abE}$ 后弯锚 $12d$；可以用弯锚长＝(梁高－保护层)＋$12d$ 表示。

2) KZ 边柱和角柱柱顶纵向钢筋构造如图 3-14 所示，边角柱其他类型纵向钢筋构造图可见《22G101-1》第 2-14、2-15 页。

构造要点如下：

① 边角柱柱顶纵向钢筋分外侧纵向钢筋和内侧纵向钢筋。

② 柱外侧纵向钢筋的锚固方式为弯锚。

③ 柱外侧纵向钢筋配筋率＞1.2%时，分两批截断，一批钢筋弯锚长度为从梁底起弯锚≥$1.5l_{abE}$；另一批钢筋弯锚长度为从梁底起弯锚≥$1.5l_{abE}+20d$。

④ 柱内侧纵筋同中柱柱顶纵向钢筋构造，具体内容可参照图 3-12 和图 3-13。

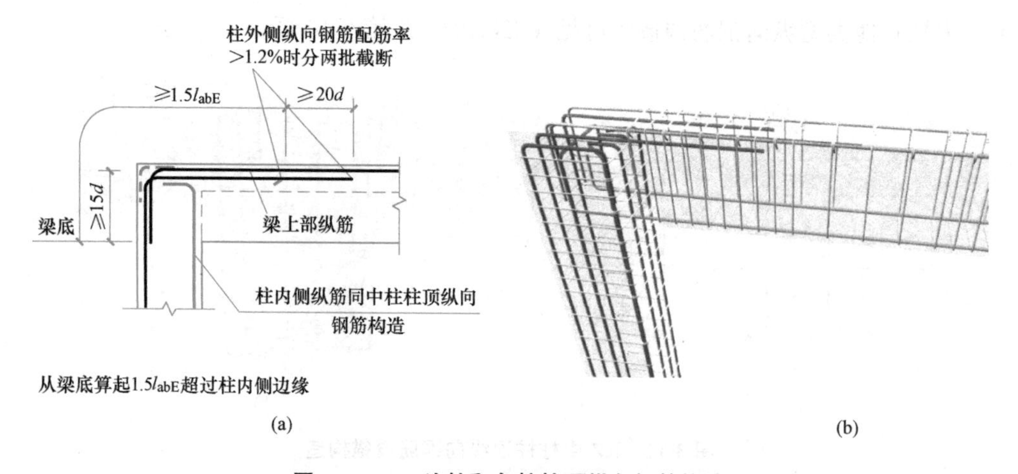

图 3-14　KZ 边柱和角柱柱顶纵向钢筋构造

（a）构造图；（b）三维示意

（8）柱纵向钢筋在基础中的锚固构造

柱插筋在基础内的锚固构造如图 3-15 所示（具体内容参见《22G101-3》第 2-10 页）。

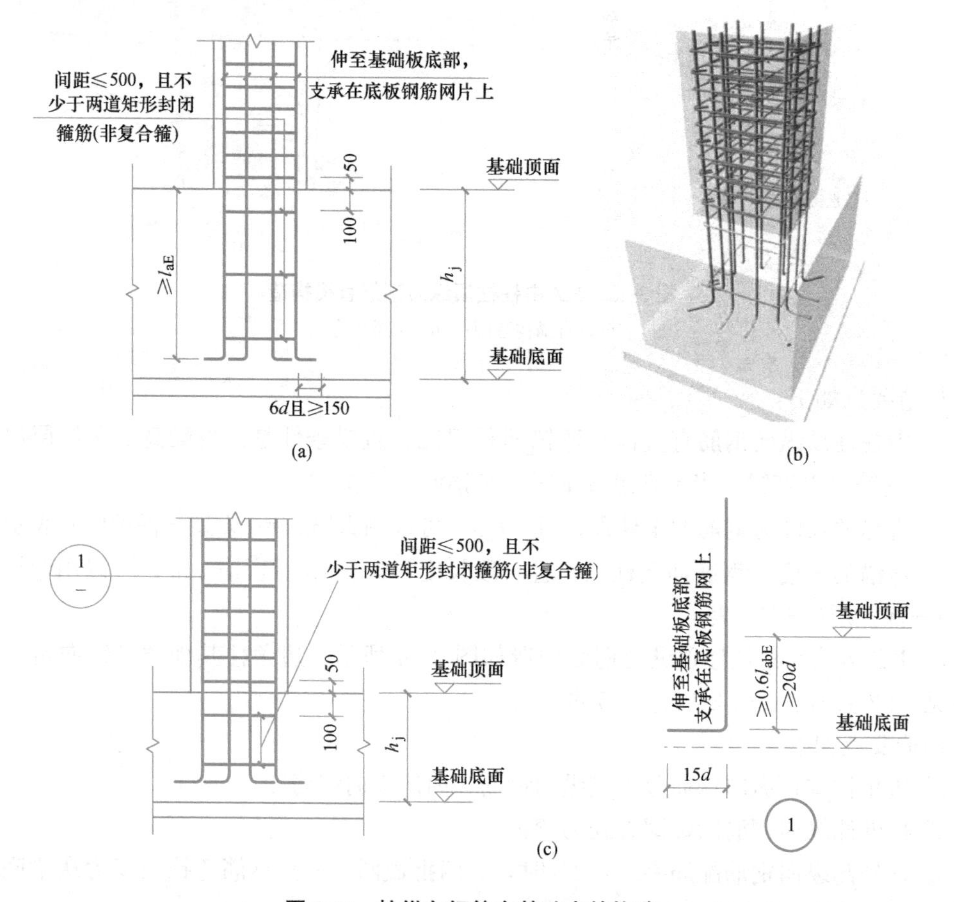

图 3-15　柱纵向钢筋在基础中的构造

（a）基础高度 h_j 满足直锚；（b）三维构造示意；（c）基础高度 h_j 不满足直锚

【任务】

识读图 3-15（具体内容参见《22G101-3》第 2-10 页），根据提示，填写下面问题，完成柱插筋构造识读。

（1）图中 h_j 表示________。

（2）当基础高度满足直锚时，即满足 $h_j \geqslant l_{aE}$ 时，柱插筋伸至基础板底部，支承在底板钢筋网片上，且底部的弯折长度为__________。

（3）当基础高度不满足直锚时，即满足 $0.6l_{aE} \leqslant h_j < l_{aE}$ 时，柱插筋伸至基础板底部，支承在底板钢筋网片上，且底部的弯折长度为______。

（4）柱插筋在基础内的箍筋设置规定为：间距≤500mm，且不少于_____矩形封闭箍筋。

（5）柱根部的第一根箍筋距基础顶面的距离是______，柱插筋在基础内的第一道箍筋距基础顶面的距离是_____。

（9）梁上起柱 KZ、剪力墙上起柱 KZ 纵向钢筋构造

梁上起柱纵向钢筋构造如图 3-16 所示。剪力墙上起柱，柱纵筋锚固在墙顶部时，柱根构造如图 3-17 所示。具体内容参见《22G101-1》第 2-12 页。

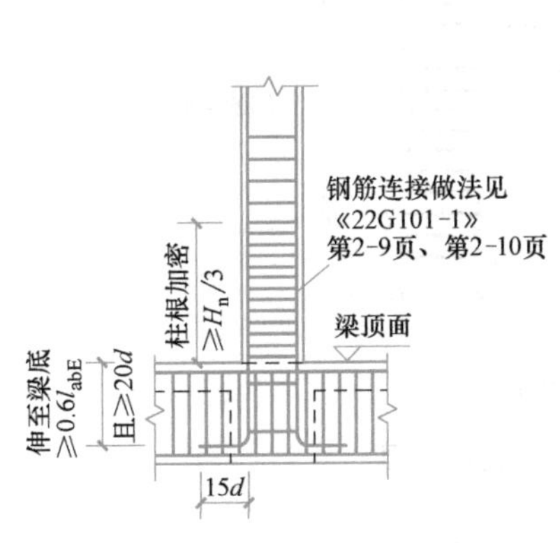

图 3-16　梁上起柱 KZ 纵筋构造

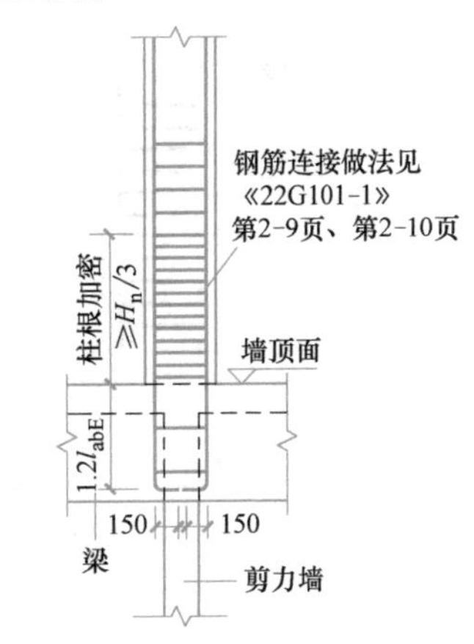

图 3-17　柱纵筋锚固在墙顶部时柱根构造

【任务】

识读图 3-16 和图 3-17，根据提示，填写下面问题，完成梁上起柱 KZ、剪力墙上起柱 KZ 构造识读。

（1）梁上起柱 KZ 纵筋锚入梁内，伸至梁底，且≥_____d 和≥_______。

（2）梁上起柱时，在梁内至少设____道箍筋。

（3）剪力墙上起柱纵筋锚入梁内，伸入梁内的直段长度为___，之后弯锚___mm。

（4）剪力墙上起柱时，墙顶标高以下锚固范围内，箍筋按________配置。

2. 柱箍筋构造

（1）箍筋加密区范围

箍筋加密区范围如图 3-18 所示、底层刚性地面箍筋加密区范围如图 3-19 所示。柱纵筋搭接区范围也应加密，如图 3-20 所示。具体内容参见《22G101-1》第 2-11 页和第 2-12 页。

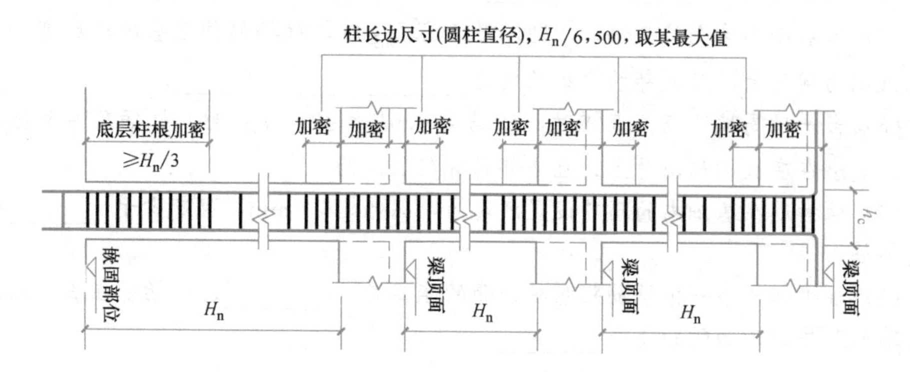

图 3-18　柱箍筋加密区范围

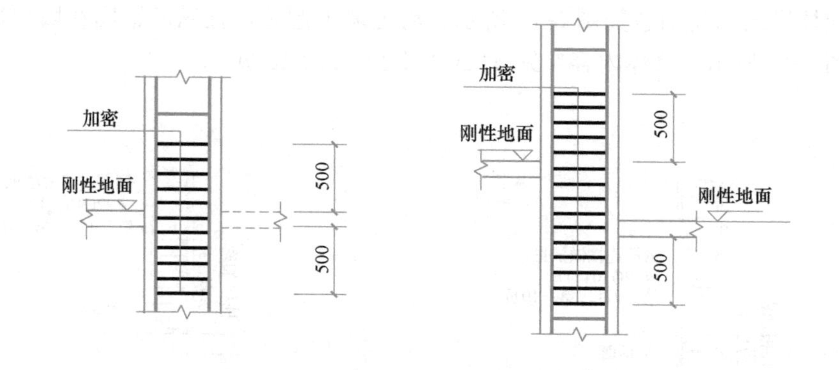

图 3-19　底层刚性地面箍筋加密区范围

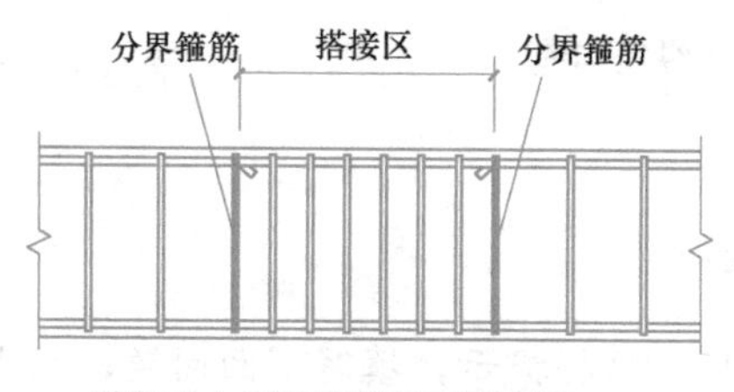

纵向受力钢筋搭接区箍筋构造

注：1.本图用于梁、柱类构件搭接区箍筋设置。

2.搭接区内箍筋直径不小于$d/4$(d为搭接钢筋最大直径)，间距不应大于100mm及$5d$(d为搭接钢筋最小直径)。

3.当受压钢筋直径大于25mm时，尚应在搭接接头两个端面外100mm的范围内各设置两道箍筋。

图 3-20　柱箍筋搭接区范围应加密

识读柱箍筋加密区范围，要点如下：

1）底层柱根加密区范围：在嵌固部位向上≥$H_n/3$ 的范围。

2）节点向上向下“三控区”范围：$\max(h_c, H_n/6, 500)$，在这三者中取大值。

3）节点范围内，即梁高范围内。

4）底层刚性地面上下各加密 500mm。

5）柱纵筋搭接区范围也应加密。

（2）封闭箍筋构造、矩形箍筋复合方式

1）柱箍筋构造如图 3-21 所示。柱箍筋末端应弯折成 135°弯钩，平直段长度为 10d 和 75mm 中取大值。具体内容参见《22G101-1》第 2-7 页。

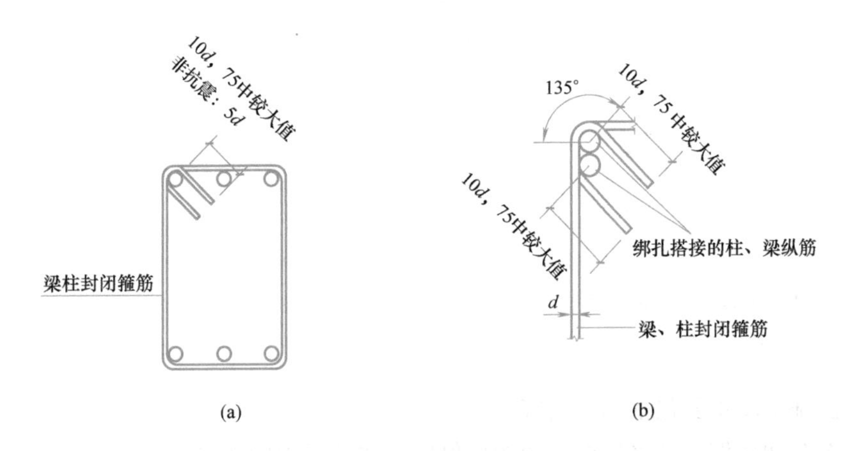

图 3-21　箍筋构造

（a）封闭箍筋弯钩构造；（b）梁、柱纵筋绑扎搭接处封闭箍筋弯钩构造

2）矩形箍筋常用复合方式如图 3-22 所示。具体箍筋详图见《22G101-1》第 2-17 页。

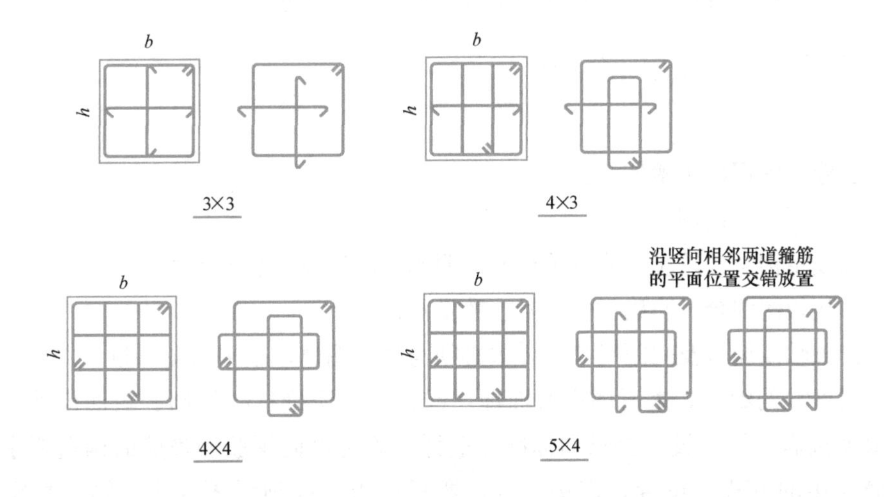

图 3-22　矩形箍筋复合方式

【任务】

识读图 3-22，根据提示，填写下面问题，完成箍筋复合方式识读。

(1) 3×3 肢箍的复合方式为：由____个矩形封闭箍筋和____个单肢箍组成。

(2) 4×3 肢箍的复合方式为：由____个矩形封闭箍筋和____个单肢箍组成。

(3) 4×4 肢箍的复合方式为：由____个矩形封闭箍筋组成。

(4) 5×4 肢箍的复合方式为：由____个矩形封闭箍筋和____个单肢箍组成。

3.3 柱平法施工图识读案例

3.3.1 柱平法施工图的主要内容

柱平法施工图主要包括以下内容：

(1) 图名和比例。柱平法施工图的比例应与建筑平面图相同。

(2) 定位轴线及其编号、间距尺寸。

(3) 柱的编号、平面位置、与轴线的几何关系。

(4) 每一种编号柱的标高、截面尺寸、纵向钢筋和箍筋的配置情况。

(5) 必要的设计说明（包括对混凝土等材料性能的要求）。

3.3.2 柱平法施工图的识读步骤

柱平法施工图识读步骤如下：

(1) 查看图名、比例。

(2) 阅读结构设计总说明或有关说明，明确柱的混凝土强度等级。

(3) 与建筑图配合，明确柱的编号、数量和位置。

(4) 校核轴线编号及间距尺寸，要求必须与建筑图、基础平面图一致。

(5) 根据柱的编号，查看图中截面标注或柱表，明确柱的标高、截面尺寸和配筋情况。再根据抗震等级、设计要求和标准构造详图确定纵向钢筋和箍筋的构造要求（例如纵向钢筋连接的方式、位置，搭接长度，弯折要求，柱顶锚固要求，箍筋加密区的范围等）。

(6) 图纸说明其他的有关要求。

3.3.3 柱平法施工图识读案例

案例实训任务

识读附录《某某小区别墅结构施工图》《混凝土结构施工图平面整体表示方法制图规则和构造详图》22G101 系列图集中的相关案例图，完成柱平法施工图的识读。

1. 任务一：框架柱抗震等级、混凝土强度等级等基本信息的识读

请阅读附录《某某小区别墅结构施工图》，按提示在表 3-7 中画线空白处进行填写，完成柱基本信息识读。

框架柱的基本信息识读　　表 3-7

基本信息分类	基本信息内容	基本信息出处
结构抗震等级	四级	结构设计总说明第______点
混凝土强度等级	C30	结构设计总说明第______点
纵筋钢筋级别	采用 HRB400 级钢筋	结构设计总说明第______点和柱平法施工图结施_____(此空填写结施图图号，后同)和结施______中的“钢筋符号”
钢筋保护层	20mm	结构设计总说明第______点及《22G101-1》平法图集第 2-1 页，确定 C30 柱钢筋的混凝土保护层厚度为 20mm(一类环境)
钢筋锚固长度 $l_{aE}(l_a)$	35d	结构设计总说明第_____点及《22G101-1》平法图集第 2-3 页，和柱平法施工图结施_____和结施_____中的“钢筋级别、钢筋直径”。按 C30 柱，钢筋 HRB400、$d \leqslant 25$，四级抗震等级这些信息，可确定 l_{aE} 为 35d

2. 任务二：柱的编号、数量、位置识读

【案例评析3-1】

识读附录《某某小区别墅结构施工图》结施 04，该图名为 基础顶～6.550 柱平法施工图 ，根据柱的编号，柱子有 5 种。

它们的编号分别为 KZ1、KZ2、KZ3、KZ4、KZ5 。

它们的名称分别为 框架柱 1、框架柱 2、框架柱 3、框架柱 4、框架柱 5 。

它们的数量分别为 KZ1（8 个）、KZ2（6 个）、KZ3（4 个）、KZ4（6 个）、KZ5（4 个） 。

提示：对柱子进行数量统计时，建议按照一定的顺序进行统计。比如，从上至下，从左至右的顺序依次识读统计，避免遗漏。

以①轴上框架柱为例，识读框架柱与定位轴线的关系（图 3-23），①轴上的框架柱有 3 个，均为 偏心布置 ，其中：①×Ⓓ轴 KZ4 的 b_1 为 100mm ，b_2 为 300mm，h_1 为 300mm ，h_2 为 100mm ；①×Ⓒ轴 KZ2 的 b_1 为 100mm ，b_2 为 250mm ，h_1 为 100mm ，h_2 为 250mm ；①×Ⓑ轴 KZ4 的 b_1 为 0 ，b_2 为 400mm ，h_1 为 100mm ，h_2 为 300mm 。

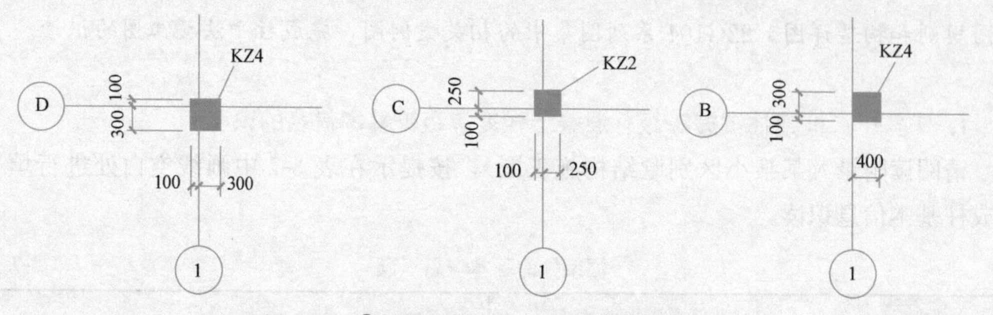

图 3-23 ①轴框架柱定位关系识读（结施 04）

【实训任务3-1】

阅读附录《某某小区别墅结构施工图》，参照案例，按提示，填写实训问题，完成识读。

识读结施 05 该图的图名为________，根据柱的编号，柱子有____种。

它们的编号分别为________________________。

它们的名称分别为________________________。

它们的数量分别为________________________。以⑥轴的框架柱为例，识读框架柱与定位轴线的关系，⑥轴上的框架柱有____个，均为____布置（“居中”或“偏心”），其中：⑥×Ⓒ轴 KZ4 的 b_1 为______，b_2 为____，h_1 为____，h_2 为______；⑥×Ⓑ轴 LZ1 的 b_1 为______，b_2 为____，h_1 为______，h_2 为______。

3. 任务三：柱的标高识读

【案例评析3-2】

（1）框架柱标高识读

阅读附录《某某小区别墅结构施工图》结施 04，判断①×Ⓑ轴 KZ4 的起止标高。

步骤：

1）第一步，先看图名。结施 04 图名为基础顶～6.550 柱平法施工图，可以确定图中①×Ⓑ轴 KZ4 的起止标高为：基础顶～6.550。

2）第二步，再看结构层高表（图 3-24a）。进一步确定①×Ⓑ轴 KZ4 的起止标高为： 起点为−1.500～−1.300，终点为 6.550 。

屋面	9.600	
3	6.550	3.050
2	3.250	3.300
基础顶	−1.500～−1.300	4.550～4.750
层号	标高(m)	层高(m)

结构层楼面基准标高
结构层高

(a)

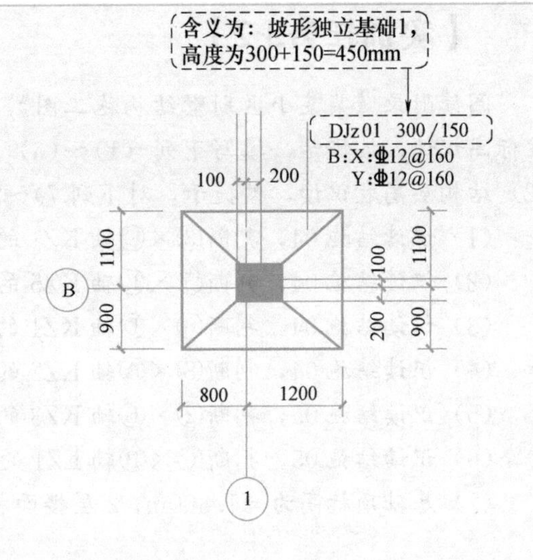

(b)

基础说明：

1.根据地质勘察报告，本工程采用浅基础，以3-1层黏土夹碎石作为持力层，地基承载力特征值 f_{ak}=180kPa。
2.本工程基槽开挖后，必须会同业主、设计、勘察、监理、施工等各方进行基槽验收，经验收合格后方可进入下一道工序。
3.基础混凝土采用C30，垫层采用100mm厚C15混凝土。
4.X、Y为图面方向。
5.±0.000相当于黄海高程6.800m，基础底面基准标高−1.800m。
6.图中未注明的地梁均为DL-2，未注明的地梁定位均轴线居中。
7.一层填充墙下无地梁者，均在墙下加设DL-A。
8.本工程柱下独立基础按照《22G101-3》图集绘制，本说明未及之处按《22G101-3》图集及现行钢筋混凝土施工规范执行。

(c)

图 3-24　①×Ⓑ轴 KZ4 起止标高识读相关图纸信息

(a) 结构层高表（结施 04）；(b) 独立基础详图（结施 03）；(c) 基础说明（结施 03）

第三步，查看基础相关图纸。找到结施 03 基础施工图中的①×Ⓑ轴独立基础详图（图 3-24b），DJz01 300/150 的含义为“锥形独立基础 1，基础高度为 300＋150＝450mm”。另外，由结施 03 中的基础说明（图 3-24c）第 5 点，可知基础底面基准标高为－1.800m，因此：

基础顶面(即柱子底面)标高＝－1.800＋0.450＝－1.350m

即：①×Ⓑ轴 KZ4 的起止标高为 －1.350～6.550m 。

（2）结构层高表识读

阅读附录《某某小区别墅结构施工图》结施 04 中的结构层高表（图 3-24a），完成标高、层高相关信息识读。

分析如下：

基础顶标高为－1.500m，2 层楼面标高为 3.250m 时，则此段柱高为 3.250－(－1.500)＝4.750m。

【实训任务3-2】

阅读附录《某某小区别墅结构施工图》，参照上述【案例评析3-2】的（1）框架柱标高识读，按提示，填写下列（1）～（6）实训问题。参照上述【案例评析3-2】的（2）结构层高表识读，按提示，对下列7)～9）实训问题进行填写。

（1）识读结施04，判断③×Ⓒ轴KZ1的起止标高为____________。

（2）识读结施04，判断⑤×Ⓔ轴KZ5的起止标高为____________。

（3）识读结施04，判断⑧×Ⓓ轴KZ1的起止标高为____________。

（4）识读结施04，判断⑧×Ⓐ轴KZ2的起止标高为____________。

（5）识读结施05，判断②×Ⓑ轴KZ3的起止标高为____________。

（6）识读结施05，判断⑥×Ⓑ轴LZ1的起止标高为____________。

（7）基础顶标高为－1.300m，2层楼面标高为3.250m时，则此段柱高为______________。

（8）2层楼面标高为3.250m，2层层高为______，则3层楼面标高为________。

（9）3层楼面标高为6.550m，3层层高为______，则屋面标高为________。

4. 任务四：柱的截面尺寸、配筋识读

【案例评析3-3】

阅读附录《某某小区别墅结构施工图》结施04，识读KZ1的编号、截面尺寸和配筋信息。识读内容见表3-8。

KZ1截面尺寸、配筋识读（结施04） 表3-8

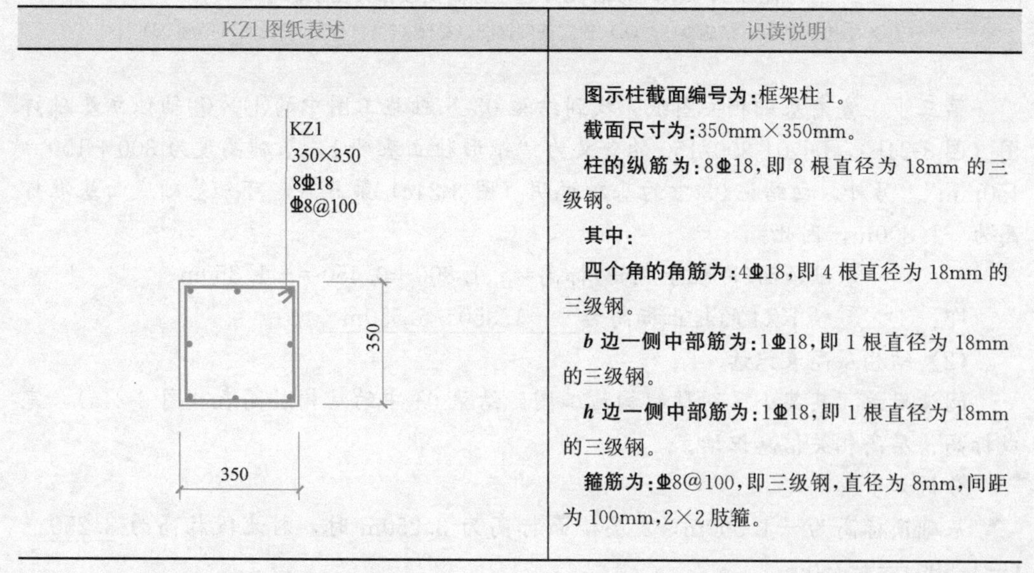

KZ1图纸表述	识读说明
KZ1 350×350 8⌀18 ⌀8@100 350 350	**图示柱截面编号为：**框架柱1。 **截面尺寸为：**350mm×350mm。 **柱的纵筋为：**8⌀18，即8根直径为18mm的三级钢。 **其中：** **四个角的角筋为：**4⌀18，即4根直径为18mm的三级钢。 ***b*边一侧中部筋为：**1⌀18，即1根直径为18mm的三级钢。 ***h*边一侧中部筋为：**1⌀18，即1根直径为18mm的三级钢。 **箍筋为：**⌀8@100，即三级钢，直径为8mm，间距为100mm，2×2肢箍。

【实训任务3-3】

阅读附录《某某小区别墅结构施工图》结施 05 中的柱子截面尺寸、配筋进行识读，参照案例，按提示，回答并填写表 3-9 中实训问题。

柱截面尺寸、配筋识读实训　　表 3-9

LZ1 图纸表述	识读说明
LZ1 300×300 8 ⌀16 ⌀8@150 300 300	图示柱截面编号为__________。 截面尺寸为__________。 柱四个角的角筋为__________。 b 边一侧中部筋为__________。 h 边一侧中部筋为__________。 箍筋为__________，__________肢箍。

5. 任务五：柱 h_c、H_n 的确定识读

【案例评析3-4】

阅读附录《某某小区别墅结构施工图》结施 04、结施 05，确定⑥×Ⓒ轴 KZ4 的 h_c、底层 H_n。

步骤如下：

（1）对照《22G101-1》第 2-9 页的 KZ 纵向钢筋连接构造图，先明确 h_c 为柱截面长边尺寸（圆柱为截面直径）、H_n 为所在楼层的柱净高。

（2）⑥×Ⓒ轴 KZ4，在结施 4、结施 5 中，截面尺寸均为 400mm×400mm，因此，h_c=400mm

（3）底层柱的净高 H_n=底层柱高−2 层楼面框架梁的高度，确定过程见表 3-10。

H_n 确定过程 表 3-10

步骤	底层 H_n 的确定	图纸表述
		对照《22G101-1》第 2-9 页的 KZ 纵向钢筋连接构造图，综合识读附录《某某小区别墅结构施工图》结施 03～结施 06。
1	底层柱高的确定：先确定，⑥×©轴 KZ4 的基础底面标高为－1.800m，基础高度为 300＋200＝500mm 故，基础顶面标高＝－(1.800－0.500) ＝－1.300m 2 层楼面标高＝3.250m 因此，底层柱高＝3.250＋1.300＝4.550m	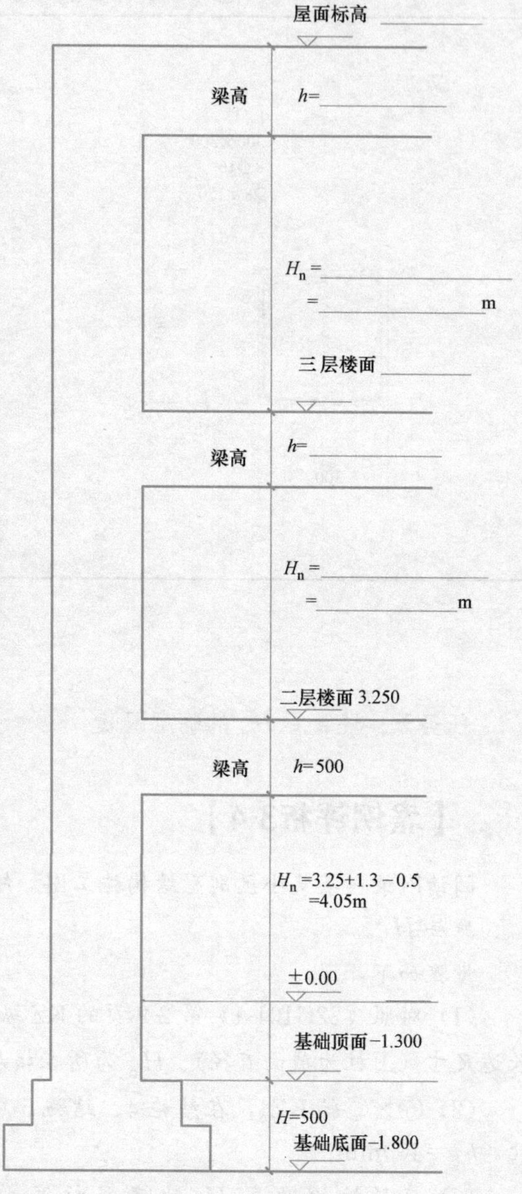 屋面标高 ________ 梁高 h=________ H_n =________ =________m 三层楼面 ________
2	2 层楼面框架梁的高度，需要查阅结施 06“3.250 梁平法施工图”(图 3-25)。梁平法的识读将在教学单元 4 中详细学习，在这里我们暂时先了解： 过⑥×©轴的梁为：KL2-11(6A) 200×500 含义为：楼面框架梁 2-11，截面尺寸为 200mm×500mm。 即梁宽 b 为 200mm，梁高 h 为 500mm	梁高 h=________ H_n =________ =________m 二层楼面 3.250 梁高 h=500
3	因此： H_n ＝底层柱高－2 层楼面框架梁的高度 ＝3.250＋1.300－0.500 ＝4.050m	H_n =3.25+1.3－0.5 =4.05m ±0.00 基础顶面－1.300 H=500 基础底面－1.800 柱高示意图

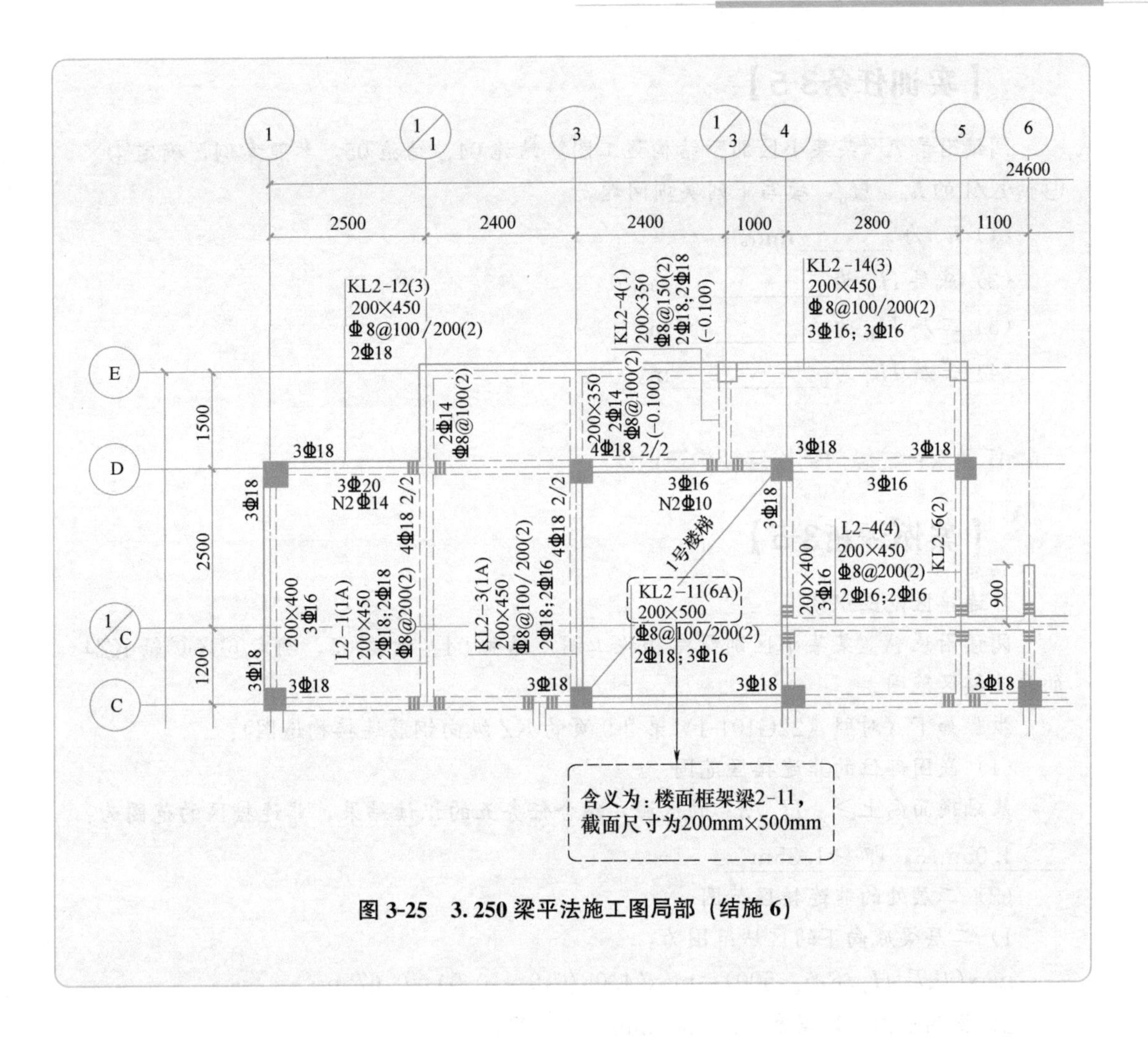

图 3-25　3.250 梁平法施工图局部（结施 6）

【实训任务3-4】

阅读附录《某某小区别墅结构施工图》结施 04、结施 05，参照案例，按下列提示，确定⑥×Ⓒ轴 KZ4 的二层 H_n、三层 H_n，填写下列实训问题，同时将相关信息也填写到表 3-10 中的柱高示意图的相关划线空白处。

（1）三层楼面标高为______________m。

（2）三层过⑥×Ⓒ轴的梁为____________，截面尺寸为____________，即梁宽 b 为____________，梁高 h 为____________。

（3）因此，二层 H_n ＝二层层高－梁高＝____________＝__________m。

（4）屋面标高为______________m。

（5）屋面过⑥×Ⓒ轴的梁为____________，截面尺寸为____________，即梁宽 b 为____________，梁高 h 为____________。

（6）因此，三层 H_n ＝三层层高－梁高＝____________＝__________m。

【实训任务3-5】

阅读附录 A《某某小区别墅结构施工图》结施 04、结施 05，参照案例，确定④×Ⓓ轴 KZ1 的 h_c、H_n，填写下列实训问题。

(1) h_c 为________mm。

(2) 底层 H_n 为____________m。

(3) 二层 H_n 为____________m。

(4) 三层 H_n 为____________m。

6. 任务六：柱纵向钢筋连接构造识读

【案例评析3-5】

非连接区范围识读

阅读附录 A《某某小区别墅结构施工图》结施 04、结施 05，确定⑥×Ⓒ轴 KZ4 的非连接区范围。

步骤如下（对照《22G101-1》第 2-9 页的 KZ 纵向钢筋连接构造图）：

(1) 嵌固部位的非连接区范围

基础顶面向上≥ $H_n/3$ 的区域，结合任务五的识读结果，非连接区的范围为：≥4.05m/3，即 ≥1.35m 。

(2) 二层处的非连接区范围

1) 二层梁底向下的区域范围为：

max(底层 $H_n/6, h_c$, 500)＝max(4.05/6, 0.4, 0.5)＝0.675m；

2) 梁高范围，即梁高 h＝500mm 的范围；

3) 二层楼面梁梁顶向上的区域范围为：

max(二层 $H_n/6, h_c$, 500)＝max(2.7/6, 0.4, 0.5)＝0.500m。

(3) 三层处的非连接区范围

1) 三层楼面梁梁底向下的区域范围为：

max(二层 $H_n/6, h_c$, 500)＝max(2.7/6, 0.4, 0.5)＝0.500m；

2) 梁高范围，此柱上的框架梁有 KL3-6（300×600）与 KL3-10（200×500），此处取较大截面的梁高，即梁高 h＝600mm 的范围；

3) 三层楼面梁梁顶向上的区域范围为：

max(三层 $H_n/6, h_c$, 500)＝max(2.6/6, 0.4, 0.5)＝0.500m。

(4) 屋面处的非连接区范围

1) 屋面梁底向下的区域范围为：

max(三层 $H_n/6, h_c$, 500)＝max(2.6/6, 0.4, 0.5)＝0.500m；

2) 梁高范围，即梁高 h＝450mm 的范围。

【实训任务3-6】

阅读附录《某某小区别墅结构施工图》结施04、结施05，参照案例，确定④×Ⓓ轴KZ1的非连接区范围。

(1) 嵌固部位处的非连接区范围为：从基础顶面向上不小于________m的区域。

(2) 二层处的非连接区范围

1) 二层楼面梁梁底向下的区域范围为________m；

2) 梁高范围，即梁高________的范围；

3) 二层楼面梁梁顶向上的区域范围为________m。

(3) 三层处的非连接区范围

1) 三层楼面梁梁底向下的区域范围为________m；

2) 梁高范围，即梁高________的范围；

3) 三层楼面梁梁顶向上的区域范围为________m。

(4) 屋面处的非连接区范围

1) 屋面梁底向下的区域范围为________m。

2) 梁高范围，即梁高________的范围。

7. 任务七：箍筋加密区非加密区范围识读

【案例评析3-6】

阅读附录《某某小区别墅结构施工图》结施04、结施05，确定⑥×Ⓒ轴KZ4底层柱箍筋加密区范围和非加密区范围。

步骤如下（对照《22G101-1》第2-11页的地下室KZ箍筋加密区范围图）：

(1) ⑥×Ⓒ轴KZ4底层柱箍筋加密区范围为：嵌固部位向上$H_n/3$的范围和二层楼面梁梁高范围及梁底向下max(底层$H_n/6,h_c$,500)，结合任务六的分析，⑥×Ⓒ轴KZ4底层柱箍筋加密区范围为嵌固部位向上__1.35__m，标高3.250m梁顶面向下__0.675+0.5=1.175__m。

(2) ⑥×Ⓒ轴KZ4底层柱箍筋非加密区范围为：底层柱高-加密区范围，结合任务五的分析，即__3.25−（−1.3）−1.35−1.175=2.025__m。

【实训任务3-7】

阅读附录《某某小区别墅结构施工图》结施04、结施05，参照案例，按提示，填写⑥×Ⓒ轴KZ4第2层、3层柱箍筋加密区范围和非加密区范围。

(1) ⑥×Ⓒ轴KZ4 2层柱箍筋加密区范围为：标高3.250m梁顶向上________m、标高6.550m梁顶面向下________m。

⑥×Ⓒ轴 KZ4 2 层柱箍筋非加密区范围为________m。

(2) ⑥×Ⓒ轴 KZ4 3 层柱箍筋加密区范围为：标高 6.550m 梁顶向上______m、标高 9.600m 梁顶面向下________m。

⑥×Ⓒ轴 KZ4 3 层柱箍筋非加密区范围为________m。

8. 任务八：柱顶钢筋内侧纵筋、外侧纵筋数量判断，锚固情况识读

【案例评析3-7】

柱顶钢筋内、外侧纵筋数量判断识读

阅读附录《某某小区别墅结构施工图》结施 04、结施 05，确定①×Ⓓ轴 KZ4 的内、外侧纵筋数量。

步骤如下：

(1) 先判断边角柱情况，根据①×Ⓓ轴 KZ4 在平面图中的位置，确定其为：__角柱__。

(2) 再根据边角柱内、外侧纵筋的分布规则，角柱的外侧纵向钢筋为__3 根角筋、b 边一侧中部筋、h 边一侧中部筋__，内侧纵向钢筋为__1 根角筋、b 边一侧中部筋、h 边一侧中部筋__。因此，①×Ⓓ轴 KZ4 的外侧纵筋为__3Φ20、4Φ16__，内侧纵筋为__1Φ20、4Φ16__。

注意：柱顶需要判断边角柱，因此要注意分析图纸，判断是用结施 04，还是结施 05 的数据，此处①×Ⓓ轴 KZ4 应选用结施 04 的数据。

【案例评析3-8】

柱顶钢筋锚固情况识读

阅读附录《某某小区别墅结构施工图》结施 04、结施 05，确定①×Ⓓ轴 KZ4 的内、外侧纵筋的锚固情况，锚固长度是多少？

步骤如下：

结合《22G101-1》第 2-14 页节点 (a)，第 2-15 页节点①、④，如图 3-26 所示。

(1) 先判断外侧纵筋

1) 外侧纵筋的锚固方式为__弯锚__。

2) 弯锚的长度为__从梁底算起 $\geqslant 1.5l_{abE}$__，由任务一已知柱钢筋锚固长度 $l_{abE}=35d$，①×Ⓓ轴 KZ4 的外侧纵筋为 3Φ20、2Φ18，如果以直径Φ20 计，则弯锚的长度$\geqslant 1.5l_{abE}=1.5\times35\times20=1050$mm。即弯锚的长度为从梁底算起$\geqslant$__1050__mm。

（2）接着判断内侧纵筋

1）先判断是直锚还是弯锚，直锚的条件为<u>　梁高－保护层$\geqslant l_{aE}$　</u>，锚固长度为<u>　梁高－保护层　</u>；当<u>　梁高－保护层$< l_{aE}$　</u>时，则需弯锚，锚固的长度为<u>　梁高－保护层＋12d　</u>。

2）再确定梁高、保护层进行锚固判断

①×Ⓓ轴KZ4的柱顶标高是6.550m，依据结施07的6.550梁平法施工图（图3-27），通过KZ4的KL3-11，原位标注的截面尺寸是300mm×450mm，梁高450mm。

另外，柱的保护层由任务一已知为20mm。

故：$450-20=430\text{mm}< l_{aE}=35d=30\times20=600\text{mm}$。

因此：内侧纵筋锚固方式为<u>　弯锚　</u>。

锚固的长度为<u>　$450-20+12d=450-20+12\times20=670$　</u>mm。

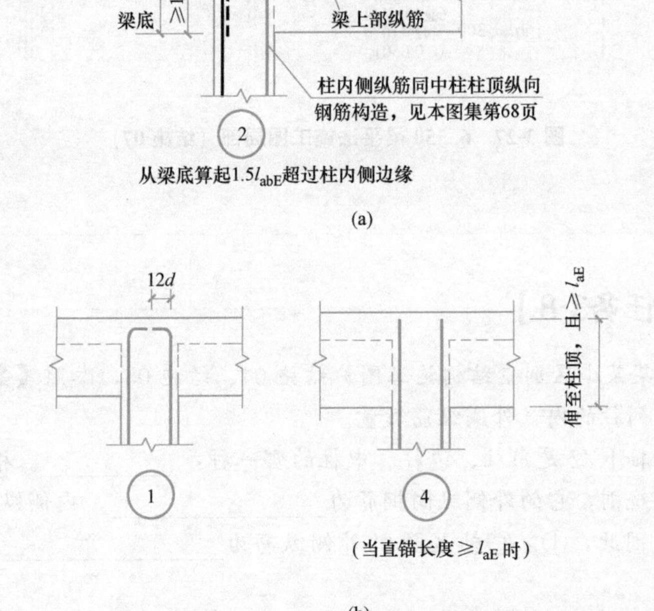

图3-26　柱顶纵向钢筋构造节点

(a) KZ边柱和角柱柱顶纵向钢筋构造；(b) KZ中柱柱顶纵向钢筋构造

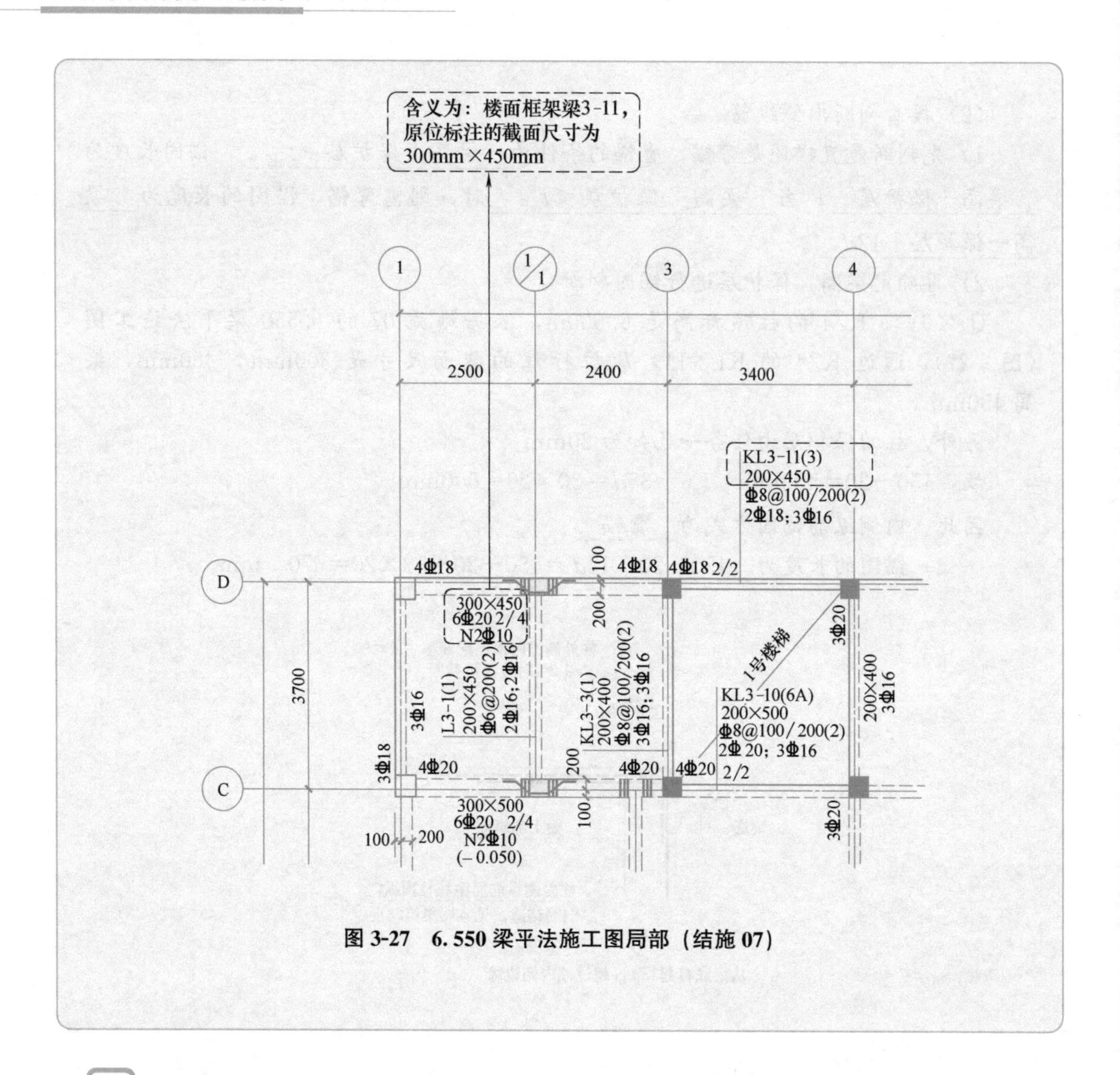

图 3-27　6.550 梁平法施工图局部（结施 07）

【实训任务3-8】

阅读附录《某某小区别墅结构施工图》结施 04、结施 05，参照【案例评析 3-7】，按提示，判断下列柱的内、外侧纵筋数量。

（1）①×Ⓒ轴 KZ2 是角柱、边柱、中柱的哪一种：________。根据边角柱内、外侧纵筋的分布规则，它的外侧纵向钢筋为________，内侧纵向钢筋为________。因此，①×Ⓒ轴 KZ2 的外侧纵筋为________，内侧纵筋为________。

（2）③×Ⓒ轴 KZ1 是角柱、边柱、中柱的哪一种：________。根据边角柱内、外侧纵筋的分布规则，它的外侧纵向钢筋为________，内侧纵向钢筋为：________。因此，③×Ⓒ轴 KZ1 的外侧纵筋为________，内侧纵筋为________。

【实训任务3-9】

阅读附录《某某小区别墅结构施工图》结施 04、结施 05，参照上述【案例评析 3-8】，按提示，判断下列柱的柱顶钢筋锚固情况。

(1) ①×Ⓒ轴 KZ2 柱顶外侧纵筋的锚固方式为________，弯锚的长度从梁底算起不小于________mm；内侧纵筋的锚固方式为________，锚固的长度为________mm。

(2) ③×Ⓒ轴 KZ1 柱顶纵筋的锚固方式为________，锚固的长度为________mm。

9. 任务九：柱变截面识读

【案例评析3-9】

参照表 3-10，判断 19.470m 标高处，KZ1 的 b 向钢筋的构造应选择《22G101-17》中第几页的哪个构造图？（假设 19.470m 标高处的楼面框架梁高度 h_b=500mm）

步骤如下：

(1) 先读柱表，在 19.470m 的标高处，KZ1 的截面尺寸由 750mm×700mm 变成 650mm×600mm，b_1、b_2 由 375mm 、 375mm 变成 325mm 、 325mm 。

(2) 再对照《22G101-1》第 2-16 页的 KZ 柱变截面位置纵向钢筋构造中的节点图，先计算出 Δ= 375−325=50mm ，则 Δ/h_b= 50/500=1/10 ，由于 $\Delta/h_b \leq 1/6$，因此选择第 2 个节点图，如图 3-28 所示。

《22G101-1》第 1-7 页的柱平法施工图列表注写方式示例中的柱表　　表 3-10

柱表

柱号	标高	b h (圆柱直径D)	b_1	b_2	h_1	h_2	全部纵筋	角筋	b边一侧中部筋	h边一侧中部筋	箍筋类型号	箍筋	备注
KZ1	−4.530～−0.030	750×700	375	375	150	550	28Φ25				1(6×6)	Φ10@100/200	—
	−0.030～19.470	750×700	375	375	150	550	24Φ25				1(5×4)	Φ10@100/200	
	19.470～37.470	650×600	325	325	150	450		4Φ22	5Φ22	4Φ20	1(4×4)	Φ10@100/200	
	37.470～59.070	550×500	275	275	150	350		4Φ22	5Φ22	4Φ20	1(4×4)	Φ8@100/200	
XZ1	−4.530～8.670						8Φ25				按标准构造详图	Φ10@100	③×Ⓑ轴KZ1中设置

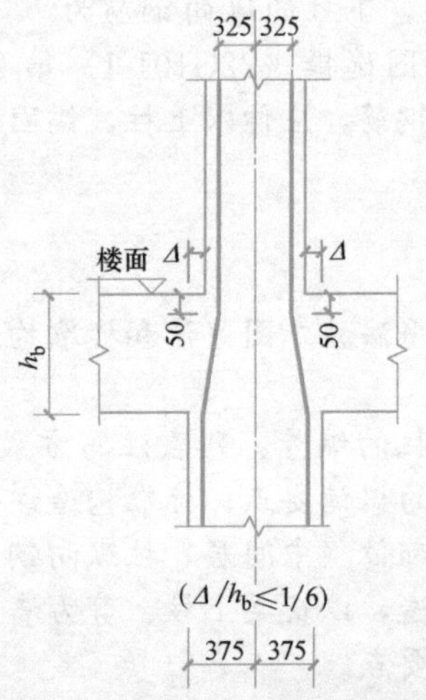

图 3-28　KZ1 的 b 向钢筋的构造

【实训任务3-10】

参照表3-10，判断19.470m标高处，KZ1的h向钢筋的构造应选择《22G101-1》中的第几页的哪个构造图。(假设19.470m标高处的楼面框架梁高度h_b=500mm)

(1) 先读柱表，19.470m标高处，KZ1的截面尺寸由750mm×700mm变成650mm×600mm，h_1、h_2由________、________变成__________、__________。

(2) 对照《22G101-1》第68页的KZ柱变截面位置纵向钢筋构造中的节点图，计算出Δ=________________，则Δ/h_b=______________，由于Δ/h_b________1/6(填“>”或“≤”)，因此选择第________个节点图。

(3) 画出节点示意图

10. 任务十：柱纵向钢筋直径和数量变化时的连接构造识读

【实训任务3-11】

阅读《22G101-1》第1-7页的柱表（表3-10）以及第2-9页的图1～图4，按提示，完成柱纵筋直径和数量变化时连接构造的识读。

(1) 判断−0.030m标高处，下柱的纵向钢筋为__________，上柱的纵向钢筋为__________，纵筋构造连接图选择《22G101-1》第2-9页的图______，即下柱比上柱________出的钢筋（填“多”或“少”），伸入________柱（填“上”或“下”），且锚固长度为____________。

(2) 判断19.470m标高处，下柱的纵向钢筋为__________，上柱的纵向钢筋为__________，纵筋构造连接图选择《22G101-1》第2-9页的图______和图__________，其中下柱比上柱直径大的钢筋，应伸入上柱，锚固长度至少为______________。

单元小结

本单元结合工程实例从柱平法施工图导读和标准构造详图两个方面对框架结构柱平法施工图进行识读。

柱平法施工图导读部分从柱的编号、列表注写方式以及截面注写方式三个方面，系统地讲述了柱平面表示方法的识读要点；标准构造详图识读部分给出了柱纵向钢筋在嵌固部位的连接构造、楼层部位（中间层）柱纵向钢筋的连接构造、柱顶纵向钢筋构造、在独立基础中的锚固构造，以及梁上柱、剪力墙上柱的纵向钢筋构造，并且识读了柱箍筋的复合方式及构造要点。

通过对柱平法施工图和标准构造详图的识读，使学生熟练掌握柱平法施工图的识读方法和识读要点。

思考及练习题

一、单选题

1. 柱箍筋在基础内设置不少于（　　）根，间距不大于（　　）mm。

A. 2 根，400　　B. 2 根，500　　C. 3 根，400　　D. 3 根，50

2. 抗震中柱顶层节点构造，当不能直锚时，需要伸到节点顶后弯折，其弯折长度为（　　）。

A. $15d$　　B. $12d$　　C. 150mm　　D. 250mm

3. 柱的第一根箍筋距基础顶面的距离是（　　）。

A. 50mm　　B. 100mm　　C. 箍筋加密区间距　D. 箍筋加密区间距/2

4. 梁上起柱时，在梁内设（　　）箍筋。

A. 两道　　B. 三道　　C. 一道　　D. 四道

5. 首层柱 H_n 的取值下面说法正确的是（　　）。

A. H_n 为首层建筑净高

B. H_n 为首层高度

C. H_n 为嵌固部位至首层节点底的距离

D. 无地下室时 H_n，为基础顶面至首层节点底的距离

6. 抗震 KZ1 纵筋连接时，（　　）。

A. 可以在箍筋加密区进行绑扎搭接　　B. 可以在箍筋加密区进行机械连接

C. 可以在箍筋加密区进行焊接　　D. 应避开箍筋加密区进行连接

7. 框架节点内箍筋设置原则是：（　　）。

A. 不设箍筋　　B. 梁箍筋和柱箍筋都设置

C. 只设置梁箍筋　　D. 只设置柱箍筋

8. 抗震框架柱纵筋的断点位置，底层为在距基础顶面（　　）。

A. $>H_n$　　B. $\geq H_n/3$

C. max（$H_n/6$、h_c、500）　　D. $>h_c/3$

9. KZ1 柱箍筋为⏀10@100/200，则箍筋弯折后水平段长度为（　　）mm。

A. 75　　B. 80　　C. 100　　D. 200

10. 梁高范围内 LZ 箍筋间距不宜大于（　　）mm，且至少设（　　）道箍筋。

A. 500，2　　B. 100，3　　C. 500，3　　D. 600，2

11. 若层高为 3600mm，梁高为 600mm，三级抗震，KZ2 截面为 400mm×550mm，其底层柱箍筋加密区间距为（　　）。

A. 500mm　　B. 1000mm　　C. 600mm　　D. 550mm

12. 下列 L 形箍筋配置正确的是（　　）。

A. 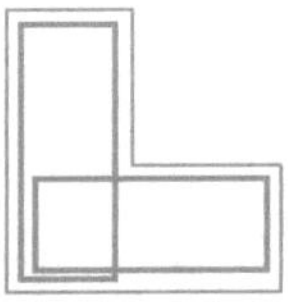　　B. 　　C. 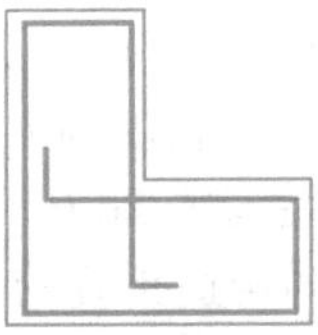　　D.

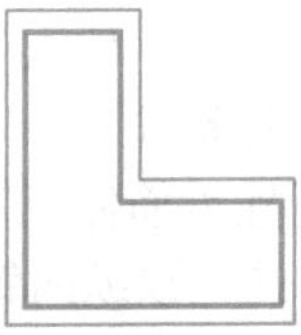

13. 中柱 KZ1，柱纵筋直径为 20mm，顶层梁高为 500mm，柱筋顶层水平弯折长度为（　　）mm。

A. 240　　B. 200　　C. 360　　D. 500

14. 抗震框架柱的纵筋，当上柱钢筋比下柱多的时候，采用图 3-29 中的（　　）施工。

15. 抗震框架柱的纵筋，当上柱钢筋直径比下柱大的时候，采用图 3-29 中的（　　）施工。

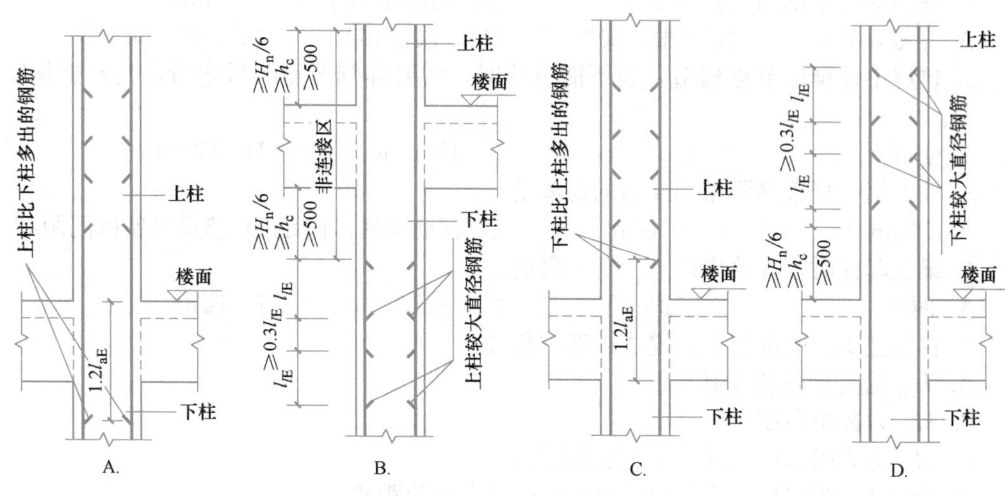

图 3-29　第 14、15 题通用选项

二、多选题

1. 柱在楼面处节点上下非连接区的判断条件是（　　）。

A. 500　　B. $1/6H_n$

C. h_c(柱截面长边尺寸)　　D. $1/3H_n$

E. 柱截面短边尺寸

2. 柱箍筋加密区范围包括（　　）。

A. 节点范围　　B. 底层刚性地面上下 500mm

C. 柱净高中间部位　　D. 基础顶面嵌固部位向上 $1/3\ H_n$

E. 纵筋搭接范围

3. 两个柱编成统一编号必须相同的条件是（　　）。

A. 柱的总高相同　　B. 分段截面尺寸相同

C. 截面和轴线的位置关系相同　　D. 配筋相同

E. 纵筋箍筋相同

4. 柱发生变截面，当 $\Delta/h_b>1/6$ 时，下柱钢筋和上柱钢筋的锚固方式为（　　）。

A. 下柱钢筋伸至节点顶后弯锚 $12d$

B. 下柱钢筋伸至节点顶后弯锚 $15d$

C. 上柱钢筋伸入下柱，锚固长度为 $1.2l_{aE}$

D. 上柱钢筋伸入下柱，锚固长度为 l_{aE}

E. 下柱钢筋伸至节点顶后弯锚 $20d$

5. 中柱柱顶纵向钢筋锚固构造正确的有（　　）。

A. 当柱顶屋面梁的高度−保护层≥l_{aE} 时，钢筋直锚

B. 当柱顶屋面梁的高度−保护层≥$1.5l_{aE}$ 时，钢筋直锚

C. 当柱顶屋面梁的高度－保护层＜l_{aE} 时，钢筋弯锚，弯锚长度为 12d

D. 直锚时，直锚长度为柱顶屋面梁的高度－保护层，且≥l_{aE}

E. 当柱顶屋面梁的高度－保护层＜l_{aE} 时，钢筋弯锚，弯锚长度为 15d

三、判断题

1. 顶层框架柱的纵筋在梁里满足直锚长度要求时，可不设 90°弯钩。(　　)

2. 图集《22G101-1》中所注 h_c 是指矩形柱的截面长边尺寸，H_n 是指该柱所在楼层的结构层标高。(　　)

3. 柱相邻纵筋连接接头相互错开，在同一连接区段内钢筋接头面积百分率不宜大于 30%。(　　)

4. 当柱截面短边尺寸大于 400mm，且各边钢筋根数多于 3 根时，应设置复合箍筋。(　　)

5. 图集《22G101-1》规定，KZ 柱箍筋加密区若碰到刚性地面，则刚性地面上下 500mm 范围也加密。(　　)

6. 框架边柱和角柱外侧钢筋锚固分柱筋入梁和梁筋入柱两种。(　　)

7. 柱筋的连接位置应避开柱箍筋加密区。(　　)

8. 相同条件下，二级抗震等级框架柱箍筋加密区长度比抗震等级三级的取值较大。(　　)

9. 圆柱纵筋不宜少于 6 根，不应少于 8 根，沿周边均匀布置。(　　)

10. 基础内柱箍筋间距不宜大于 500mm，且至少设 2 道箍筋。(　　)

四、识图题

1. 请阅读附录 A《某某小区别墅结构施工图》，回答以下问题：

(1) KZ5 的名称是(　　)。

A. 梁上起柱 5　　B. 框架柱 1　　C. 转换柱 1　　D. 芯柱 1

(2) KZ5 的截面尺寸是(　　)。

A. 350mm×350mm　　B. 300mm×300mm

C. 400mm×400mm　　D. 450mm×450mm

(3) KZ5 的起止标高是(　　)。

A. 基础顶～9.600　　B. 基础顶～6.550

C. 6.550～9.600　　D. 基础顶～3.250

(4) KZ5 的钢筋信息正确的有(　　)。

A. 箍筋为⌀8@150

B. 全部纵筋为 8⌀16

C. 角筋为 4⌀16

D. b 边一侧中部筋为 1⌀16，h 边一侧中部筋为 1⌀16

(5) 以下柱的标高信息，正确的有(　　)。

A. ①×Ⓑ轴 KZ4 的标高起止为－1.350～6.550

B. ①×Ⓑ轴 KZ4 的标高起止为－1.300～3.250

C. KZ5 的标高起止为－1.500～3.250

D. KZ5 的标高起止为－1.350～6.550

2. 识读图 3-3，回答以下问题：

(1) ⑥×Ⓓ的柱子在 40.000m 标高处柱截面为(　　)。

A. 550mm×500mm　　B. 650mm×600mm

C. 750mm×700mm　　D. 500mm×800mm

(2) ⑥×Ⓓ处的柱子为（　　）。

A. KZ1　　B. XZ1　　C. LZ1　　D. KZ2

(3) ⑦×Ⓔ处的柱子在20.200m标高处左侧边缘距离⑦轴距离为（　　）mm。

A. 375　　B. 150　　C. 550　　D. 325

(4) ⑤×Ⓔ处的柱子在5.200m标高处角筋直径为（　　）mm。

A. 24　　B. 25　　C. 10　　D. 22

(5) ⑤ ×Ⓔ处的柱子在25.300m标高处b边中部筋为（　　）。

A. 4Φ22　　B. 5Φ22　　C. 4Φ20　　D. 24Φ25

(6) ⑦×Ⓔ处的柱子在45.300m标高处箍筋为（　　）。

A. 4Φ22　　B. 8Φ25　　C. Φ10@100/200　　D. Φ8@100/200

(7) 本图采用的是平法施工图的（　　）方式。

A. 截面注写　　B. 列表注写　　C. 平面注写　　D. 联合注写

(8) 本图无法读出的是（　　）。

A. 柱编号　　B. 柱段起止标高

C. 柱采用的混凝土强度等级　　D. 柱截面尺寸

(9) ⑦×Ⓔ处的柱子在15.870m标高处箍筋肢数为（　　）。

A. 6×6　　B. 5×5　　C. 5×4　　D. 4×4

(10) 该建筑第（　　）层的框架柱无法从该图中识读。

A. 15　　B. 10　　C. 5　　D. −2

教学单元4

Chapter 04

梁平法施工图识读

教学目标

1. 知识目标

(1) 掌握梁平法制图规则和注写方式；

(2) 掌握梁构造详图钢筋构造。

2. 能力目标

(1) 能熟练运用梁平法制图规则，准确识读梁；

(2) 能熟练运用梁构造详图，理解梁各种钢筋的布置，正确识读梁钢筋构造；

(3) 通过实训案例和习题练习，学生能具备梁构件的识图实操能力。

建议学时：16学时。

建议教学形式：配套使用《22G101-1》图集和教材提供的数字资源。

思维导图

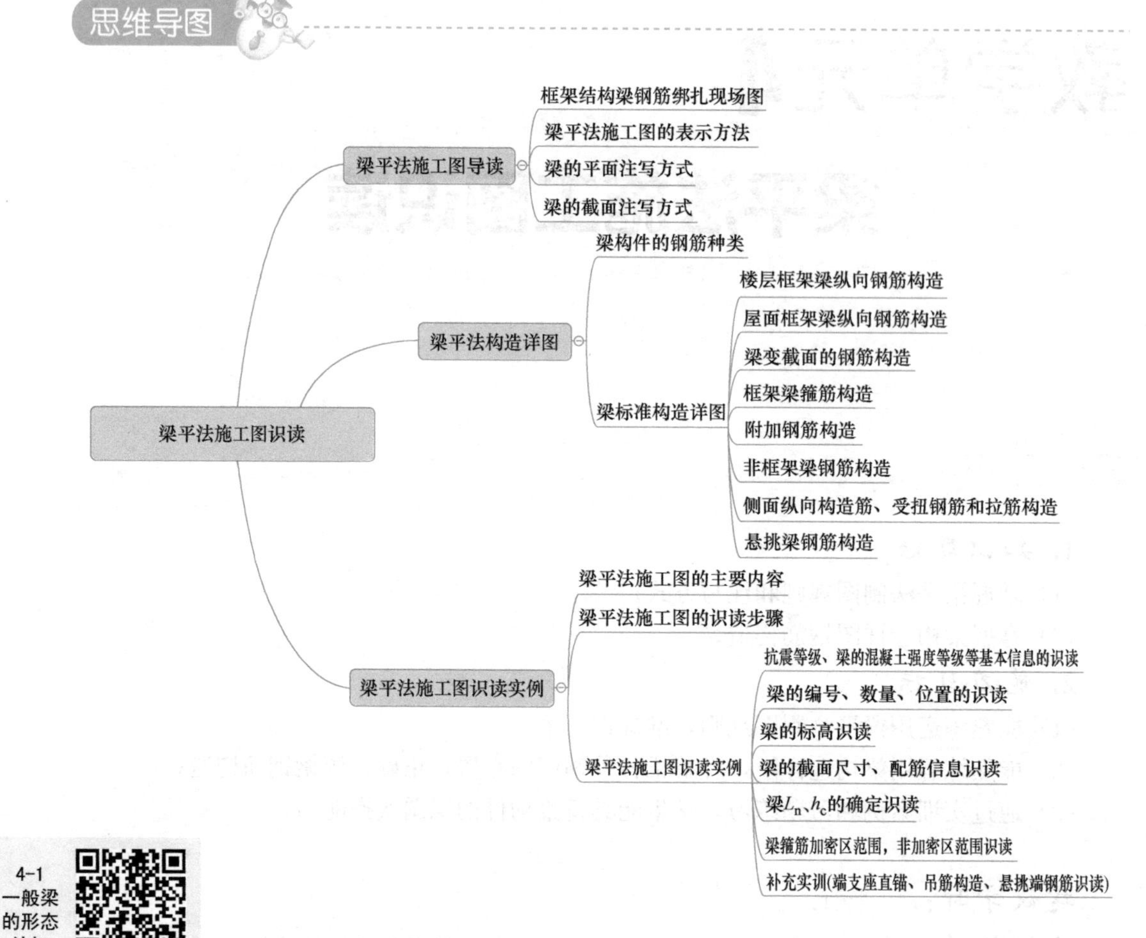

4-1 一般梁的形态认知

4.1 梁平法施工图导读

4.1.1 框架结构梁钢筋绑扎图

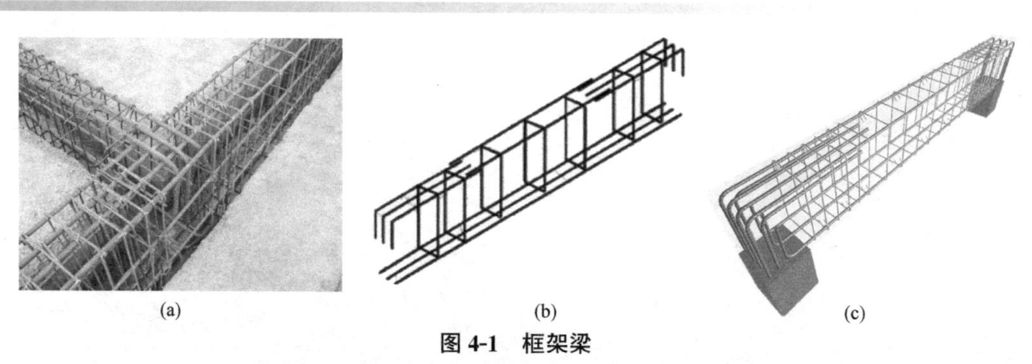

(a) (b) (c)

图 4-1 框架梁

(a) 框架梁钢筋绑扎；(b) 框架梁钢筋骨架；(c) 框架梁三维示意

4.1.2　梁平法施工图的表示方法

（1）梁平法施工图，是在梁平面布置图上采用平面注写方式或截面注写方式表达。一般施工图主要采用平面注写方式。

（2）梁平面布置图，应分别按梁的不同结构层（标准层），将全部梁与其他关联的柱、墙、板一起采用适当比例绘制。

（3）在梁平法施工图中，应注明结构层的顶面标高及相应的结构层号。

（4）对于轴线未居中的梁，应标注其偏心定位尺寸。

4.1.3　梁的平面注写方式

1. 定义

平面注写方式，是在梁平面布置图上，分别在不同编号的梁中各选一根梁，在其上注写截面尺寸和配筋具体数值的方式来表达梁平法施工图。

梁的平面注写包括集中标注和原位标注：集中标注表达梁的通用数值、原位标注表达梁的特殊数值。当集中标注中的某项数值不适用于梁的某部位时，则将该项数值在该部位原位标注。在施工时，一般按照原位标注取值优先原则执行，如图 4-2 所示。

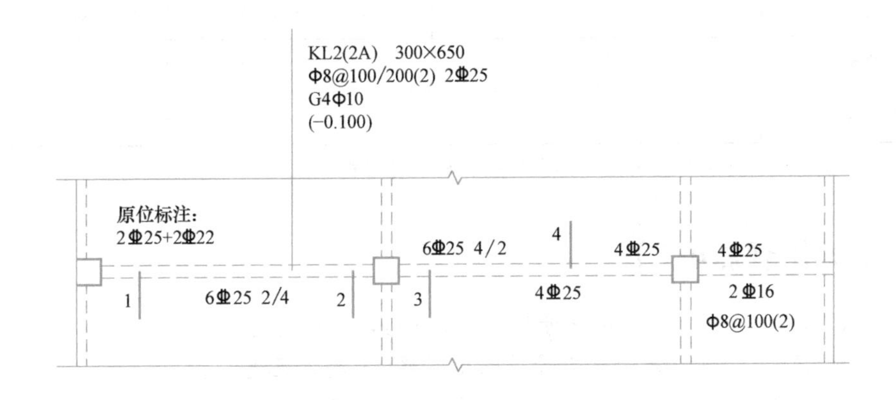

图 4-2　梁的集中标注和原位标注

2. 梁的集中标注

梁集中标注的内容，有五项必注值及一项选注值（集中标注可以从梁的任意一跨引出），必注值包括梁编号、梁截面尺寸、梁箍筋、梁上部通长筋或架立筋配置、梁侧面纵向构造钢筋或受扭钢筋配置，选注值包括梁顶面标高高差。如图 4-3 所示。

4-2
梁的集中标注

4-3
梁的形态认知

（1）梁编号（必注值）

梁编号由梁类型代号、序号、跨数及有无悬挑代号组成，并应符合表 4-1 的规定。

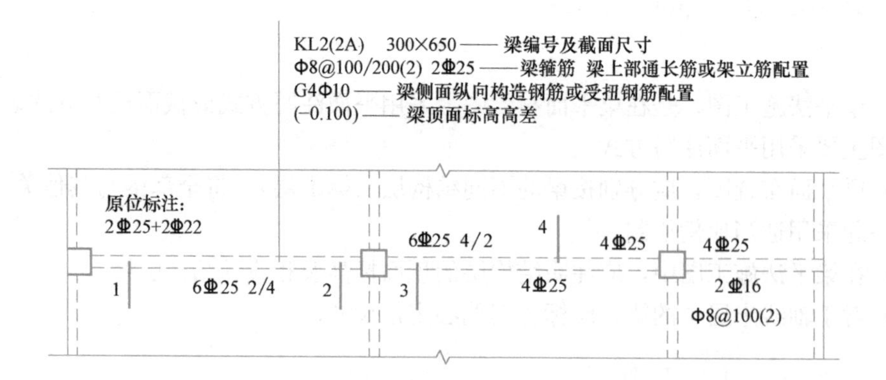

图 4-3　梁的集中标注内容

梁编号　　表 4-1

梁类型	代号	序号	跨数及是否带有悬挑
楼层框架梁	KL	××	(××)、(××A)或(××B)
屋面框架梁	WKL	××	(××)、(××A)或(××B)
框支梁	KZL	××	(××)、(××A)或(××B)
非框架梁	L	××	(××)、(××A)或(××B)
悬挑梁	XL	××	(××)、(××A)或(××B)
井字梁	JZL	××	(××)、(××A)或(××B)

注：(××A) 为一端悬挑，(××B) 为两端悬挑，悬挑不计入跨数。

【案例评析4-1】

KL1 (5A)——表示第一号框架梁，5 跨，一端有悬挑。

WKL6 (6)——表示第六号屋面框架梁，6 跨，无悬挑。

L4 (4B)——表示第四号非框架梁，4 跨，两端有悬挑。

(2) 梁截面尺寸（必注值）

1）当为等截面梁时，用 $b \times h$ 表示，其中 b 为梁截面宽度，h 为梁截面高度。

2）当为竖向加腋梁时，用 $b \times h$ $\mathrm{Y}c_1 \times c_2$ 表示，其中 c_1 为腋长，c_2 为腋高，如图 4-4 所示。

3）当为水平加腋梁时，一侧加腋时用 $b \times h$ $\mathrm{PY}c_1 \times c_2$ 表示，其中 c_1 为腋长，c_2 为腋宽，加腋部位应在平面图中绘制，如图 4-5 所示。

4）当有悬挑梁且根部和端部的高度不同时，用斜线分隔根部与端部的高度值，即为 $b \times h_1/h_2$，如图 4-6 所示。

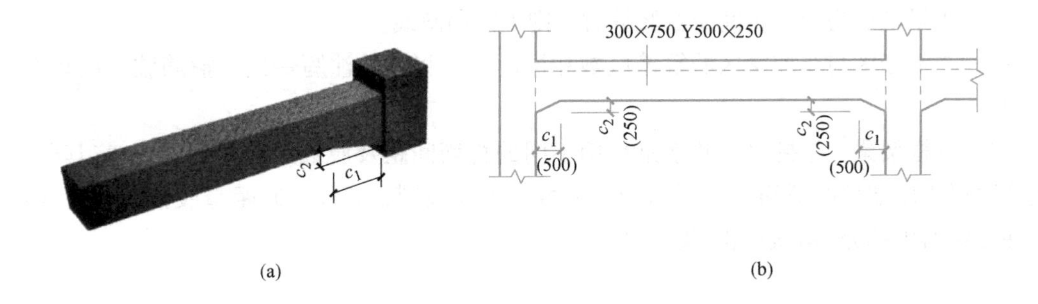

图 4-4　竖向加腋梁

（a）竖向加腋梁效果；（b）竖向加腋截面注写示意

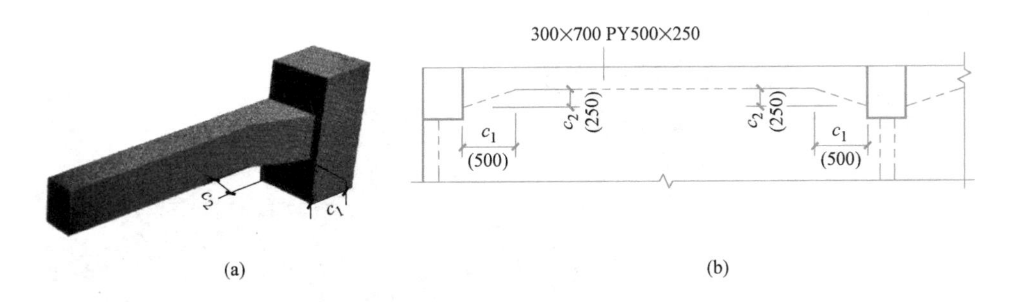

图 4-5　水平加腋梁

（a）水平加腋梁效果；（b）水平加腋截面注写示意

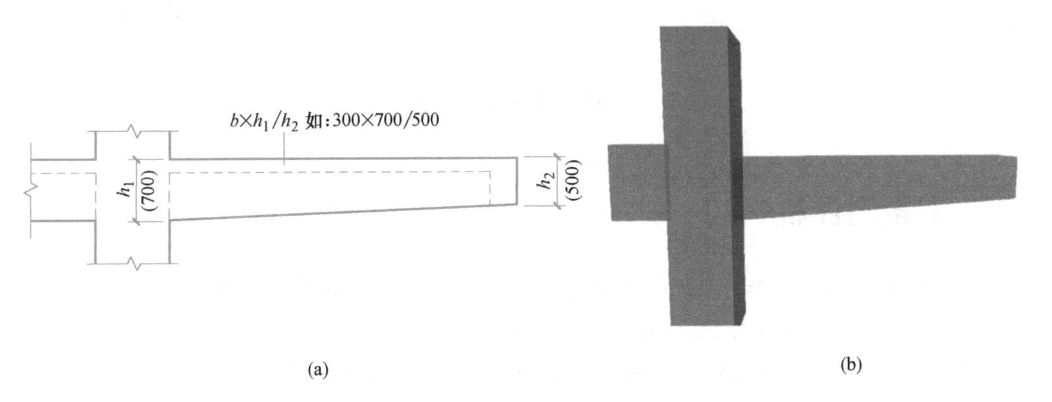

图 4-6　悬挑梁不等高示意

（a）悬挑梁不等高截面注写示意；（b）悬挑梁不等高立体示意

（3）梁箍筋（必注值）

梁箍筋包括钢筋级别、直径、加密区与非加密区间距及肢数，如图 4-7 所示。

1）箍筋加密区与非加密区的不同间距及肢数需用“/”分隔。

2）当梁箍筋为同一种间距及肢数时，则不需用斜线。

3）当加密区与非加密区的箍筋肢数相同时，则将肢数注写一次；箍筋肢数应写在括号内。

4）非框架梁、悬挑梁、井字梁采用不同的箍筋间距及肢数时，也用“/”将其分开，先注写梁支座端部的箍筋（包括箍筋的箍数、钢筋级别、直径、间距与肢数），再在斜线后注写梁跨中部分的箍筋间距及肢数。

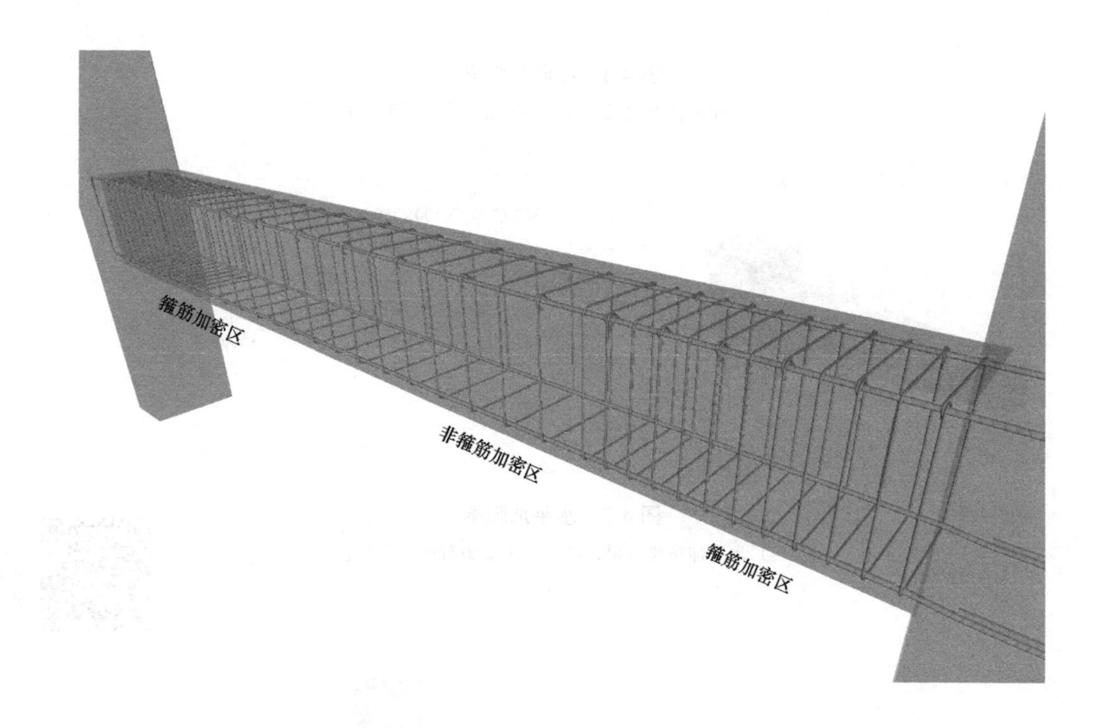

图 4-7　梁内箍筋示意

【案例评析4-2】

Φ10@100/200（4）——表示箍筋为 HPB300 钢筋，直径为 10mm，加密区间距为 100mm，非加密区间距为 200mm，均为四肢箍。

Φ8@100（4）/150（2）——表示箍筋为 HPB300 钢筋，直径为 8mm，加密区间距为 100mm，四肢箍；非加密区间距为 150mm，两肢箍。

13Φ10@150/200（4）——表示箍筋为 HPB300 钢筋，直径为 10mm，梁的两端各有 13 个四肢箍，间距为 150mm，梁跨中部分间距为 200mm，四肢箍。

（4）梁上部通长筋或架立筋配置（必注值）

1）当同排纵筋中既有通长筋又有架立筋时，应用“+”将通长筋和架立筋关联，注写时需将角部纵筋写在加号的前面，以示不同直径及与通长筋的区别。当全部采用架立筋时，则将其写入括号内，如图 4-8 所示。

2）当梁的上部纵筋和下部纵筋为全跨相同，且多数跨配筋相同时，此项可加注下部纵筋的配筋值，用“;”将上部与下部纵筋的配筋值分隔开来，少数跨不同时，采用原位标注。

3）架立筋是一种构造钢筋，是为解决箍筋的绑扎问题而设置的，在梁内起架立作用，用来固定箍筋和形成钢筋骨架，如图 4-9 所示。

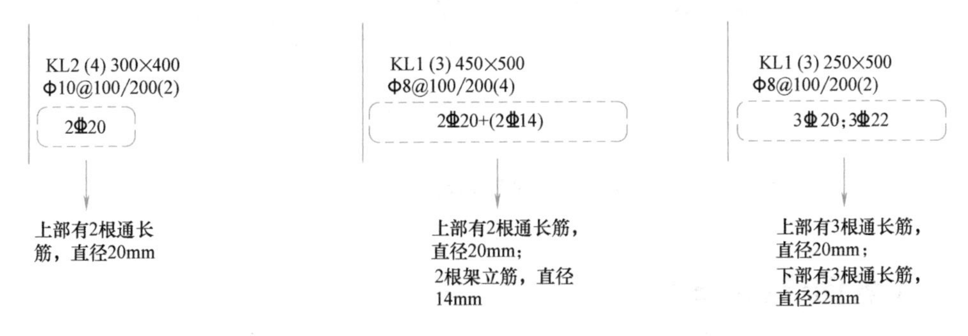

图 4-8　梁上部通长筋或架立筋

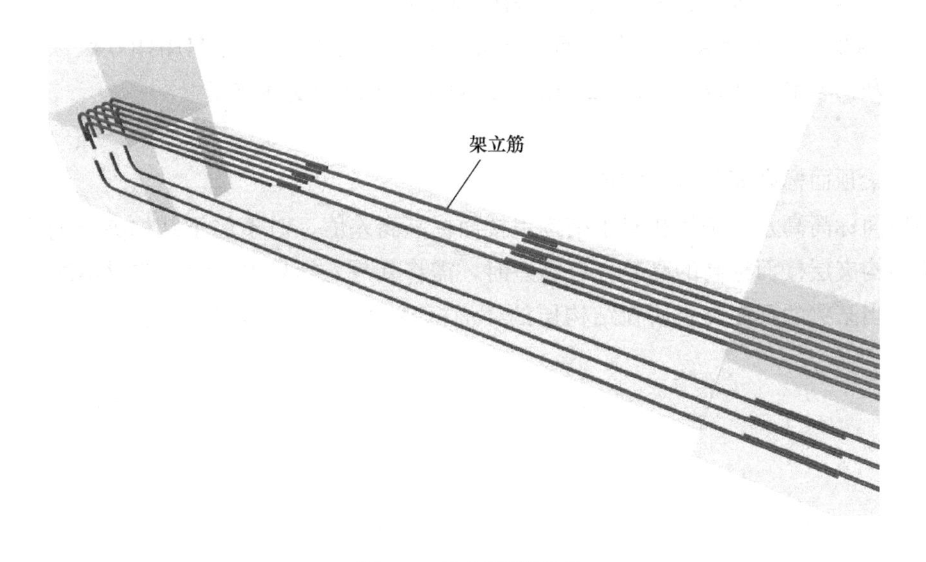

图 4-9　架立钢筋示意

(5) 梁侧面纵向构造钢筋或受扭钢筋（必注值）

1）当梁腹板高度 $h_w \geqslant 450$mm 时，需配置纵向构造钢筋，所注规格与根数应符合规范规定。此项注写值以大写字母 G 打头，接续注写设置在梁两个侧面的总配筋值，且对称配置。

2）当梁侧面需配置受扭钢筋时，此项注写值以大写字母 N 打头，接续注写设置在梁两个侧面的总配筋值，且对称配置，如图 4-10 所示。受扭纵向钢筋应满足梁侧面纵向构造钢筋的间距要求，且不再重复配置纵向构造钢筋。

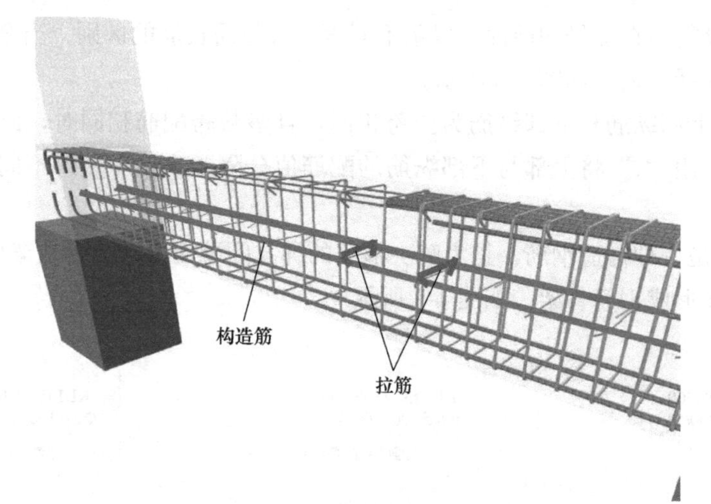

图 4-10　构造筋及拉筋示意

【案例评析4-3】

G4 Φ12——表示梁的 2 个侧面共配置 4 根直径为 12mm 的 HPB300 级纵向构造钢筋，每侧各配置 2 根直径为 12mm 的 HPB300 的纵向构造钢筋。

N6 Φ22——表示梁的 2 个侧面共配置 6 根直径为 22mm 的 HRB400 级纵向受扭钢筋，每侧各配置 3 根直径为 22mm 的 HRB400 级纵向受扭钢筋。

（6）梁顶面标高高差（选注值）

梁顶面标高高差，是指相对于结构层楼面标高高差值，对于位于结构夹层的梁，则指相对于结构夹层楼面标高的高差。有高差时，需将其写入括号内，无高差时不注。

注：当某梁的顶面高于所在结构层的楼面标高时，其标高高差为正值，反之为负值，如图 4-11 所示。

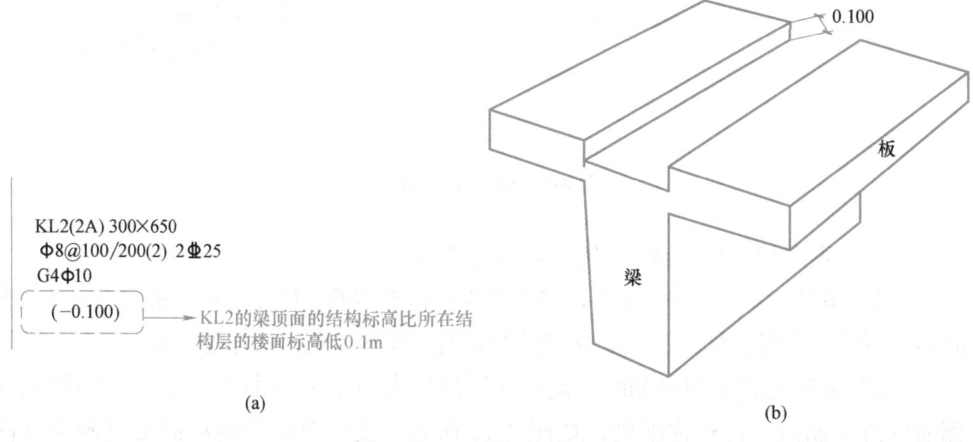

图 4-11　梁顶面标高高差

（a）梁顶面标高高差标注示意；（b）梁顶面标高高差立体示意

3. 梁的原位标注

梁原位标注的内容为：梁支座上部纵筋、下部纵筋、附加箍筋或吊筋及对集中标注内容的原位修正信息等，如图 4-12 所示。

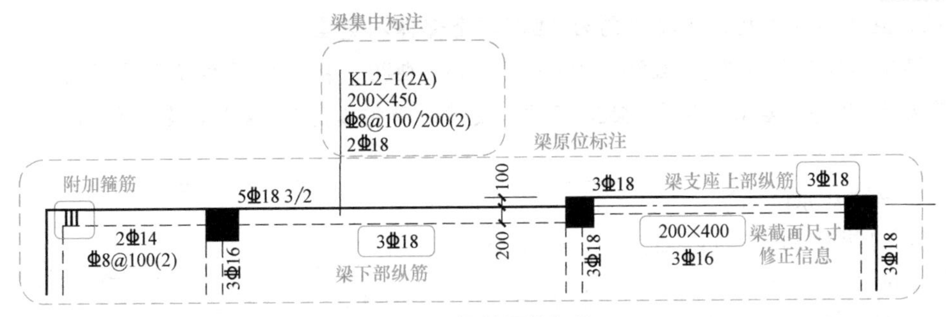

图 4-12　梁的原位标注

（1）梁支座上部纵筋

该部位含通长筋在内的所有纵筋，标注在梁上方该支座处，具体如图 4-13 所示。

1）当上部纵筋多于一排时，用“/”将各排纵筋自上而下分开。

2）当同排纵筋有两种直径时，用“＋”将两种直径的纵筋相连，注写时将角部纵筋写在前面。

3）当梁中间支座两边的上部纵筋不同时，须在支座两边分别标注；当梁中间支座两边的上部纵筋相同时，可仅在支座的一边标注配筋值，另一边省去不注。

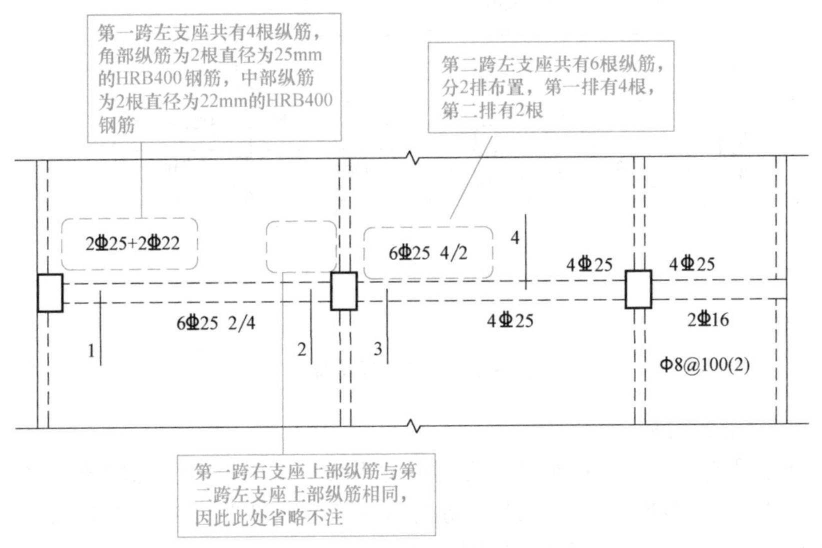

图 4-13　梁支座上部纵筋

（2）梁下部纵筋

梁的下部纵筋标注在梁下部跨中的位置。

1）当下部纵筋多于一排时，用“/”将各排纵筋自上而下分开，如图 4-14 所示。

2）当同排纵筋有两种直径时，用“＋”将两种直径的纵筋相连，注写时角筋写在前面。

3）当梁下部纵筋不全部伸入支座时，将梁支座下部纵筋减少的数量写在括号内。

【案例评析4-4】

梁下部纵筋标注为 6Φ25　2（－2)/4，表示梁下部纵筋共两排，上排纵筋为 2Φ25，且不伸入支座；下排纵筋为 4Φ25，全部伸入支座。

梁下部纵筋标注为：2Φ20＋3Φ20（－3)/5Φ20，表示梁下部纵筋共两排，上排纵筋为 2Φ20 和 3Φ20，其中 3Φ20 不伸入支座；下排纵筋为 5Φ20，全部伸入支座。

(3) 梁综合原位标注

当梁的集中标注的内容(即梁截面尺寸、箍筋、上部通长筋或架立筋，梁侧面纵向构造钢筋或受扭纵向钢筋，以及梁顶面标高高差中某一项或几项数值)不适用于某跨或某悬挑部分时，则将其不同数值原位标注在该跨或该悬挑部位，施工时应按原位标注数值取用，如图 4-15 所示。

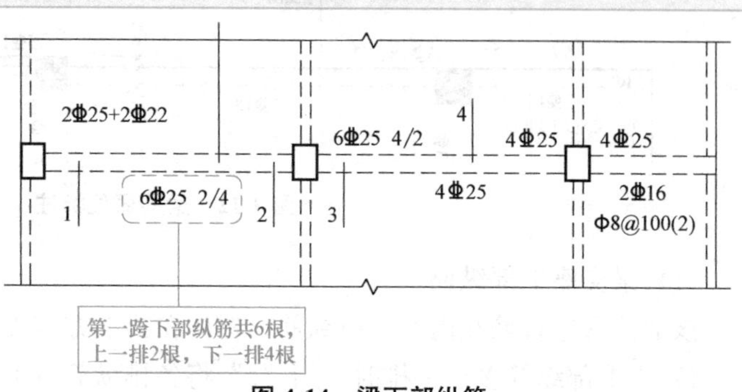

图 4-14　梁下部纵筋

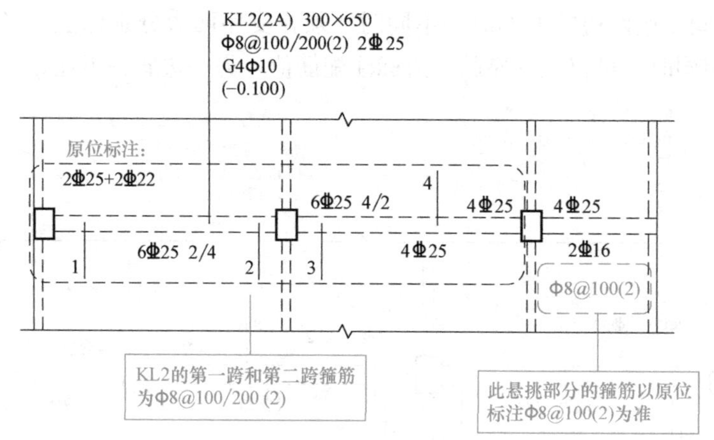

图 4-15　梁综合原位标注

(4) 附加箍筋或吊筋

附加箍筋或吊筋，将其直接画在平面图中的主梁上，用线引注总配筋值（附加箍筋的肢数注在括号内)。当多数附加箍筋或吊筋相同时，可在梁平法施工图上统一注明；少数与统一注明值不同时，再原位引注，如图 4-16 所示。

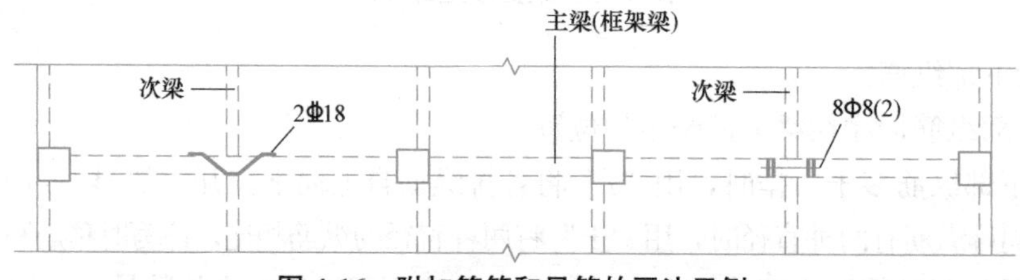

图 4-16　附加箍筋和吊筋的画法示例

4.1.4　梁的截面注写方式

梁的截面注写方式，是在分标准层绘制的梁平面布置图上，分别在不同编号的梁中各选择一根梁用剖面号引出配筋图，并在其上注写截面尺寸和配筋具体数值的方式来表达梁平法施工图。

在截面配筋详图上注写截面尺寸 $b \times h$、上部筋、下部筋、侧面构造钢筋或受扭筋以及箍筋的具体数值时，其表达形式与平面注写方式相同，如图 4-17 所示。

截面注写方式既可以单独使用，也可以与平面注写方式结合使用。

在梁平法施工图的平面图中，当局部区域的梁布置过密时，除了采用截面注写方式外，可将过密区用虚线框出，适当放大比例后再用平面注写方式表示。当表示异型截面梁的尺寸和配筋时，用截面注写方式相对比较方便。

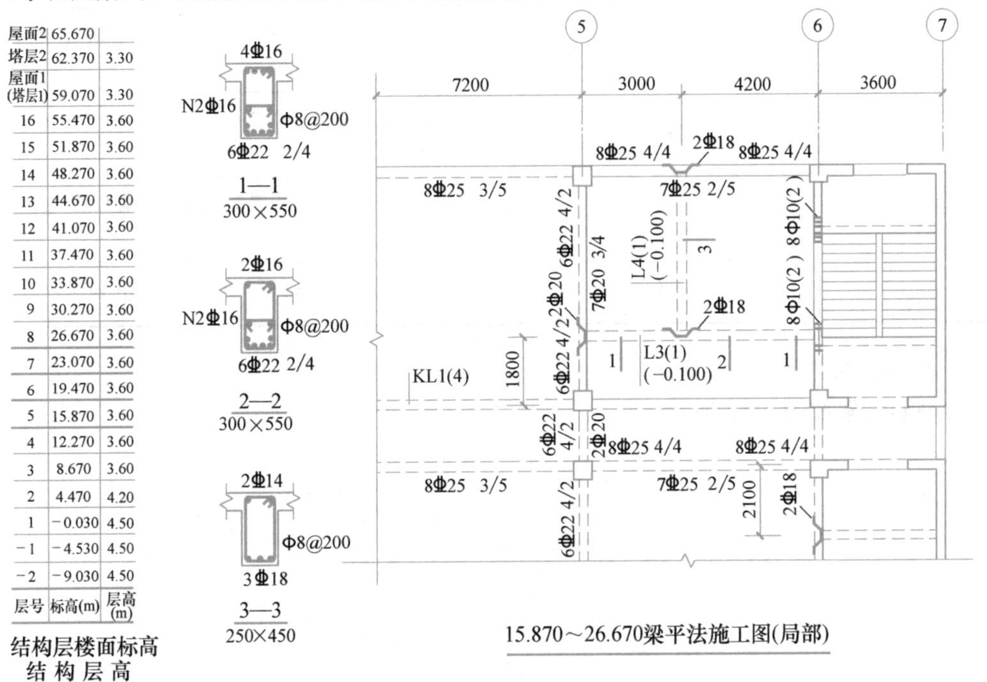

层号	标高(m)	层高(m)
屋面2	65.670	
塔层2	62.370	3.30
屋面1(塔层1)	59.070	3.30
16	55.470	3.60
15	51.870	3.60
14	48.270	3.60
13	44.670	3.60
12	41.070	3.60
11	37.470	3.60
10	33.870	3.60
9	30.270	3.60
8	26.670	3.60
7	23.070	3.60
6	19.470	3.60
5	15.870	3.60
4	12.270	3.60
3	8.670	3.60
2	4.470	4.20
1	−0.030	4.50
−1	−4.530	4.50
−2	−9.030	4.50

结构层楼面标高
结构层高

图 4-17　梁的截面注写方式示例

4.2　梁平法构造详图

4.2.1　梁构件的钢筋种类

1. 梁钢筋种类

梁中主要配置纵向钢筋、架立钢筋、侧面纵向钢筋及拉筋、附加箍筋或附加吊筋，现结合“4.1 梁平法施工图导读”的内容，将梁钢筋种类总结见表 4-2。

梁内钢筋的名称及位置　　表 4-2

部位	钢筋名称	备注
梁的顶部	上部通长钢筋	在集中标注中注写，梁的上部且通长布置
	支座负筋	在原位标注中注写，梁的上部且非通长布置
	架立钢筋	注写在括号内，如(2Φ12)
梁的腰部	构造钢筋	以 G 打头，如 G4Φ12
	受扭钢筋	以 N 打头，如 N4Φ12
梁的底部	下部通长钢筋	在集中标注中注写，在“;”后注写的钢筋，如 2Φ25；2Φ20。即上部通长筋为 2Φ25，下部通长筋为 2Φ20
	下部非通长钢筋	在原位标注中注写，注写在梁的下部
	不伸入支座的下部纵筋	在原位标注中注写，在括号内用减号注明根数，如 6Φ25 2(−2)/4
其他钢筋	箍筋	(1)梁箍筋，如Φ8@100/200；(2)主次梁相交处有附加箍筋，如 6Φ6
	拉筋	设置了构造钢筋或受扭钢筋时，均需布置拉筋，在图上不表示
	吊筋	在主次梁相交处布置，如 2Φ18

2. 梁钢筋骨架图

梁钢筋骨架如图 4-18 所示。

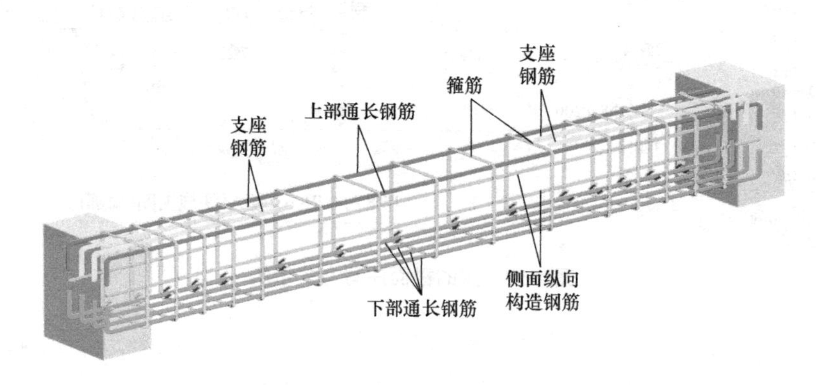

图 4-18　梁钢筋骨架图

4.2.2　梁标准构造详图

1. 楼层框架梁纵向钢筋构造

楼层框架梁 KL 纵向钢筋构造详图如图 4-19 所示（具体内容可参见《22G101-1》第 2-33 页），图 4-20 为楼层框架梁 KL 纵向钢筋构造三维示意。

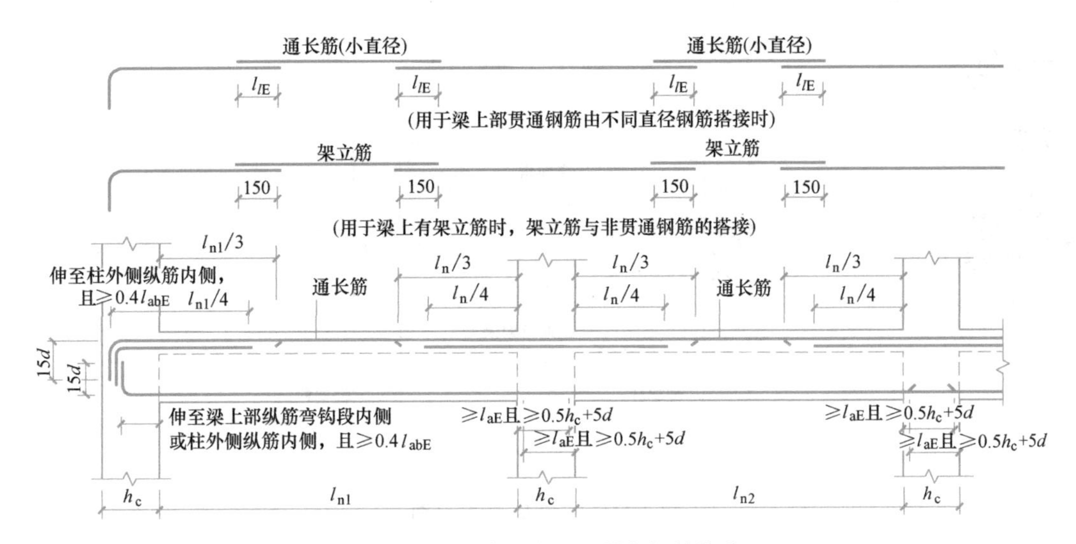

图 4-19 楼层框架梁 KL 纵向钢筋构造

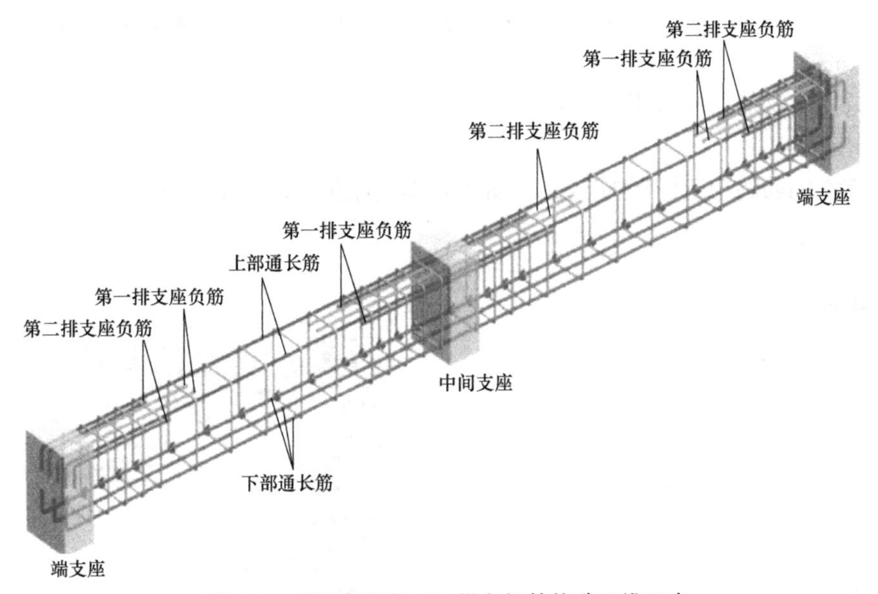

图 4-20 楼层框架梁 KL 纵向钢筋构造三维示意

(1) l_n、h_c 的识读

l_n 为梁的净跨度值。对于端跨，l_n 为本跨净长；对于中间跨，l_n 为相邻两跨净长的较大值。

4-9
楼面框架梁KL形态认知

h_c 为柱截面沿框架方向的高度。具体如图 4-21 所示。

(2) 梁上部通长钢筋的构造要点

识读图 4-19、图 4-20 中的上部通长筋，构造要点如下：

4-10
屋面楼面框架梁WKL形态认知

1) 通长钢筋指直径不一定相同，但必须采用搭接、焊接或机械连接接长且两端一定在端支座锚固的钢筋。通长筋属于“抗震构造”需要，架立筋属于“一般构造”需要。

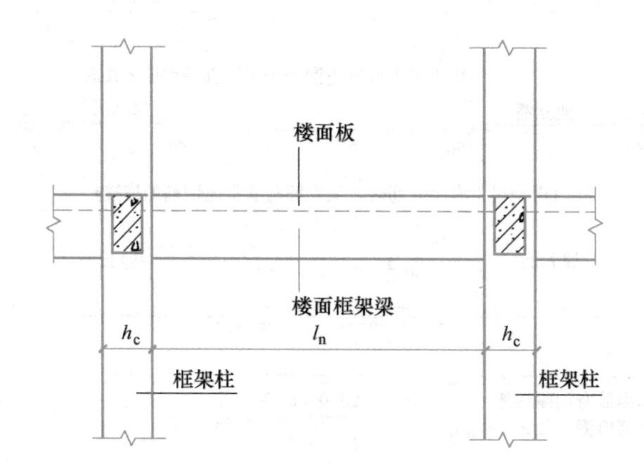

图 4-21 l_n 和 h_c 的关系图

2）梁上部通长钢筋与非贯通钢筋直径相同时，连接位置宜在跨中 $l_{ni}/3$ 范围内。

3）上部通长筋在端支座处的锚固方式为：伸至柱外侧纵筋内侧，且不小于 $0.4l_{abE}$，然后弯锚 $15d$。

（3）梁支座钢筋的构造要点

1）端支座

梁端支座钢筋的构造详图如图 4-22 所示，端支座负筋的三维示意如图 4-23 所示。

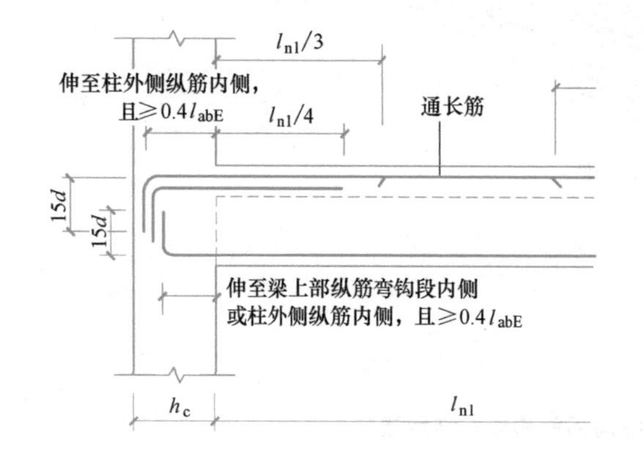

图 4-22 梁端支座钢筋的构造详图

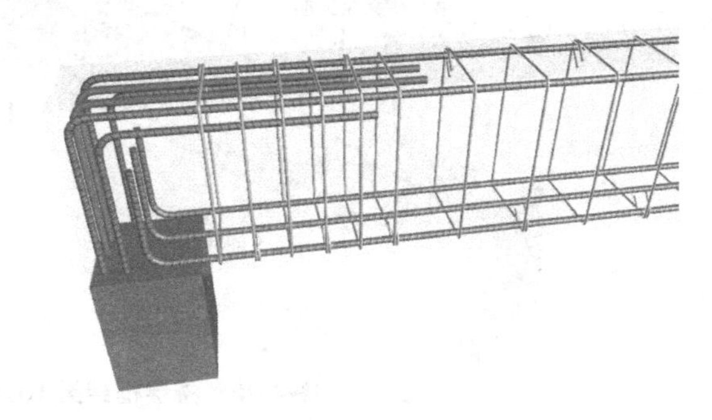

图 4-23 端支座负筋的三维示意

【识读要点】

① 支座负筋的延伸长度从支座边算起。

② 第一排支座负筋的延伸长度为净跨的 1/3，即 $l_{n1}/3$。

③ 第二排支座负筋的延伸长度为净跨的 1/4，即 $l_{n1}/4$。

④ 伸入端支座的锚固方式为：伸至柱外侧纵筋内侧，且≥$0.4l_{abE}$，然后弯锚 $15d$。

2）中间支座

梁中间支座钢筋的构造详图如图 4-24 所示，中间支座负筋的三维示意如图 4-25 所示。

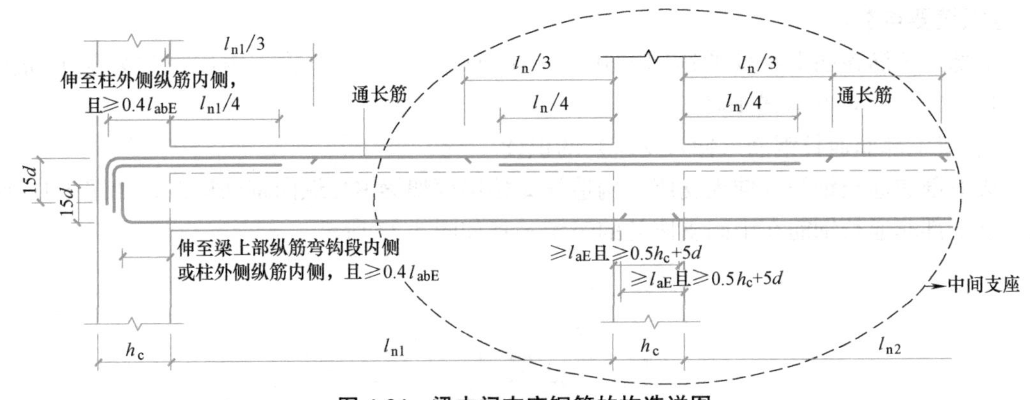

图 4-24　梁中间支座钢筋的构造详图

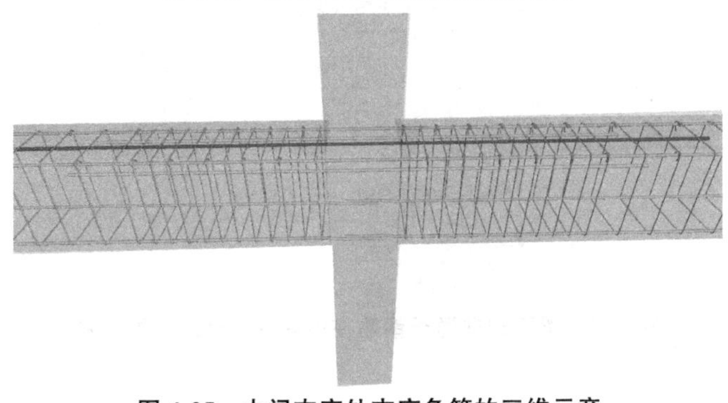

图 4-25　中间支座处支座负筋的三维示意

【识读要点】

① 支座负筋的延伸长度从支座边算起。

② 中间支座第一排负筋的延伸长度为相临两跨中净跨较大值的 1/3，即 $l_n/3$（l_n 为 l_{ni} 和 l_{ni+1} 之较大值，其中 $i=1$，2，3……）。

③ 中间支座第二排负筋的延伸长度为相临两跨中净跨较大值的 1/4，即 $l_{n/4}$（l_n 为 l_{ni} 和 l_{ni+1} 之较大值，其中 $i=1$，2，3……）。

（4）梁架立钢筋的构造和识读要点

梁架立钢筋的构造详图如图 4-19 所示。

【识读要点】

架立钢筋与支座负筋的搭接长度为 150mm。

4-13
梁
下部钢筋
施工视频

（5）梁下部钢筋的构造和识读要点

1）梁下部通长钢筋的识读

梁下部通长钢筋构造详见楼层框架梁 KL 纵向钢筋构造如图 4-19 所示，下部通长钢筋的三维示意如图 4-26 所示。

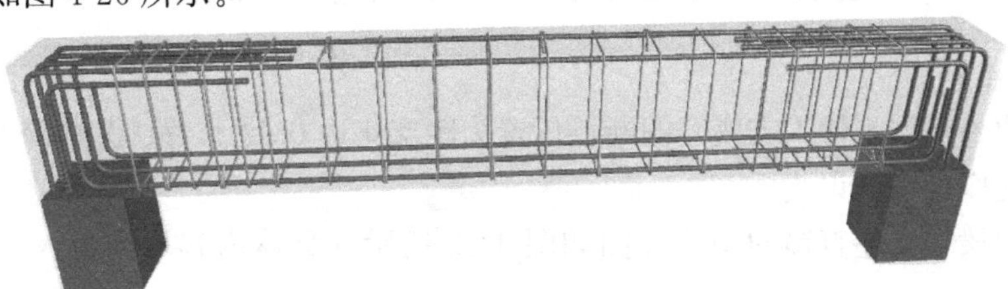

图 4-26　梁下部通长钢筋三维示意

【识读要点】

下部通长筋在端支座处的锚固方式为：伸至梁上部纵筋弯钩端内侧或柱外侧纵筋内侧，且≥$0.4l_{abE}$，并弯锚 $15d$。

2）梁下部非通长钢筋（伸入支座）的识读

梁下部非通长钢筋（伸入支座）构造详见楼层框架梁 KL 纵向钢筋构造，如图 4-19 所示，梁下部非通长钢筋在中间支座处的三维示意如图 4-27 所示。

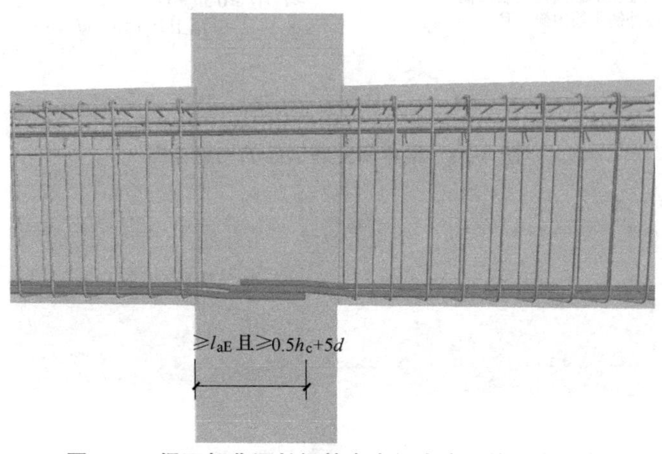

图 4-27　梁下部非通长钢筋在中间支座处的三维示意

【识读要点】

① 下部非通长筋（伸入支座）在端支座处的锚固方式（图 4-27 所示）为：伸至梁上部纵筋弯钩端内侧或柱外侧纵筋内侧，且≥$0.4l_{abE}$，并弯锚 $15d$。

② 下部非通长筋（伸入支座）在中间支座处的锚固方式为：伸至支座内的长度≥l_{aE} 且≥$0.5h_c+5d$。

3）梁下部非通长钢筋（不伸入支座）的识读

梁下部非通长钢筋（不伸入支座）的构造详图如图 4-28 所示（具体内容可参见《22G101-1》第 2-41 页）。

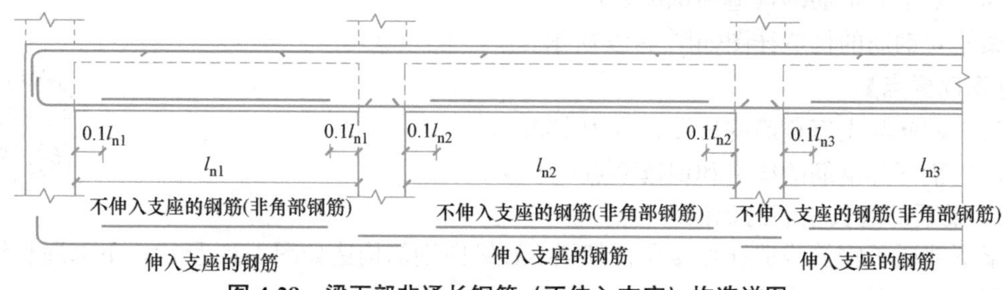

图 4-28　梁下部非通长钢筋（不伸入支座）构造详图

【识读要点】

下部非通长筋（不伸入支座）的断点位置为距支座边 $0.1l_{ni}$，l_{ni} 为本跨的净跨值。

（6）端支座直锚的识读

楼层框架梁端支座直锚的构造详图如图 4-29 所示（具体内容可参见《22G101-1》第 2-33 页）。

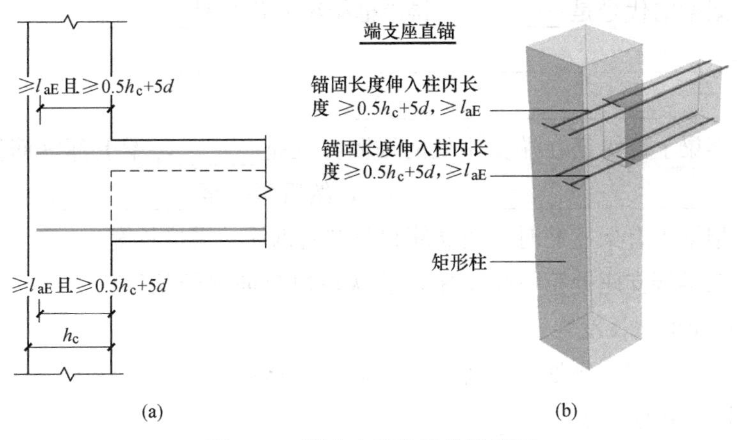

图 4-29　端支座直锚的构造详图

（a）端支座直锚构造；（b）端支座直锚的三维示意

【识读要点】

① 端支座直锚条件：

当（支座柱宽 h_c－保护层）≥l_{aE} 且≥（$0.5h_c+5d$）时，钢筋直锚；当不满足直锚时，则钢筋需弯锚。

② 直锚的长度＝l_{aE} 和（$0.5h_c+5d$）取大值。

2. 屋面框架梁纵向钢筋构造

屋面框架梁 WKL 纵向钢筋构造详图如图 4-30 所示（具体内容可参见《22G101-1》第 2-34 页）。

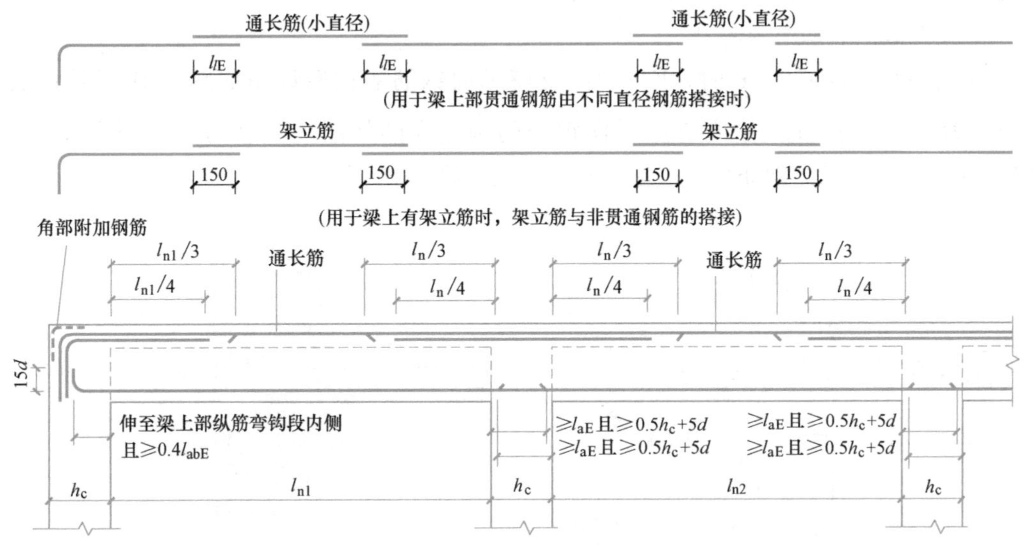

图 4-30　屋面框架梁 WKL 的纵向钢筋构造

【识读任务】

对照识读图 4-30 和图 4-19，根据提示，填写下列问题，完成屋面框架梁 WKL 纵向钢筋构造识读。具体可与《22G101-1》第 2-14、2-34、2-35 页节点图对照识读。

① 屋面框架梁的代号是________，楼层框架梁的代号是______。

② l_n 代表____，h_c 代表________________________________。

③ 屋面框架梁上部纵筋在端支座处的锚固方式是______，梁上部纵筋伸入端支座内的水平长度为____________________________，然后弯折至__________。

④ 屋面框架梁中有架立筋时，架立筋和非贯通钢筋的搭接长度为______。

⑤ 屋面框架梁端支座处第一排支座负筋从柱边起伸出的长度为________，第二排支座负筋从柱边起伸出的长度为________。

⑥ 屋面框架梁中间支座处第一排支座负筋从柱边起伸出的长度为______，第二排支座负筋从柱边起伸出的长度为______。

⑦ 屋面框架梁下部钢筋在端支座的锚固方式有直锚或弯锚，直锚的判断条件为______________________________________时，可直锚，直锚长度为____________________________；当不满足直锚条件时，则需要弯锚，弯锚的水平长度为______________________________，然后弯折______d。

⑧ 屋面框架梁下部钢筋在中间支座处的锚固长度为____________________。

【识读总结】

① 除上部纵筋在端支座处的弯锚长度不同外，屋面框架梁 WKL 纵筋构造与楼层框架梁 KL 纵筋构造类似。

② 楼层框架梁上部纵筋在端支座处弯锚长度为 $15d$，屋面框架梁上部纵筋在端支座处为弯锚且伸至梁底，弯锚长度＝梁高－保护层。

3. 梁变截面的钢筋构造

当 $\Delta_h/(h_c-50)>1/6$ 时，KL 中间支座纵向钢筋的构造详图如图 4-31 所示；$\Delta_h/(h_c-50)\leqslant 1/6$ 时，KL 中间支座纵向钢筋的构造详图如图 4-32 所示。其他类型 KL、WKL 中间支座的纵向钢筋详图可见《22G101-1》第 2-37 页。

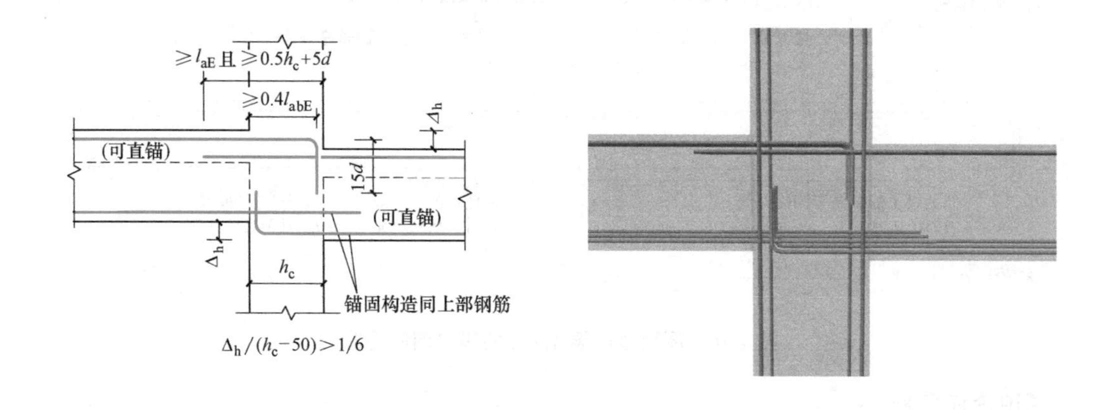

图 4-31　KL 中间支座纵向钢筋的构造详图（一）

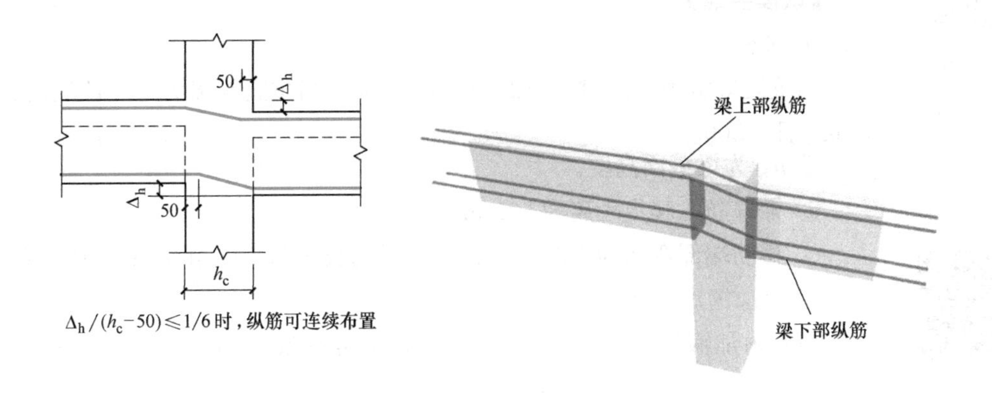

图 4-32　KL 中间支座纵向钢筋的构造详图（二）

4. 框架梁箍筋构造和识读要点

框架梁（KL、WKL）箍筋加密区范围如图 4-33 所示（具体内容可参见《22G101-1》第 2-39 页），箍筋长度及弯钩构造示意图如图 4-34 所示。

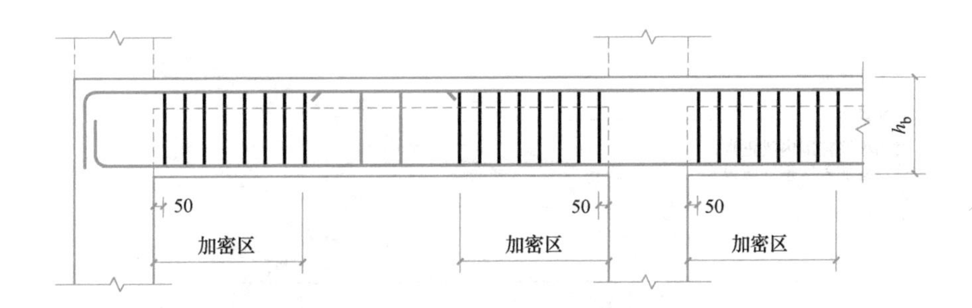

图 4-33　框架梁（KL、WKL）箍筋加密区范围

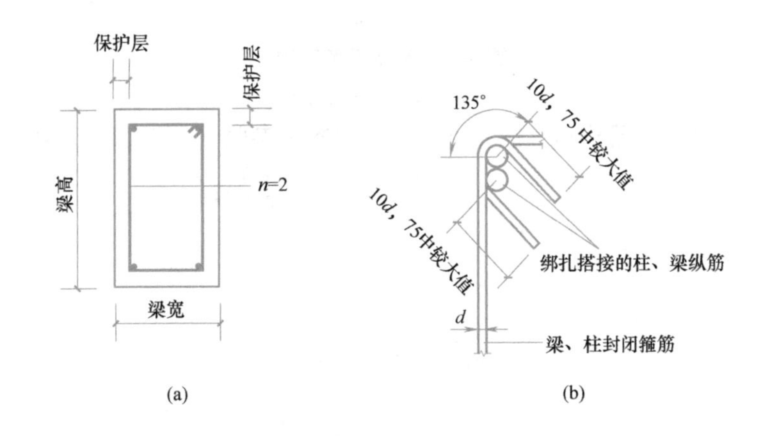

图 4-34　箍筋长度及弯钩构造示意

（a）箍筋长度示意；（b）箍筋弯钩构造示意

4-16 梁箍筋起步距、加密区小视频

【识读要点】

① 加密区

当抗震等级为一级时：≥$2.0h_b$ 且≥500；当抗震等级为二～四级时：≥$1.5h_b$ 且≥500。

② h_b 为梁截面高度。

③ 梁箍筋的起步距离为50mm。

④ 箍筋端部弯钩为135°，弯钩平直段的长度为10d 和75mm 取大值。

4-17 附加箍筋范围

5. 附加钢筋构造

（1）附加箍筋构造（图4-35，具体内容可参照《22G101-1》第2-39页）

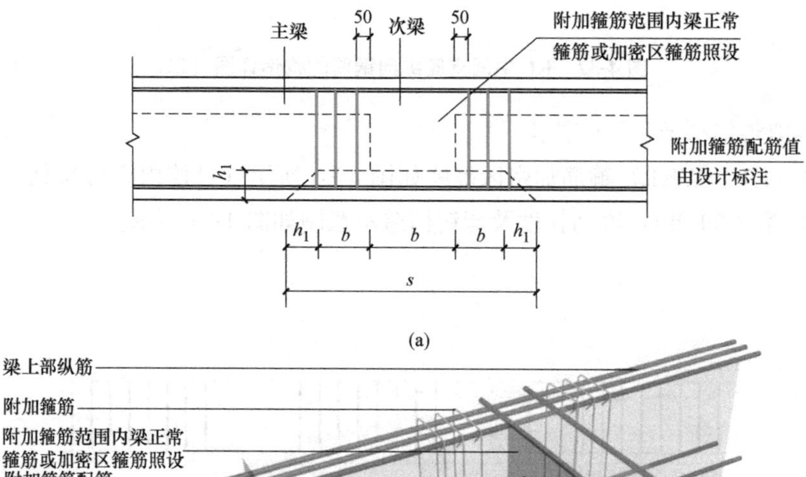

(a)

梁上部纵筋
附加箍筋
附加箍筋范围内梁正常箍筋或加密区箍筋照设
附加箍筋配筋值由设计标注
主梁
次梁
梁下部纵筋

(b)

图4-35 附加箍筋范围

（a）构造；（b）三维示意

4-18 附加吊筋构造

（2）吊筋构造（图4-36，具体内容可参照《22G101-1》第2-39页）

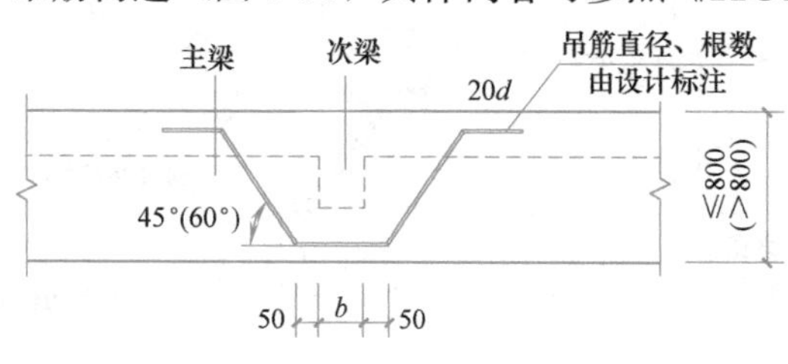

(a)

图4-36 附加吊筋构造（一）

（a）构造

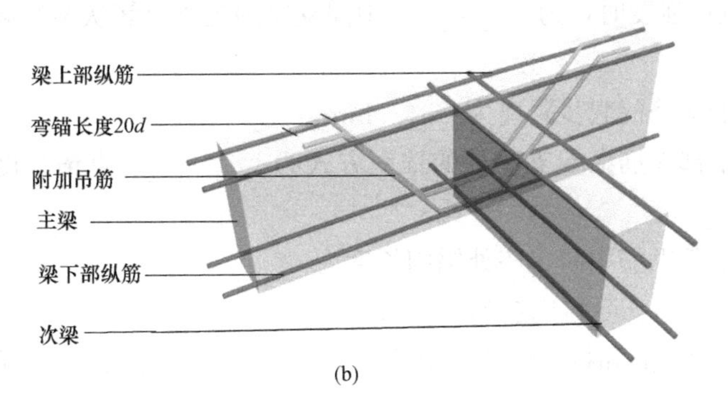

图 4-36　附加吊筋构造（二）

（b）三维示意

【识读要点】

① 附加箍筋和吊筋布置位置：主次梁相交处，布置在主梁；次梁与次梁相交处，布置在截面尺寸较大的次梁。

② 吊筋构造图中，b 为次梁的截面宽度；当主梁高度不大于 800mm 时，α＝45°；主梁高度大于 800mm 时，α＝60°。

6. 非框架梁钢筋构造

非框架梁构造如图 4-37 所示（具体内容可参照《22G101-1》第 2-40 页）。

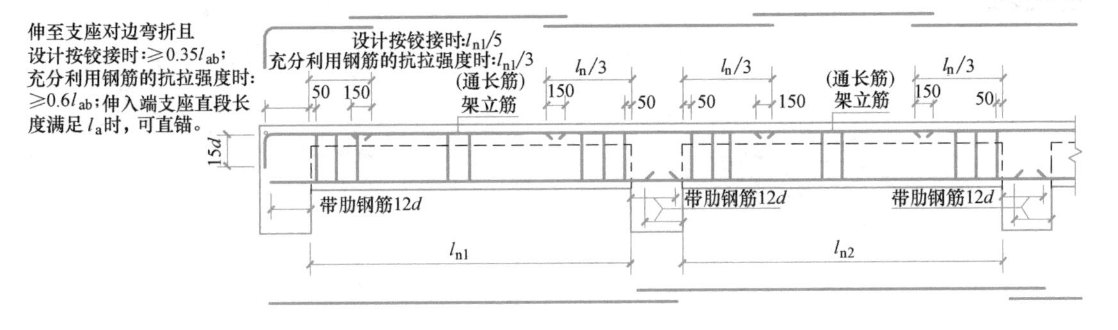

图 4-37　非框架梁配筋构造

【识读任务】

对照识读图 4-37 和图 4-19，根据提示，填写下列问题，完成非框架梁钢筋构造识读。

① 非框架梁的代号是______。

②“设计按铰接时”用于代号为______的非框架梁；“充分利用钢筋的抗拉强度时”用于代号为______的非框架梁。

③ 非框架梁上部纵筋在端支座处的锚固方式有弯锚或直锚，直锚的判断条件是：______________________________时，可直锚，不满足则需弯锚。

④ 非框架梁中的架立筋与非贯通钢筋的搭接长度为________mm。

⑤ 非框架梁端支座处支座负筋从梁边起伸出的长度为：当设计按铰接时，为______；

充分利用钢筋的抗拉强度时，为________。中间支座的支座负筋从梁边起伸出的长度为______。

⑥ 非框架梁的箍筋的起步距离为______mm。

⑦ 非框架梁下部纵筋在端支座处的锚固方式为________。直锚长度为：当钢筋为带肋钢筋时，为______。

⑧ 非框架梁下部纵筋中间支座处锚固长度为__________________________。

7. 侧面纵向构造筋、受扭钢筋和拉筋构造

侧面纵向钢筋构造筋和拉筋的构造如图 4-38 所示（具体内容可参见《22G101-1》第 2-41 页）。

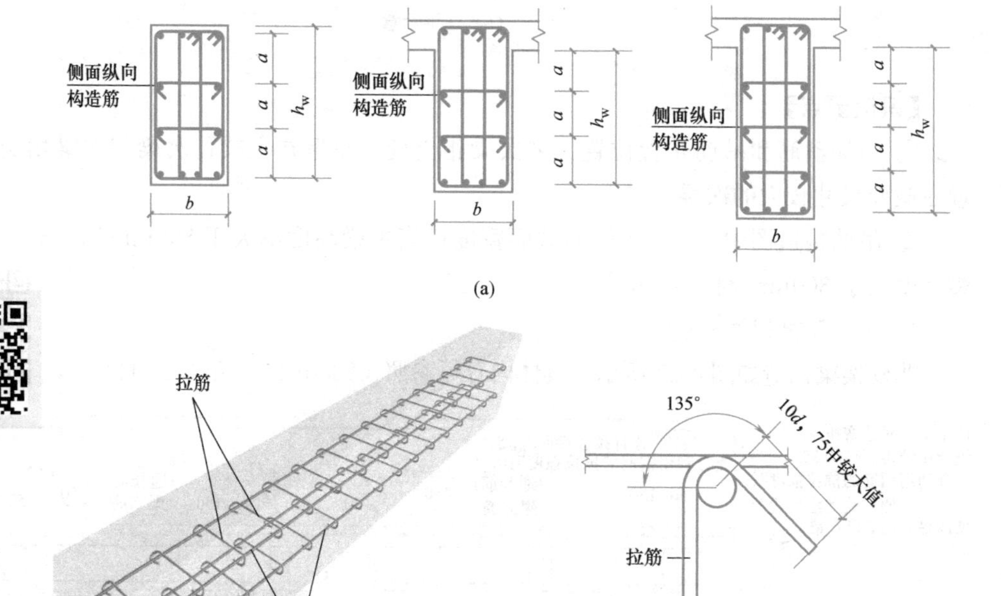

4-20
梁侧构造
纵筋和
拉筋

图 4-38　梁侧面纵向构造筋和拉筋

（a）梁侧面纵向构造筋和拉筋构造；（b）梁侧面纵向构造筋和拉筋三维示意；（c）拉筋弯钩构造示意

【识读要点】

① 当 h_w≥450mm 时，在梁的两个侧面应沿高度配置纵向构造钢筋；纵向构造钢筋间距 a≤200mm。

② 当侧面配有直径不小于构造纵筋的受扭筋时，受扭钢筋可以代替构造钢筋。

③ 梁侧面构造纵筋的搭接与锚固长度可取 15d。梁侧面受扭纵筋的搭接长度为 l_{lE} 或 l_l，其锚固长度为 l_{aE} 或 l_a，锚固方式同框架梁下部纵筋。

④ 当梁宽≤350mm 时，拉筋直径为 6mm；梁宽>350mm 时，拉筋直径为 8mm。

⑤ 拉筋间距为非加密区箍筋间距的 2 倍；当设有多排拉筋时，上下两排拉筋竖向错开布置。

⑥ 拉筋端部的弯钩为 135°，弯钩的平直段长度为 $10d$ 和 75mm 取大值。

8. 悬挑梁钢筋构造

悬挑梁的构造如图 4-39 所示，更多纯悬挑梁 XL 及各类梁的悬挑端配筋构造可参见《22G101-1》第 2-43 页。

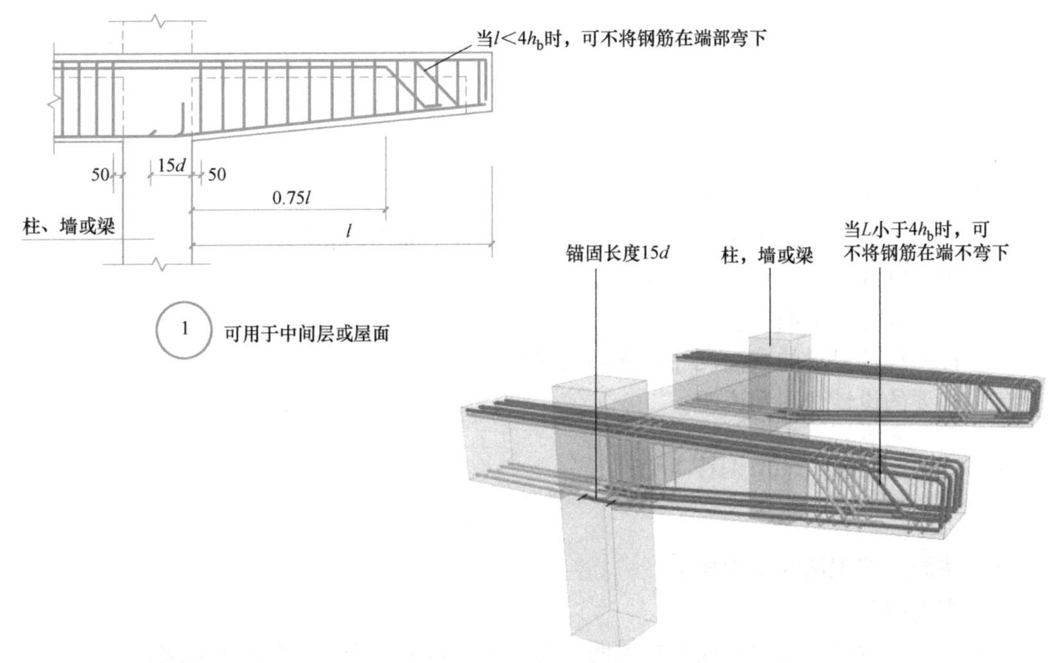

图 4-39　悬挑梁构造

【识读任务】

识读图 4-39（具体内容可参见《22G101-1》第 2-43 页），根据提示，填写下列问题，完成梁悬挑端配筋识读。

① 悬挑梁的构件代号是______。

② 图集中的 l 表示________；h_b 表示________。

③ 对于纯悬挑梁，上部纵筋须伸至柱外侧纵筋内侧，且________；并向下弯折________d；下部纵筋须伸至支座内且距支座边缘线的距离为______d。

④ 对于纯悬挑梁和可用于中间层或屋面的梁的悬挑端，上部纵筋有两排时：第一排的上部纵筋至少______角筋，并不少于第一排纵筋的______，伸至悬挑梁外端，向下弯折 90°且弯折长度______；其余纵筋在端部附近的适当位置下弯 45°斜向梁底钢筋位置，沿梁底钢筋方向前行____d。第二排的上部纵筋，应在______l 处，下弯 45°斜向梁底钢筋位置，沿梁底钢筋方向前行____d。

⑤ 对于纯悬挑梁和可用于中间层或屋面的梁的悬挑端，当上部钢筋为一排，且____时，上部钢筋可不在端部弯下，而是伸至悬挑梁外端，向下弯折____d。

⑥ 对于纯悬挑梁和可用于中间层或屋面的梁的悬挑端，当上部钢筋为两排，且____时，可不将钢筋在端部弯下，而是伸至悬挑梁外端，向下弯折____d。

⑦ 当悬挑梁根部与框架梁梁底齐平时，底部相同直径的纵筋可________。

4.3 梁平法施工图识读案例

4.3.1 梁平法施工图的主要内容

梁平法施工图主要包括以下内容：

（1）图名和比例。梁平法施工图的比例应与建筑平面图的相同。

（2）定位轴线、编号和间距尺寸。

（3）梁的编号、平面布置。

（4）每一种编号梁的截面尺寸、配筋情况和标高。

（5）必要的设计详图和说明。

4.3.2 梁平法施工图的识读步骤

梁平法施工图识读的步骤如下：

（1）查看图名、比例。

（2）阅读结构设计总说明或有关说明，明确梁的混凝土强度等级及其他要求。

（3）结构层楼面标高、结构层高与层号。

（4）与建筑图配合，明确梁的编号、数量和布置。

（5）校核轴线编号及其间距尺寸，要求必须与建筑图、剪力墙施工图、柱施工图保持一致。

（6）根据梁的编号、查阅图中平面标注或截面标注，明确梁的截面尺寸、配筋和标高。再根据抗震等级、设计要求和标准构造详图确定纵向钢筋、箍筋和吊筋等钢筋的构造要求（例如纵向钢筋的锚固长度、切断位置、弯折要求和连接方式、搭接长度，箍筋加密区的范围，附加箍筋、吊筋的构造等）。

（7）其他有关要求。

4.3.3 梁平法施工图识读案例

【案例实训任务】

识读附录《某某小区别墅结构施工图》《混凝土结构施工图平面整体表示方法制图规则和构造详图》22G101 系列图集中的相关案例图，完成梁平法施工图的识读。

1. 任务一：框架梁抗震等级、混凝土强度等级等基本信息的识读

请阅读附录《某某小区别墅结构施工图》，按提示在表 4-3 中划线空白处进行填写，完成梁基本信息识读。

框架梁的基本信息识读　　表 4-3

基本信息分类	基本信息内容	基本信息出处
结构抗震等级	四级	结构设计总说明第________点
混凝土强度等级	C30	结构设计总说明第________点
纵筋钢筋级别	采用 HRB400 级钢筋	结构设计总说明第______点和梁平法施工图结施______(此空填写结施图图号，后同)至结施______中的"钢筋符号"
钢筋保护层	20mm	结构设计总说明第________点及《22G101-1》平法图集第 2-1 页，确定 C30 梁钢筋的混凝土保护层厚度为 20mm(一类环境)
钢筋锚固长度 $l_{aE}(l_a)$	$35d$	结构设计总说明第______点及《22G101-1》平法图集第 2-3 页，和梁平法施工图结施______和结施______(此空填写结施图页码)中的"钢筋级别、钢筋直径"。按 C30 梁，钢筋 HRB400、$d \leqslant 25$，四级抗震等级这些信息，可确定 l_{aE} 为 $35d$

2. 任务二：梁编号、数量、位置的识读

【案例评析4-5】

识读附录《某某小区别墅结构施工图》结施 06，该图的图名为　3.250 梁平法施工图　，根据梁的编号，梁有　18　种。

它们的编号分别为　KL2-1、KL2-2、KL2-3、KL2-4、KL2-5、KL2-6、KL2-7、KL2-8、KL2-9、KL2-10、KL2-11、KL2-12、KL2-13、KL2-14；L2-1、L2-2、L2-3、L2-4。

它们的名称分别为　框架梁 1、框架梁 2、框架梁 3、框架梁 4、框架梁 5 、框架梁 6、框架梁 7、框架梁 8、框架梁 9、框架梁 10 、框架梁 11、框架梁 12、框架梁 13、框架梁 14；非框架梁 1、非框架梁 2、非框架梁 3、非框架梁 4。

它们的数量分别是　KL2-1（2 个）、KL2-2（2 个）、KL2-3（2 个）、KL2-4（2 个）、KL2-5（2 个）、KL2-6（2 个）、KL2-7（1 个）、KL2-8（1 个）、KL2-9（1 个）、KL2-10（1 个）、KL2-11（1 个）、KL2-12（1 个）、KL2-13（1 个）、KL2-14（2 个）；L2-1（2 个）、L2-2（1 个）、L2-3（1 个）、L2-4（1 个）。

提示：对梁进行数量统计时，建议按照一定的顺序进行统计。比如，从上至下，从左至右的顺序依次识读统计，避免遗漏。

以①轴 KL2-1 为例，识读梁的位置：

1）先看结施 06 里的说明，关于梁的定位说明如下：图中未注明梁定位均轴线居中或与柱边齐。

2）接着看梁平法施工图中 KL2-1 具体的位置信息，KL2-1（2A）200×450 的含义为：框架梁 2-1，2 跨，一端悬挑，截面宽度为 200mm，截面高为 450mm。在图中，Ⓐ～Ⓒ轴为 KL2-1 的悬挑跨和其中一跨，梁边平柱边，梁与①轴的关系是偏心。Ⓒ～Ⓓ轴为 KL2-1 的另一跨，也是梁边平柱边，结合结施 04 柱平法施工图，Ⓒ～Ⓓ轴上的 KZ4、KZ2 与①轴的关系均为偏心，且靠外边的数值为 100mm，而 KL2-1 截面宽度为 200mm，因此，此段梁与①轴的关系是居中。

【实训任务4-1】

请阅读附录《某某小区别墅结构施工图》，参照案例，按提示，填写实训问题，完成识读。

识读结施 08，该图的图名为________，根据梁的编号，梁有____种。

它们的编号分别为：____。

它们的名称分别为：____。

它们的数量分别为：____。

WKL9 与轴线的关系是________，L3-3 与轴线的关系是________。（请在“居中”“偏心”中选择填写）

3. 任务三：梁的标高识读

【案例评析4-6】

梁标高识读

识读附录《某某小区别墅结构施工图》结施 06，判断 KL2-2 的梁面标高（图 4-40）。

步骤：

第一步，先看图名。结施 06 图名为 3.250 梁平法施工图，可以确定，如无特别说明，图中梁的梁面标高为 3.250m。

第二步，识读图中梁标高有无特别信息。图中的 KL2-2（1A），在集中标注中没有标高信息，说明 KL2-2（1A）的梁面标高为 3.250m；但是，在悬挑端Ⓐ～Ⓑ轴下部有原位信息（−0.050），表示 KL2-2 在Ⓐ～Ⓑ轴悬挑端处，梁面标高比楼面标高低 0.050m，即此处梁面标高为 3.200m。

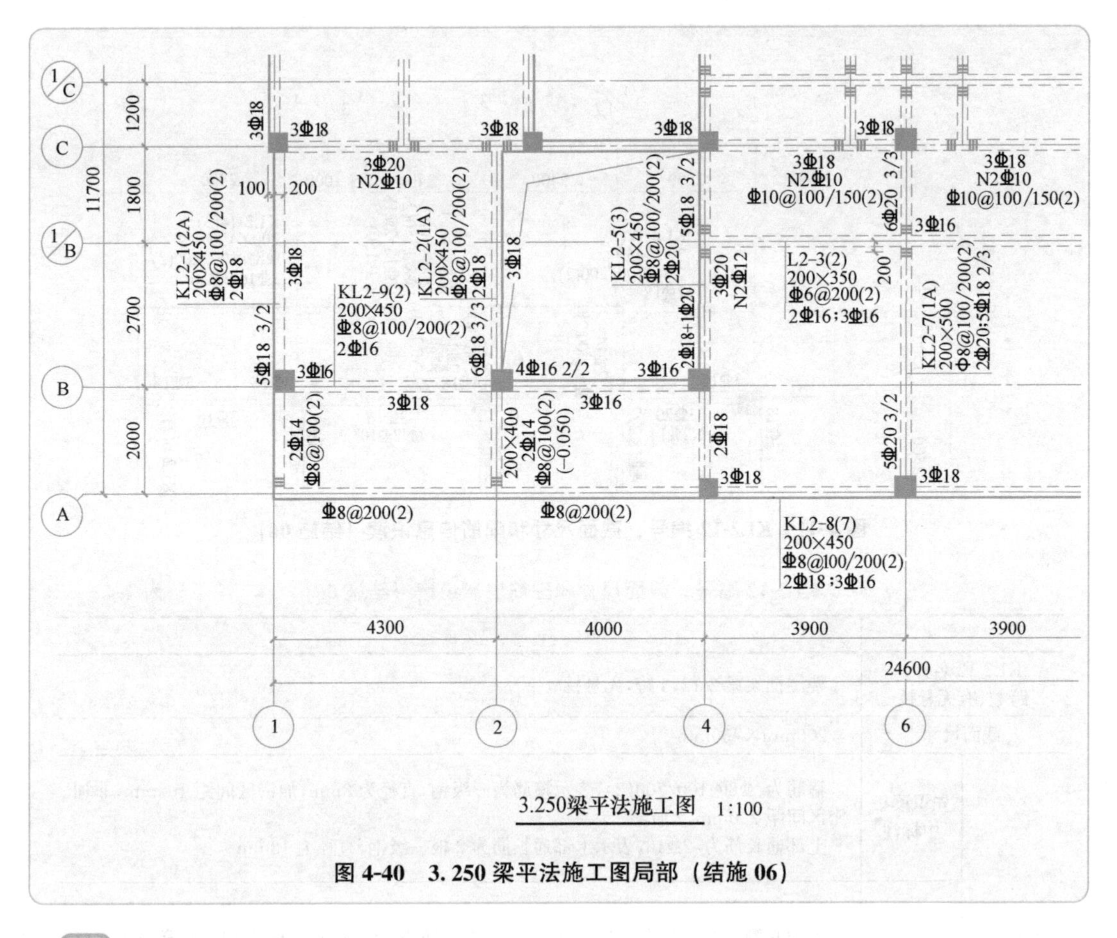

图 4-40　3.250 梁平法施工图局部（结施 06）

【实训任务4-2】

请阅读附录《某某小区别墅结构施工图》，参照案例，按提示，填写实训问题，完成识读。

(1) 识读结施 06，判断 KL2-8 的梁面标高为__________。

(2) 识读结施 07，判断 KL3-11 的梁面标高为__________。

(3) 识读结施 08，判断 WKL7 的梁面标高为__________。

(4) 识读结施 07，判断 KL3-9 的梁面标高：

②～⑩轴处的标高为__________；

①～②轴处的标高为__________；⑩～$\frac{1}{10}$轴处的标高为__________。

(5) 识读结施 06，判断 KL2-4 的梁面标高为__________。

4. 任务四：梁的截面尺寸、配筋信息识读

【案例评析4-7】

阅读附录《某某小区别墅结构施工图》结施 06，识读 KL2-12 的编号、截面尺寸和配筋信息（图 4-41）。具体识读内容见表 4-4。

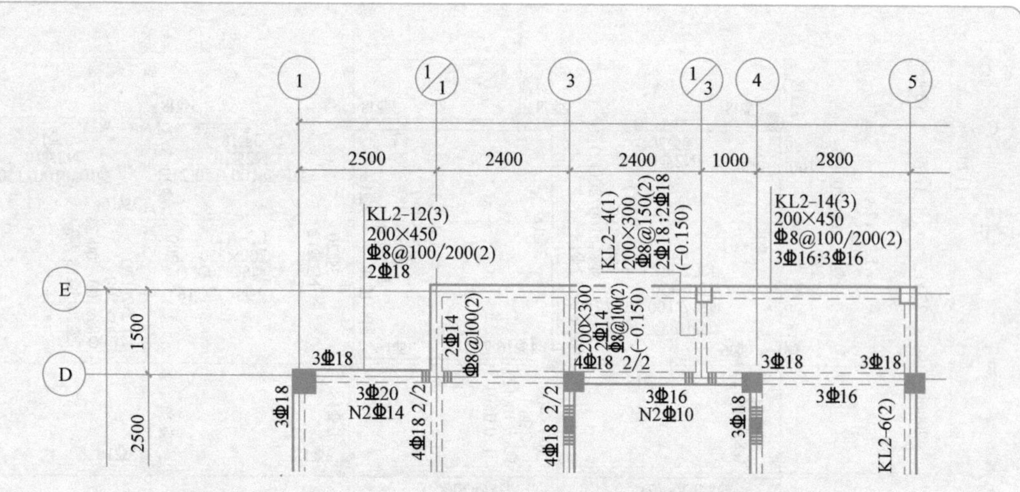

图 4-41　KL2-12 编号、截面尺寸和配筋信息识读（结施 06）

KL2-12 编号、截面尺寸和配筋信息识读（结施 06）　　表 4-4

识读步骤		识读内容
KL2-12 名称、跨数、有无悬挑		楼层框架梁 2-12，3 跨，无悬挑
截面尺寸		200mm×450mm
配筋识读	先识读集中标注	箍筋为：Φ8@100/200(2)，表示箍筋为三级钢，直径为 8mm，加密区间距 100mm，非加密区间距 200mm，2 肢箍。 上部通长筋为：2Φ18，表示上部通长筋为 2 根三级钢，直径为 18mm
	接着识读原位标注	1. 上部标注 ①轴右侧上部纵筋为 3Φ18，其中上部通长筋为 2Φ18，剩下的 1Φ18 为第一排支座负筋。 ③轴左右两侧上部纵筋为 4Φ18，分两排，上一排为 2 根，下一排为 2 根，其中上一排的 2Φ18 为上部通长筋，剩下的 2Φ18 为第二排支座负筋。 ④轴左右两侧上部纵筋为 3Φ18，其中 2Φ18 为上部通长筋，剩下的 1Φ18 为第一排支座负筋。 ⑤轴左侧上部纵筋为 3Φ18，其中 2Φ18 为上部通长筋，剩下的 1Φ18 为第一排支座负筋。 2. 下部标注 ①～③轴下部标注为 3Φ20，表示此跨下部纵筋为 3 根，三级钢，直径为 20mm。 ①～③轴下部标注为 N2Φ14，表示此跨梁的两个侧面共配置了 2Φ14 的受扭钢筋，每侧各配置 1Φ14。 ①～③轴此跨的拉筋为Φ6@400（根据《22G101-1》第 2-41 页注释第 4 条确定）。 ③～④轴下部标注为 3Φ16，表示此跨下部纵筋为 3 根，三级钢，直径为 16mm。 ③～④轴下部标注为 N2Φ10，表示此跨梁的两个侧面共配置了 2Φ10 的受扭钢筋，每侧各配置 1Φ10。 ③～④轴此跨的拉筋为Φ6@400（根据《22G101-1》第 2-41 页注释第 4 条确定）。 ④～⑤轴下部标注为 3Φ16，表示此跨下部纵筋为 3 根，三级钢，直径为 16mm
	其他配筋	(1/1)轴、(1/3)轴处绘制了附加箍筋，配筋信息详见结施 06 说明第 2 点："主次梁交接处箍筋加密，图纸未注明的附加箍筋均为每侧 3Φ8@50"。 即：(1/1)轴、(1/3)轴处均配置附加箍筋 6Φ8@50，每侧配 3Φ8@50

【实训任务4-3】

请阅读附录《某某小区别墅结构施工图》，对结施 07 中的 KL3-11、L3-3、结施 08 中 WKL7 的梁截面尺寸、配筋进行识读，参照案例，按提示，填写表 4-5 中的实训问题，完成识读。

梁截面尺寸、配筋识读实训（结施 07）　　表 4-5

结施 07 KL3-11		1　1/1　3　4　5 2500　2400　3400　2800 KL3-11(3) 200×450 Φ8@100/200(2) 2Φ18;3Φ16 4Φ18　200 100　4Φ18　4Φ18 2/2 300×450 6Φ20 2/4 N2Φ10 3Φ20
识读步骤		识读内容
KL3-11 名称、跨数、有无悬挑		________________
截面尺寸		①～③轴为________;③～④轴为________
配筋识读	先读集中标注	箍筋为________________________。 上部通长筋为______,表示________________________。 下部通长筋为______,表示________________________。
	接着读原位标注	1. 上部标注 ①轴____侧上部纵筋为______,其中上部通长筋为______,剩下的钢筋为______,其为________________筋。 ③轴____侧上部纵筋为______,分___排,上一排为___根,下一排为___根,其中上一排的______为上部通长筋,剩下的钢筋为______,其为______________筋。 2. 下部标注 ①～③轴下部纵筋为______,表示此跨下部纵筋为____________,分___排,上一排为___根,下一排为____根。 ①～③轴下部标注 N2Φ10,表示________________________。 ①～③轴此跨的拉筋为________。
	其他配筋	(1/1)轴绘制了吊筋,配筋信息在图中未标注,因此,其钢筋信息出处应识读:结施____第____点,具体信息为:________________________。 即:(1/1)轴处配置的吊筋为________。

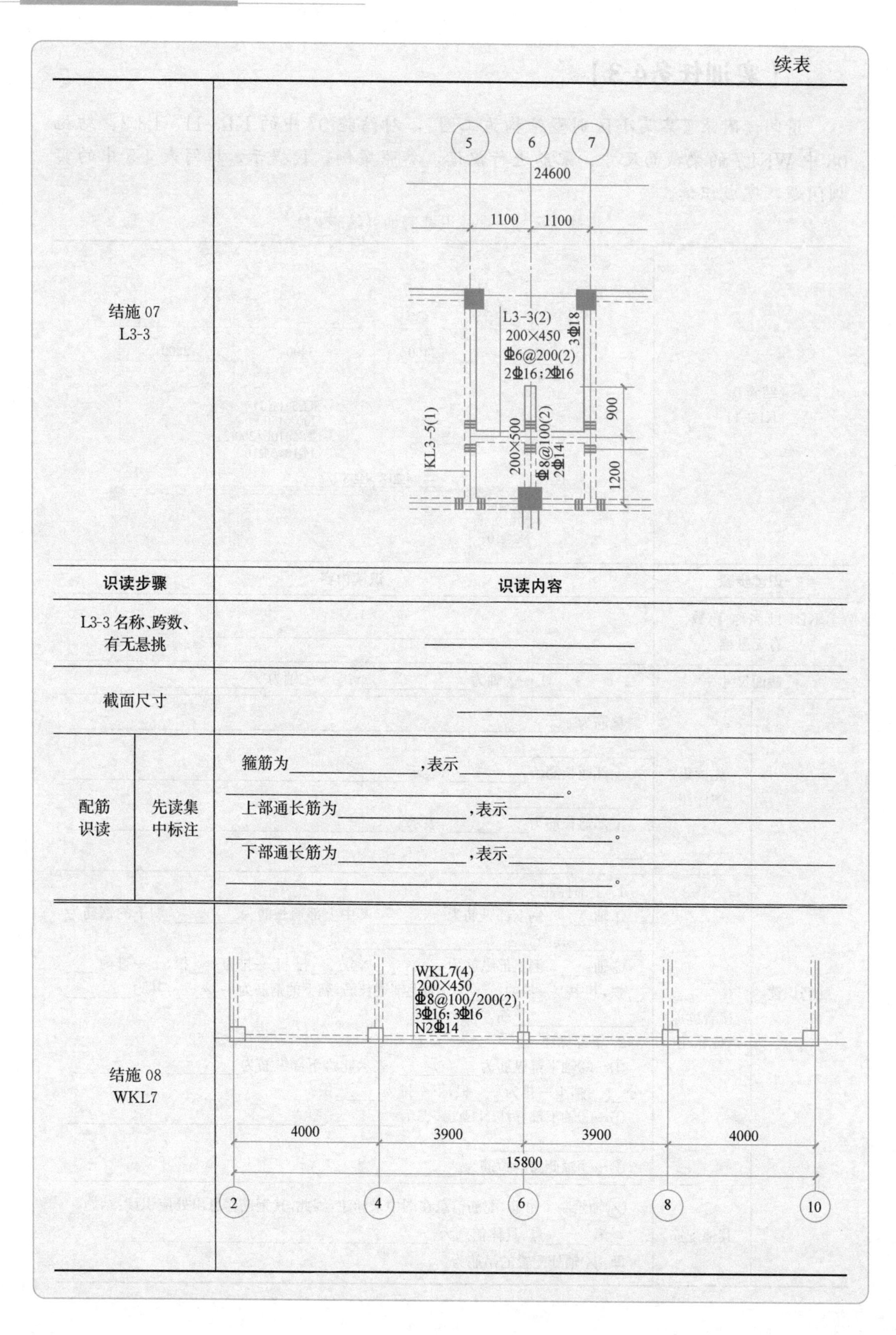

续表

结施07 L3-3		（图）
识读步骤		识读内容
L3-3名称、跨数、有无悬挑		________
截面尺寸		________
配筋识读	先读集中标注	箍筋为________，表示________________________。 上部通长筋为________，表示________________________。 下部通长筋为________，表示________________________。
结施08 WKL7		（图）

续表

识读步骤		识读内容
WKL7 名称、跨数、有无悬挑		________________
截面尺寸		________
配筋识读	先读集中标注	箍筋为________，表示________________。 上部通长筋为________，表示________________。 下部通长筋为________，表示________________。 受扭钢筋为________，表示________________。 拉筋为________

5. 任务五：梁 l_n、h_c 的确定识读

【案例评析4-8】

阅读附录《某某小区别墅结构施工图》结施 06，确定 KL2-12 的 l_n、h_c。

步骤如下：

(1) l_n 为净跨长，对于端跨，l_n 为本跨净长；对于中间跨，l_n 为相邻两跨净长的较大值。

结施 06 中，KL2-12 的位置在①～⑤轴×Ⓓ轴，对照识读结施 04 中①～⑤轴×Ⓓ轴 KZ 的截面尺寸信息，如图 4-43 所示。因此：

1) 端跨①轴处：l_n＝4900－300－100＝4500mm

2) 中间跨③轴处：③轴左跨 l_n＝4900－300－100＝4500mm，③轴右跨 l_n＝3400－250－250＝2900mm，左右相邻两跨的净跨长相比，取较大值。

因此，中间跨③轴处的净跨长取 l_n＝4500mm。

3) 中间跨④轴处：④轴左跨 l_n＝3400－250－250＝2900mm，④轴右跨 l_n＝2800－100－100＝2600mm，左右相邻两跨的净跨长相比，取较大值。

因此，中间跨④轴处的净跨长取 l_n＝2900mm。

4) 端跨⑤轴处：l_n＝2800－100－100＝2600mm

(2) h_c 的取值为柱截面沿框架方向的高度

对照图 4-42 中的柱平法施工图，可得：

①轴处 h_c 为：400mm；③轴处 h_c 为：350mm；④轴处 h_c 为：350mm；⑤轴处 h_c 为：350mm。

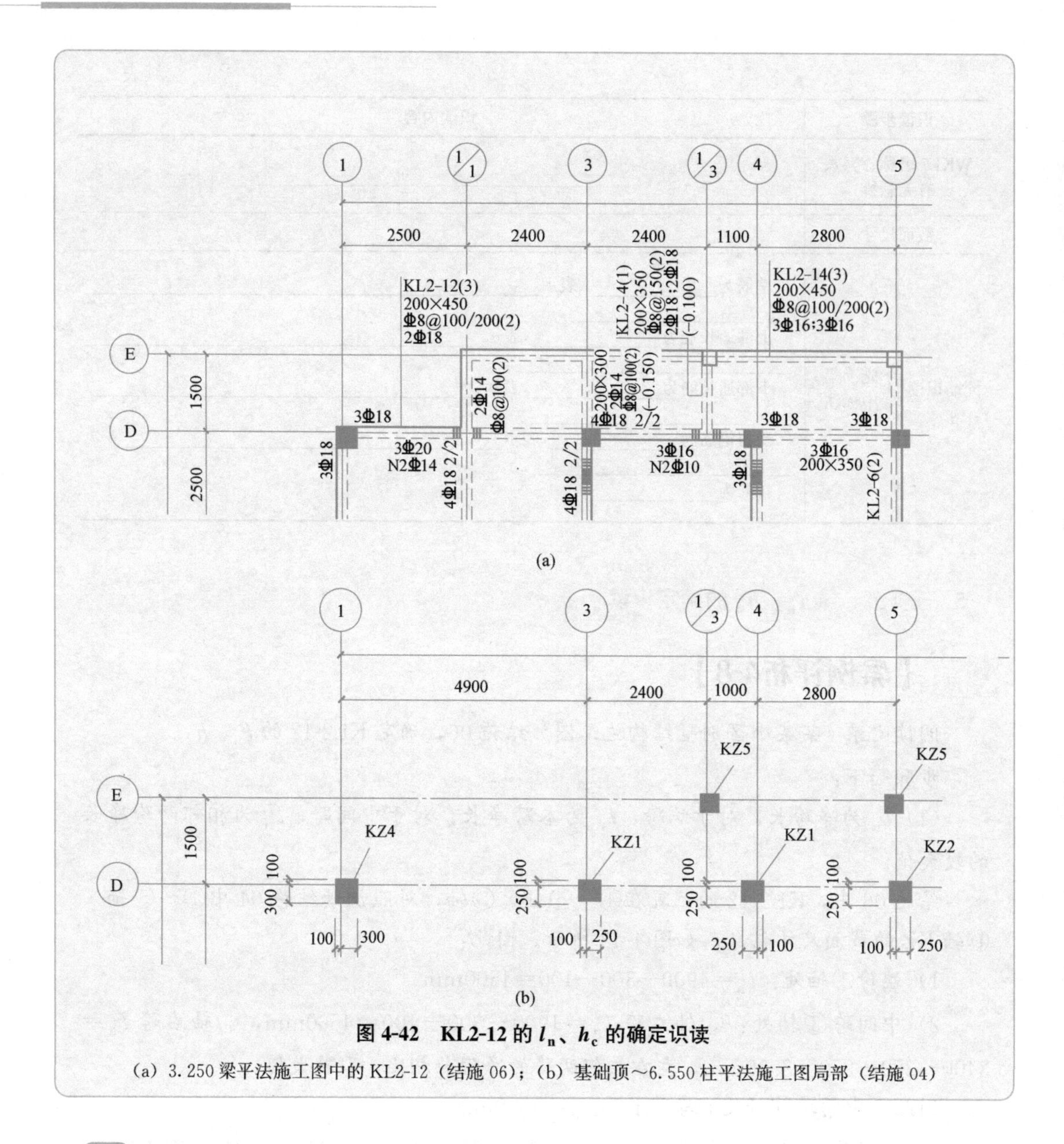

图 4-42　KL2-12 的 l_n、h_c 的确定识读

(a) 3.250 梁平法施工图中的 KL2-12（结施 06）；(b) 基础顶～6.550 柱平法施工图局部（结施 04）

【实训任务4-4】

请阅读附录《某某小区别墅结构施工图》结施 07，参照案例，确定 KL3-9 的 l_n、h_c，并填写下列实训问题。

(1) ①轴处的 l_n 为_____________mm。

(2) ②轴处的 l_n 为_____________mm。

(3) ④轴处的 l_n 为_____________mm（提示：6 轴处的支座是 KL3-6）。

(4) ⑥轴处的 l_n 为_____________mm。

（5）⑧轴处的 l_n 为＿＿＿＿＿＿＿mm。

（6）⑩轴处的 l_n 为＿＿＿＿＿＿＿mm。

（7）⑪轴处的 l_n 为＿＿＿＿＿＿＿mm。

（8）①轴处 h_c 为＿＿＿＿；②轴处 h_c 为＿＿＿＿；④轴处 h_c 为＿＿＿＿＿；⑧轴处 h_c 为＿＿＿＿；⑩轴处 h_c 为＿＿＿＿；⑪轴处 h_c 为＿＿＿＿。

6. 任务六：梁箍筋加密区、非加密区长度识读

【案例评析4-9】

阅读附录《某某小区别墅结构施工图》结施 06，确定 KL2-12 箍筋加密区长度、非加密区长度。

步骤如下：

（1）根据图纸的基本信息，本项目的抗震等级为四级，因此加密区的范围为 $\geqslant 1.5h_b$ 且 $\geqslant 500$，h_b 为梁截面高度。

（2）对照阅读结施 06 的 KL2-12，$h_b=450$mm，则 $1.5h_b=675\text{mm}>500\text{mm}$

因此，加密区长度为 675mm。

（3）接着，分跨逐步识读非加密区长度，先读①～③轴，如图 4-43 所示。

①～③轴箍筋非加密区长度为：4900－300－100－加密区长度×2＝4900－300－100－675×2＝3150mm

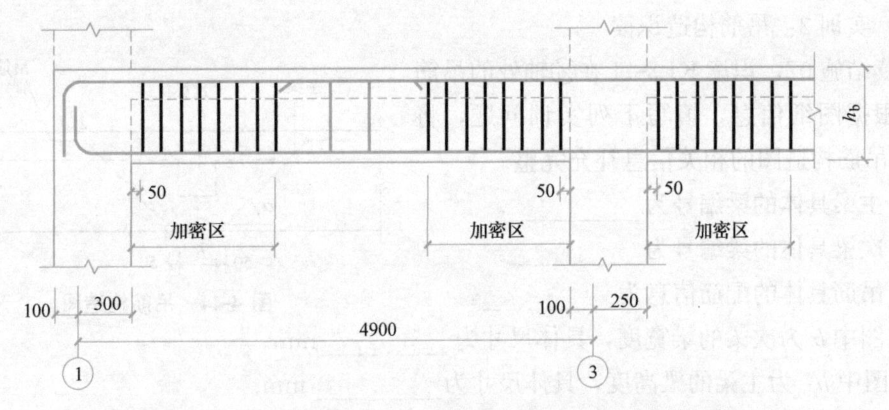

图 4-43　①～③轴 KL2-12 箍筋加密区、非加密区范围示意

同理：

③～④轴箍筋非加密区长度为：3400－250－250－675×2＝1550mm

④～⑤轴：$h_b=350$mm，$1.5h_b=1.5\times350=525>500$，取加密长度为 525mm

非加密区长度：2800－100－100－2×525＝1550mm

【实训任务4-5】

阅读附录《某某小区别墅结构施工图》结施 08，按下列提示，确定 WKL7 箍筋加密区长度、非加密区长度，并填写下列实训问题。

(1) WKL7 的加密区长度为________mm。

(2) ②～④轴箍筋非加密区长度为________mm。

(3) ④～⑥轴箍筋非加密区长度为________mm。

(4) ⑥～⑧轴箍筋非加密区长度为________mm。

(5) ⑧～⑩轴箍筋非加密区长度为________mm。

7. 任务七：拓展实训

请阅读附录《某某小区别墅结构施工图》，按提示，填写下列实训问题，完成识读。

(1) 实训 1：端支座直锚弯锚判断实训

阅读结施 06，判断 KL2-12 在①轴处的锚固能否进行直锚。

1) KL2-12 的①轴处为端支座，支座柱宽 h_c＝________mm。

2) 端支座的直锚条件是：____。

3) 结合 KL2-12 的图纸信息，以上部通长筋 2Φ18 为例：

l_{aE}＝________mm，而（支座柱宽 h_c－保护层）＝________mm。

即，（支座柱宽 h_c－保护层）________l_{aE}（填写“＜”或“＞”）。

因此，KL2-12 在端支座处能否进行直锚：________（填写“能”或“不能”）。

(2) 实训 2：吊筋构造识读

阅读结施 07，识读 KL3-11 在(1/1)轴处的吊筋构造，根据图纸信息，填写下列实训问题，将图 4-44 吊筋构造图的相关信息补充完整。

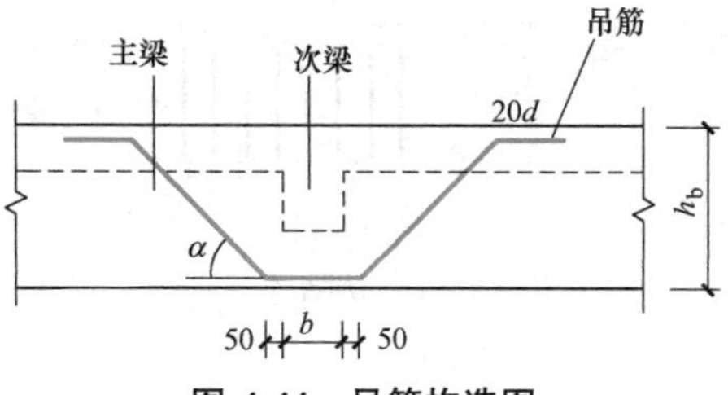

1) 主梁具体的梁编号为________。

2) 次梁具体的梁编号为________。

3) 吊筋具体的配筋信息为________。

4) 图中 b 为次梁的梁宽度，具体尺寸为________mm。

5) 图中 h_b 为主梁的梁高度，具体尺寸为________mm。

6) 图中吊筋的角度 α 具体值为________。

7) 图中吊筋直段长度 $20d$，具体值为________mm。

图 4-44 吊筋构造图

(3) 实训 3：梁的悬挑端配筋构造识读

阅读结施 06，识读 KL2-11 在悬挑端处钢筋构造，根据图纸信息，结合《22G101-1》的第 2-43 页《纯悬挑梁 XL 及各类梁的悬挑端配筋构造》图，填写下列实训问题，将图 4-45 悬挑端配筋构造图的相关信息补充完整。

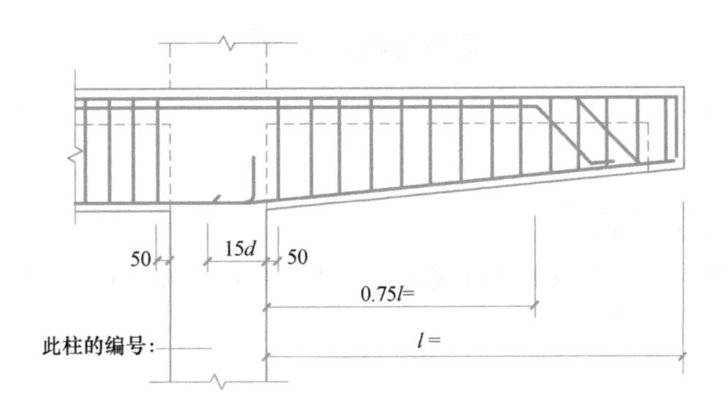

图 4-45　悬挑端配筋构造图

1）KL2-11 悬挑端根部的柱编号为__________；KL2-11 悬挑端处的截面尺寸为____________。

2）KL2-11 悬挑端的净长 l=____________mm。

3）悬挑端第二排钢筋如果需要在端部弯下，其直段长度为 $0.75l$，具体值为____________mm。

4）KL2-11 悬挑端上部钢筋为____________。

其中，第一排钢筋为____，此钢筋在悬挑端的端部弯折长度为______ d，具体值为_________mm；

第二排钢筋为________，当 $l<5h_b$ 时，可不将钢筋在端部弯下，伸至悬挑梁外端向下弯折______ d。

而 KL2-11 的 l=________mm，$5h_b$=__________mm，则 l______ $5h_b$（填写“>”或者“<”），因此，第二排钢筋实际的构造情况是：____。

5）KL2-11 悬挑端下部钢筋为________，其伸入根部柱的长度为____ d，具体为____________mm。

单元小结

本单元结合工程实例从梁平法施工图导读和标准构造详图两个方面对框架结构梁平法施工图进行识读。

梁的平法施工图主要应掌握平面注写方法，包括集中标注和原位标注。集中标注的内容包括五项必注值和一项选注值：梁编号、截面尺寸、梁箍筋、梁上部通长钢筋或架立筋、梁侧纵向构造钢筋或受扭钢筋以及选注值梁顶面标高与楼层基准标高的高差。梁的原位标注包括梁支座上部纵筋、梁下部纵筋、附加箍筋或吊筋以及梁综合原位标注。

梁的钢筋构造主要应掌握上部钢筋的长度及连接构造，梁端支座、中间支座钢筋的锚固和连接构造要求，悬挑梁钢筋构造要求，梁侧面钢筋、箍筋的构造要求。

思考及练习题

一、单选题

1. 梁集中标注表达的是（　　）。

A. 梁的特殊数值　　B. 梁的普通数值　　C. 梁的通用数值　　D. 梁的某截面数值

2. 梁的截面尺寸的表示方法（　　）。

A. $b \times l$　　B. $b \times s$　　C. $b \times h$　　D. $h \times b$

3. KL2（2A）中的 2A 表示（　　）。

A. 两跨且两端悬挑　　B. 两跨且一端悬挑

C. 一跨两端悬挑　　D. 一跨一端悬挑

4. 梁编号 XL 代表（　　）。

A. 现浇梁　　B. 悬挑梁　　C. 框架梁　　D. 框支梁

5. 箍筋加密区位于（　　）。

A. 梁 3/5 处　　B. 梁中间　　C. 梁 3/4 处　　D. 支座两端

6. Φ6@100/200 表达式中非加密区箍筋的间距为（　　）。

A. 100mm　　B. 200mm　　C. 150mm　　D. 250mm

7. 梁内上部非通长筋的具体位置在（　　）。

A. 支座两端　　B. 梁中间　　C. 梁 3/5 处　　D. 梁 3/4 处

8. 当（　　）时须在梁中配置纵向构造钢筋。

A. 梁腹板高度 $h_w \geqslant 650$　　B. 梁腹板高度 $h_w \geqslant 550$

C. 梁腹板高度 $h_w \geqslant 450$　　D. 梁腹板高度 $h_w \geqslant 350$

9. 抗震屋面框架梁纵向钢筋构造中端支座处钢筋构造是伸至柱边下弯，弯折长度是（　　）。

A. $15d$　　B. $12d$

C. 梁高-保护层　　D. 梁高-保护层×2

10. 纯悬挑梁下部钢筋伸入支座长度为（　　）。

A. $15d$　　B. $12d$　　C. l_{ae}　　D. 支座宽

11. 梁高大于 800mm 时，吊筋弯起角度为（　　）。

A. 60°　　B. 30°　　C. 45°　　D. 15°

12. 吊筋上部水平长度为（　　）。

A. $20d$　　B. $15d$　　C. $12d$　　D. 150mm

13. 梁高不大于 800mm 时，吊筋弯起角度为（　　）。

A. 60°　　B. 30°　　C. 45°　　D. 15°

14. 当图纸标有：KL7（3）300×700　Y500×250，它表示（　　）。

A. 7 号框架梁，3 跨，截面尺寸为宽 300mm，高 700mm，第三跨变截面根部高 500mm，端部高 250mm

B. 7 号框架梁，3 跨，截面尺寸为宽 700mm，高 300mm，第三跨变截面根部高

500mm，端部高 250mm

C. 7 号框架梁，3 跨，截面尺寸为宽 300mm，高 700mm，框架梁水平加腋，腋长 500mm，腋高 250mm

D. 7 号框架梁，3 跨，截面尺寸为宽 300mm，高 700mm，框架梁竖向加腋，腋长 500mm，腋高 250mm

15. 架立筋同支座负筋的搭接长度为（　　）。

A. $15d$　　B. $12d$　　C. 150mm　　D. 250mm

16. 一级抗震框架梁箍筋加密区判断条件是（　　）。

A. $1.5h_b$（梁高）、500mm 取大值　　B. $2h_b$（梁高）、500mm 取大值

C. 1200mm　　D. 1500mm

17. 梁的上部钢筋第一排全部为 4 根通长筋，第二排有 2 根端支座负筋，端支座负筋长度为（　　）。

A. $1/5l_n$+锚固　　B. $1/4l_n$+锚固

C. $1/3l_n$+锚固　　D. 其他值

18. 梁有侧面钢筋时需要设置拉筋，当设计没有给出拉筋直径时应按（　　）判断。

A. 当梁高≤350mm 时为 6mm，梁高>350mm 时为 8mm

B. 当梁高≤450mm 时为 6mm，梁高>450mm 时为 8mm

C. 当梁宽≤350mm 时为 6mm，梁宽>350mm 时为 8mm

D. 当梁宽≤450mm 时为 6mm，梁宽>450mm 时为 8mm

19. 悬挑梁上部第二排钢筋伸入悬挑端直线段的延伸长度为（　　）。

A. l（悬挑梁净长）−保护层厚度　　B. $0.85\times l$（悬挑梁净长）

C. $0.8\times l$（悬挑梁净长）　　D. $0.75\times l$（悬挑梁净长）

20. 当梁上部纵筋多于一排时，用（　　）将各排钢筋自上而下分开。

A. /　　B. ；　　C. ×　　D. +

二、多选题

1. 梁的平面注写方式包括（　　）。

A. 集中标注　　B. 列表注写

C. 原位标注　　D. 截面注写

E. 平面注写

2. 梁平法施工图系在梁平面布置图上采用（　　）表达。

A. 平面注写方式　　B. 集中注写方式　　C. 截面注写方式　　D. 原位注写方式

E. 传统注写方式

3. 梁集中标注的内容有五项必注值和一项选注值，以下（　　）属于必注值和选注值。

A. 梁侧面纵向构造钢筋或受扭钢筋配置　　B. 梁截面尺寸

C. 梁箍筋　　D. 梁内混凝土

E. 梁顶面标高高差

4. 框架梁上部纵筋包括（　　）。

A. 上部通长筋　　B. 支座负筋

C. 架立筋　　　　　　　　　　　　　　D. 腰筋

E. 附加吊筋

5. 框架梁的支座负筋延伸长度是怎样规定的？（　　）

A. 第一排支座负筋从柱边开始延伸至 $l_n/3$ 位置

B. 第二排支座负筋从柱边开始延伸至 $l_n/4$ 位置

C. 第二排支座负筋从柱边开始延伸至 $l_n/5$ 位置

D. 中间支座负筋延伸长度同端支座负筋

E. 第一排支座负筋从柱中线开始延伸至 $l_n/3$ 位置

6. 楼层框架梁端部钢筋锚固长度判断分析正确的是（　　）。

A. 当 $l_{aE}\leqslant$(支座宽－保护层厚度）时可以直锚

B. 直锚长度＝l_{aE} 和 $0.5h_c+5d$ 取大值

C. 当 $l_{aE}>$(支座宽－保护层厚度）时必须弯锚

D. 弯锚时锚固长度＝支座宽－保护层厚度＋$15d$

E. 弯锚时锚固长度＝支座宽＋$15d$

7. 以下关于箍筋的描述正确的是（　　）。

A. 抗震等级为一级时，箍筋加密区长度$\geqslant 2h_b$ 且$\geqslant$500mm

B. 抗震等级为二～四级时，箍筋加密区长度$\geqslant 2h_b$ 且$\geqslant$500mm

C. 箍筋起步距为 50mm

D. 箍筋非加密区长度＝净跨长－加密区长度×2

E. 箍筋加密区长度为 $1.5h_b$

8. 下列关于支座两侧梁高不同的钢筋构造说法正确的是（　　）。

A. KL 中间支座，$\Delta_h/(h_c-50)>1/6$，顶部有高差时，高跨上部纵筋伸至柱对边弯折 $15d$

B. KL 中间支座，$\Delta_h/(h_c-50)>1/6$，顶部有高差时，低跨上部纵筋直锚入支座的长度为 l_{aE} 和 $0.5h_c+5d$ 的较大值

C. KL 中间支座，$\Delta_h/(h_c-50)>1/6$，底部有高差时，低跨下部纵筋伸至柱对边弯折，弯折长度＝$15d$

D. KL 中间支座，$\Delta_h/(h_c-50)>1/6$，底部有高差时，高跨下部纵筋直锚入支座 l_{aE}（l_a）

E. KL 中间支座，$\Delta_h/(h_c-50)>1/6$，顶部有高差时，高跨上部纵筋伸至柱对边弯折 $12d$

三、识图题

1. 根据图 4-46 说明下列钢筋的名称。

① 号钢筋的名称＿＿＿＿＿＿＿＿。

② 号钢筋的名称＿＿＿＿＿＿＿＿。

③ 号钢筋的名称＿＿＿＿＿＿＿＿。

⑤ 号钢筋的名称＿＿＿＿＿＿＿＿。

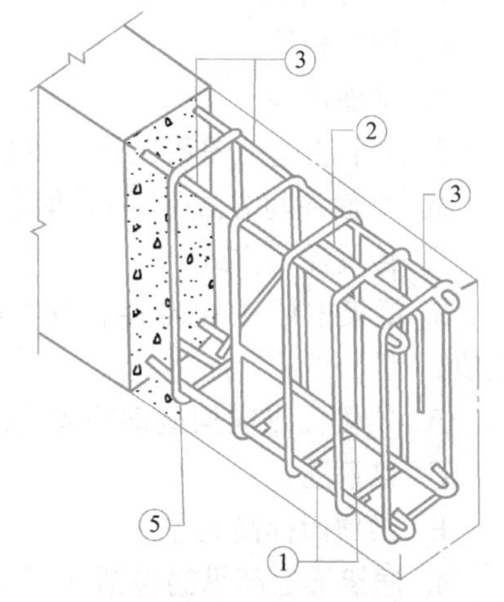

图 4-46

2. 根据图 4-47 梁配筋图回答问题。

（1）用文字解释图中集中标注的含义。

（2）绘制1-1、2-2、3-3的截面图，要求清晰地表示梁上部、中部、下部的钢筋及箍筋，并标注梁截面尺寸、相对应的钢筋信息。

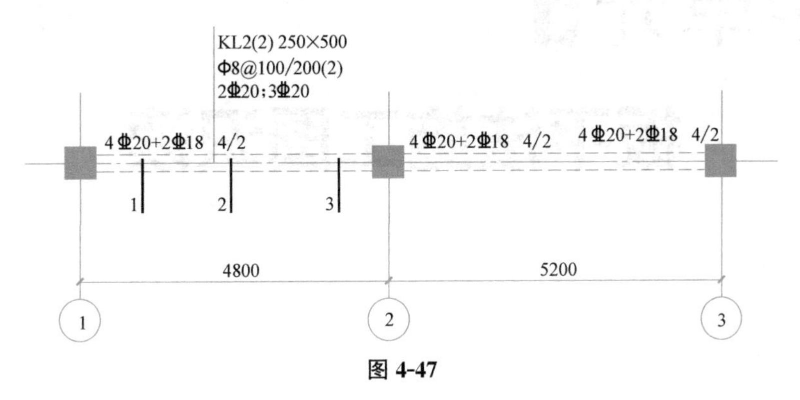

图4-47

3. 请阅读附录《某某小区别墅结构施工图》，回答以下问题。

（1）KL3-7的名称是（ ）。

A. 框架梁3-7　B. 非框架梁3-7　C. 框支梁3-7　D. 连梁3-7

（2）KL3-7有（ ）。

A. 2跨一端悬挑　B. 2跨无悬挑　C. 2跨两端悬挑　D. 7跨

（3）对KL3-7描述正确的是（ ）。

A. 上部通长筋为2Φ18

B. 下部通长筋为2Φ18

C. Ⓒ～Ⓓ轴之间梁的截面尺寸为200mm×450mm

D. 箍筋为Φ8@100/200（2）

（4）L3-1的名称是（ ）。

A. 框架梁3-1　B. 非框架梁3-1　C. 框支梁3-1　D. 连梁3-1

（5）对L3-1描述正确的是（ ）。

A. 上部通长筋为2Φ16　B. 下部通长筋为2Φ16

C. 跨数为1跨　D. 箍筋为Φ8@100/200（2）

教学单元5 Chapter 05

板平法施工图识读

教学目标

1. 知识目标

(1) 掌握板中钢筋名称位置作用;

(2) 理解板平法制图规则;

(3) 理解板构造详图。

2. 能力目标

(1) 通过学习板平法制图规则,学生能够准确识读板的配筋图;

(2) 在正确识读板配筋图基础之上,学生能够正确绘制板中钢筋排布图;

(3) 在正确识读板配筋图基础之上,结合板构造图,学生能够正确计算钢筋长度。

建议学时: 16学时

建议教学形式: 配套使用《22G101-1》图集和教材提供的数字资源。

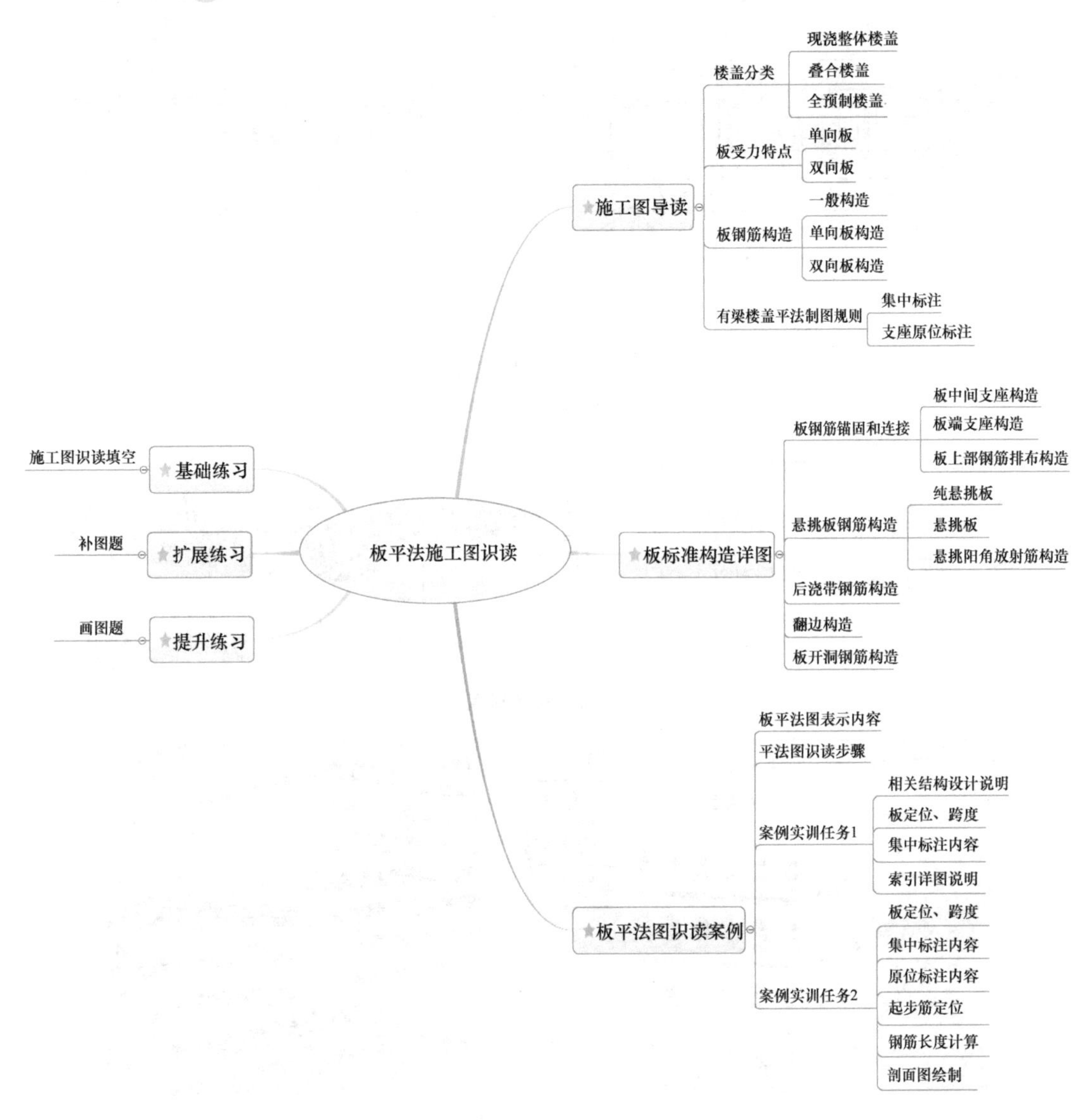

5.1 板平法施工图导读

5.1.1 钢筋混凝土楼盖的分类

钢筋混凝土结构根据施工方法不同，楼盖分为现浇整体式楼盖、叠合楼盖和全预制楼盖三类。现浇整体式楼盖中各构件全部为现浇构件，如图 5-1 所示，现浇整体式楼盖分为肋形楼盖和为无梁楼盖；叠合楼盖是预制底板与现浇混凝土叠合的楼盖，如图 5-2 所示；

全预制楼盖各构件全部为预制构件，如图 5-3 所示。

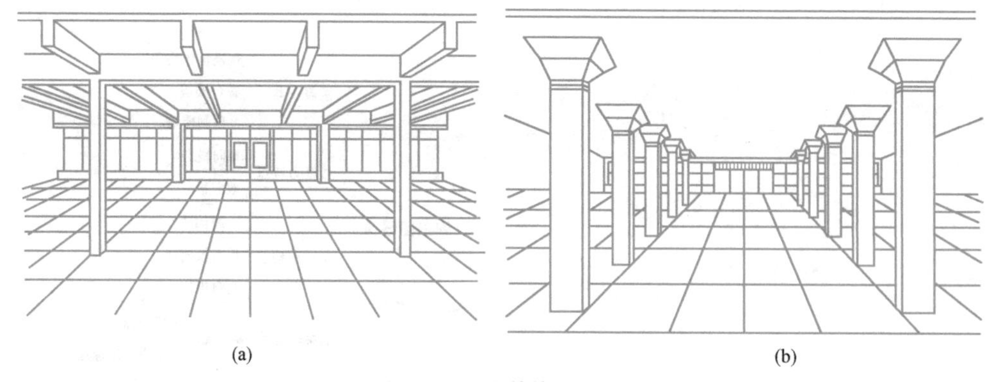

图 5-1　现浇整体式楼盖

(a) 肋形楼盖；(b) 无梁楼盖

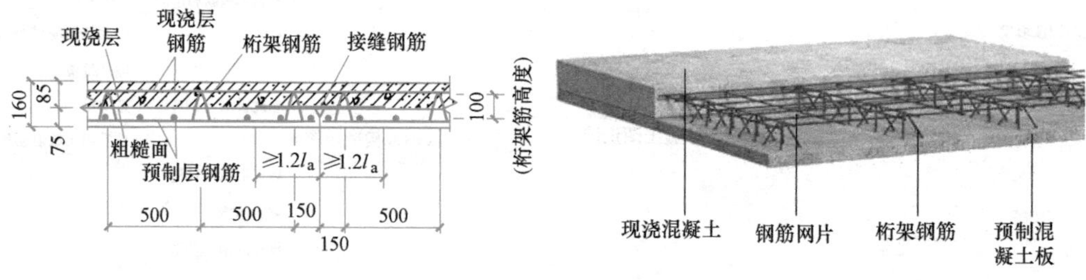

图 5-2　叠合楼盖

图 5-3　全预制楼板

5.1.2　板受力特点

按照受力特点和支承情况分为单向板和双向板，沿四边支承的板称作四边支承板。《混凝土结构设计规范（2015 年版）》GB 50010—2010 中规定，沿着两对边支承的板（如板式楼梯的梯板）应按单向板计算；对四边支承的板根据板长边和短边长度的比值决定板的受力情况，当比值不小于 3 时，按照沿短边方向受力的单向板计算，并应沿长边方向布置构造钢筋；当比值介于 2～3 之间，宜按双向板计算；当比值不大于 2，应按双向板双向受力计算。如图 5-4 所示。

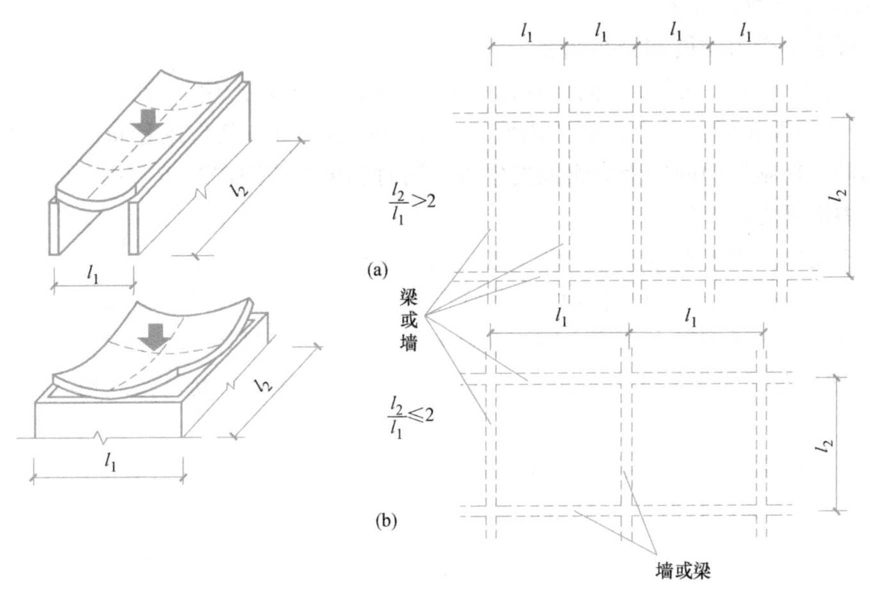

图 5-4　单向板、双向板受力图

(a) 单向板；(b) 双向板

5.1.3　板钢筋组成构造

1. 板钢筋一般组成

(1) 板钢筋分为受力筋和构造配筋

受力筋位于板的受拉侧，承受拉力；构造配筋有板面构造筋、分布筋等：如单向板应在垂直于受力筋的内侧设置分布筋，在温度、收缩应力较大的现浇板区域，应在板的表面双向配置防裂构造筋。

(2) 板设置双层钢筋

板下部钢筋和板上部钢筋。每层钢筋都由两个相互垂直方向的钢筋组成。板的配筋如图 5-5 所示。

图 5-5　板内钢筋

2. 单向板内钢筋构造

（1）板下部受力钢筋和分布钢筋

1）受力钢筋沿板的跨度方向设置在受拉区，承担由弯矩产生的拉力。

2）分布钢筋布置在受力钢筋的内侧，与受力钢筋垂直，其作用是将荷载均匀地传递给受力钢筋，在施工中固定受力钢筋的位置，同时也可抵抗因混凝土收缩及温度变化而在垂直于受力钢筋方向产生的应力。

（2）板支座上部钢筋（支座负弯矩筋）和分布钢筋

1）板上部钢筋有非贯通钢筋和贯通钢筋两种设置形式。图 5-6 所示支座上部设置了非贯通钢筋，非贯通钢筋自支座中线向板跨内伸入的长度由具体设计来定。

2）板面分布钢筋均匀设置在支座上部钢筋的内侧。板分布筋具体规格在图纸中统一文字注明。

图 5-6 为单向板配筋三维图（上部非贯通）和沿板短向做垂直剖切所得到的剖面图。图 5-7（a）为上部贯通钢筋和非贯通钢筋“隔一布一”形式，图 5-7（b）为双层贯通布置形式。

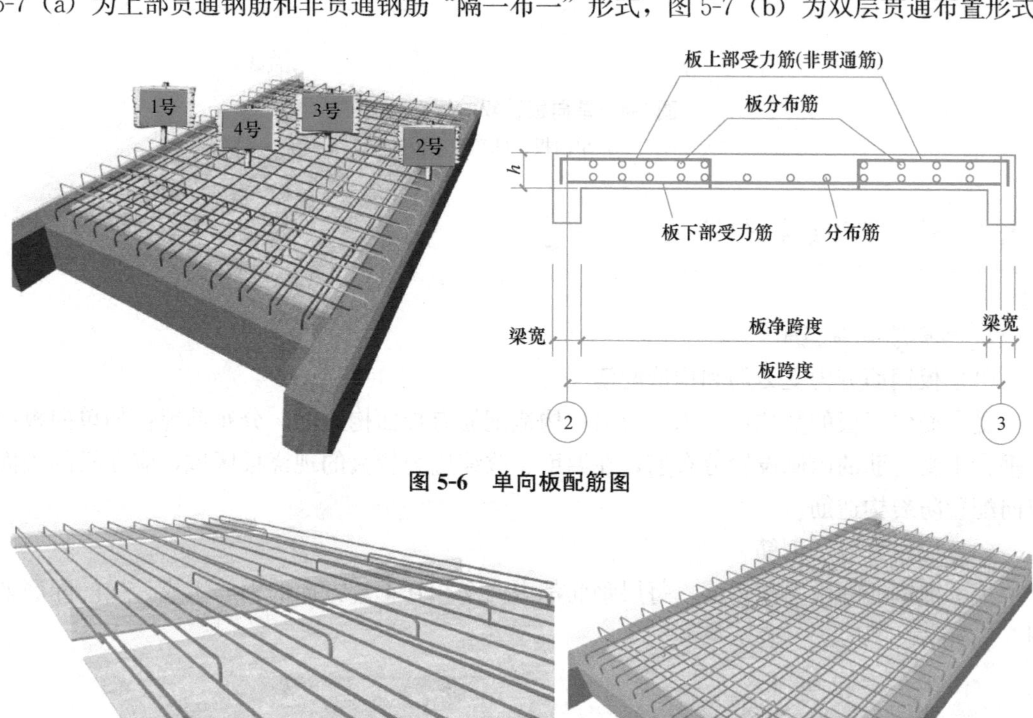

图 5-6 单向板配筋图

(a)

(b)

图 5-7 上部钢筋布置形式

（a）上部贯通与非贯通“隔一布一”；（b）双层贯通

5-1
单向双层
贯通配筋
有梁楼盖
单向板认知

5-2
上部部分
贯通配筋
有梁楼盖
单向板认知

5-3
上部负筋
均不贯通
有梁楼盖
单向板认知

【识读任务5-1】

根据图 5-6 中单向板配筋图回答问题。

板中设置了______层钢筋，单向板规定长边尺寸与短边尺寸之比______，h 表示______，板跨度为______号轴线到______号轴线间的距离。三维图与剖面图对照识读，三维图当中板下部受力筋的编号为______、板下部分布筋的编号为______、板上部受力筋的编号______、板上部设置的是______（填“贯通筋”或“非贯通筋”）。

3. 双向板内钢筋构造

双向板为双向受力，沿板长向和短向均设置受力钢筋，一般情况下，板长向受力钢筋放在短向受力钢筋内侧，其他的构造要求与单向板相同。板上部分布筋在图中统一文字注明。如图 5-8 所示。

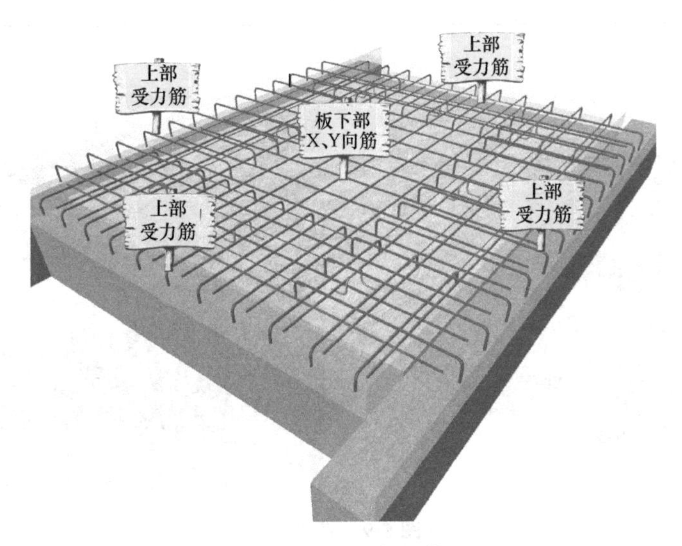

图 5-8　双向板配筋

5-4 双向板内钢筋认知

5-5 双层双向配筋双向板认知

5-6 上部部分贯通双向板认知

5-7 上部负筋均不贯通双向板认知

【识读任务5-2】

根据图 5-8 中双向板配筋图回答问题。

《混凝土结构设计规范（2015 年版）》GB 50010—2010 中规定一块区格板的长边尺寸与短边尺寸比值______应按双向板设计。双向板下部水平和竖直方向均设置为______筋，板上部沿着板四周支座均设置______筋、并在其内侧设置______筋，图中板上部设置的是______（填“贯通筋”或“非贯通筋”），支承在上下两层钢筋之间的称为______筋。

5.1.4 有梁楼盖平法施工图表示方法

有梁楼盖是以梁为支座的楼面与屋面，有梁楼盖平法施工图是在楼面与屋面板布置图上，采用平面注写的表达方式。主要包括板块集中标注和板支座原位标注。

1. 板块集中标注

（1）板编号

板编号见表 5-1，悬挑板如图 5-9 所示。

板编号　　表 5-1

板类型	代号	序号
楼面板	LB	××
屋面板	WB	××
悬挑板	XB	××

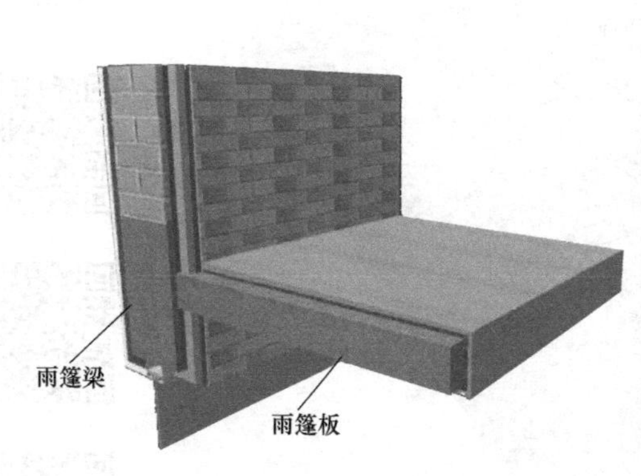

图 5-9　悬挑板

（2）板厚

板厚为垂直于板面的厚度，注写为 h=×××；当悬挑板根部和端部厚度不同时，注写为 h=×××/×××，斜线前为板根部厚度，斜线后为板端部厚度。当设计统一注明板厚时此项省略不注。

（3）板贯通纵筋

为方便表达，结构平面图的坐标方向规定如下：两向轴网正交布置时，图面从左向右为 X 方向，从下向上为 Y 方向；轴网向心布置时，切向为 X 方向，径向为 Y 方向。

B 代表下部贯通纵筋，T 代表上部贯通纵筋（板上部不设贯通筋时不注），B&T 代表下部与上部贯通纵筋；X 向纵筋以 X 打头，Y 向纵筋以 Y 打头，两向纵筋配置相同时以 X&Y 打头；板内设有构造筋时，以 Xc、Yc 注写。

当为单向板时，分布钢筋可不必注写，而在图中统一注明。

（4）板顶面标高差

当板面标高与结构层楼面出现高差时，在括号内标注标高差值。

知识拓展

LB1 h＝120

B：X Φ 10@130；Y Φ 10@110

（−0.100）

表示1号楼面板，板厚为120mm，板下部纵筋X向为直径10mm，间距130mm的HRB400级钢筋；Y向为直径10mm，间距110mm的HRB400级钢筋；板上部未设置贯通纵筋（上部钢筋见板支座原位标注）。板标高比结构层标高低0.100m，若结构层标高为3.550m，则LB1标高为3.450m（3.550−0.100＝3.450）。

XB2 h＝150/100

B：Xc&Yc Φ 8@200

表示2号悬挑板，板根部厚150mm，端部厚100mm，板下部设置构造钢筋双向均为直径8mm，间距200mm的HRB400级钢筋（上部钢筋见板支座原位标注）。

2. 板支座原位标注

板支座原位标注包括板支座上部非贯通筋和悬挑板上部受力筋。在配制相同跨的第一跨，垂直于板支座方向用一段长度适中的中粗实线表示该支座上部非贯通纵筋，并注写钢筋编号、配筋值、布置跨数以及是否布置到悬挑端、自支座边线向跨内伸入长度（当两端对称伸入时只标注一侧，另一侧省略不注）。

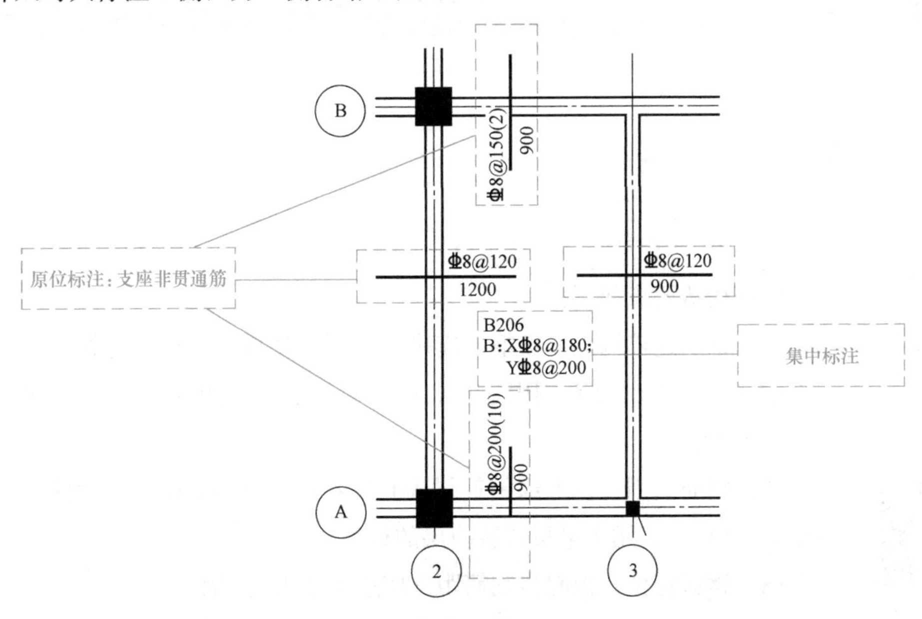

图5-10　板平面标注图

【识读任务5-3】

根据图 5-10 中板平法标注回答问题。

1. 该板块的位置为________轴与________轴相交处。集中标注中楼板编号为________，板下部 X 向受力筋规格________________，钢筋形式________________，板下部 Y 向受力筋规格为________________，钢筋形状________________。（说明：HPB300 钢筋作为板底受力筋末端应做 180°弯钩，其他级别钢筋可不做。）

2. 图中原位标注了板支座上部非贯通钢筋形式规格：如②轴支座非贯通筋规格为________________，钢筋线下方数值“1200”表示钢筋自________伸入左右跨内各________，钢筋形状为________________；③轴支座非贯通筋规格为________________，钢筋自支座边线伸入左右跨内各________，钢筋形状为________________；Ⓐ轴支座非贯通钢筋规格为________________，“(10)”代表含义是________________，钢筋自梁边线伸入板跨内________，钢筋形状为________________；Ⓑ轴支座非贯通筋规格为________________，钢筋形状为________________；“(2)”表示钢筋从本跨起向右连续布置________跨、钢筋自梁边线伸入跨内各为 900mm。

板中上部分布筋会在图中统一文字注明，不在板平面图中表示。

5.2 板标准构造详图

5.2.1 板钢筋锚固和连接

1. 板中间支座构造（图 5-11）

钢筋构造要点如下：

（1）钢筋连接构造：板钢筋连接可采用绑扎搭接、机械连接或焊接。板上部钢筋在跨中 $l_n/2$ 范围内连接，板下部钢筋宜在距支座 $l_n/4$ 范围内连接（l_n 为板净跨）。

（2）钢筋锚固：板下部钢筋锚固长度在不小于 $5d$ 和梁宽度的 1/2 这两者中取大值。l_{aE} 用于梁板式转换层的板。

（3）钢筋定位：板起步钢筋距支座边 1/2 板筋间距。

（4）支座上部非贯通钢筋伸入跨内长度由设计标明。

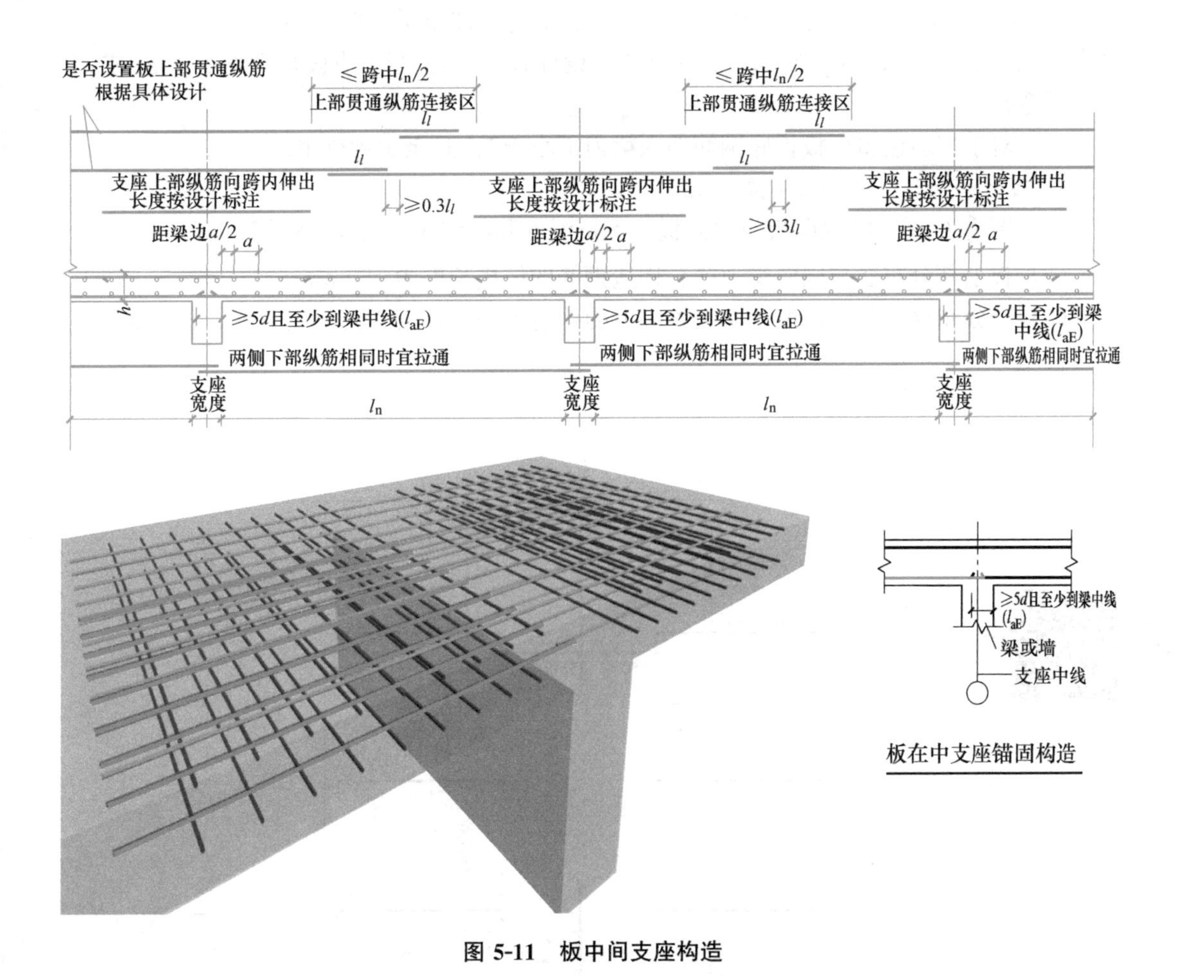

图 5-11　板中间支座构造

说明：图 5-11 给出的剖面图上部钢筋为贯通和非贯通筋“隔一布一”形式，实际工程中是否设置板上部贯通筋根据具体设计标明。

2. 板端支座构造（图 5-12）

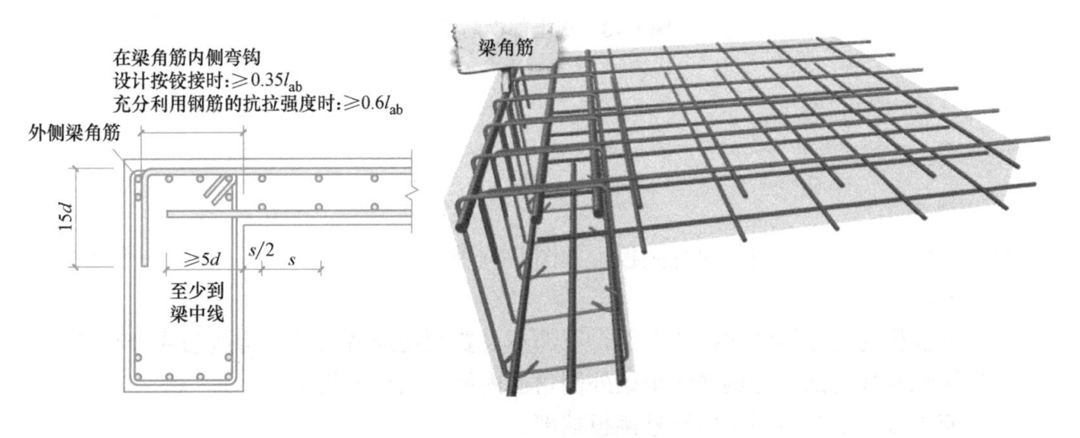

图 5-12　板端支座锚固

普通楼板端部支座钢筋构造要点如下：

（1）钢筋锚固：当端支座为梁，板上部钢筋平直段伸至梁外侧角筋内侧弯折 $15d$，且平直段长度不小于 $0.35l_{ab}$ 或 $0.6l_{ab}$（具体由设计者注明）。当平直段长度不小于 l_a 或 l_{ae} 时可不弯折。

（2）对于普通楼屋面板板底钢筋伸入梁内不小于 $5d$ 且至少到梁中线。

3. 板上部钢筋排布构造（图 5-13）

（1）图为 $l_2 \geqslant l_1$ 的双向板或单向板，无抗温度和收缩应力的构造钢筋。

（2）板上部分布筋与同向受力筋、构造钢筋的搭接长度为 150mm。

（3）当分布钢筋兼做抗温度和收缩应力的构造钢筋时，其与同向受力筋、构造钢筋的搭接长度为 l_l。

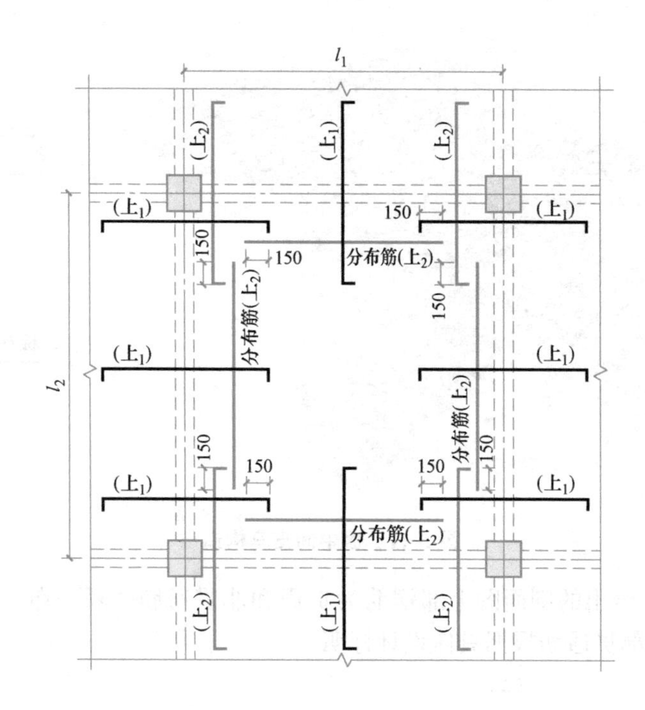

图 5-13　板上部钢筋排布

5.2.2　悬挑板钢筋构造

1. 悬挑板构造

悬挑板分为纯悬挑板和外伸悬挑板，如图 5-14 所示。

构造要点如下：

（1）悬挑板的受力钢筋在板的上部，下部不设置钢筋或者仅设置构造筋或分布筋。

（2）纯悬挑板上部受力钢筋伸至梁外侧角筋内侧，向下弯折 $15d$。

（3）跨内板上部受力筋延伸至悬挑板端部。

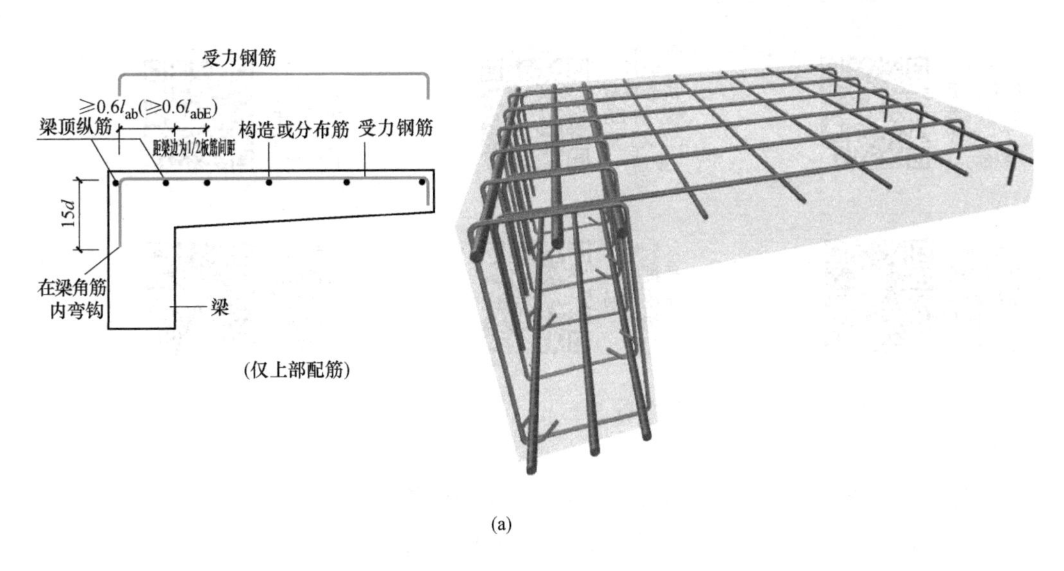

(a)

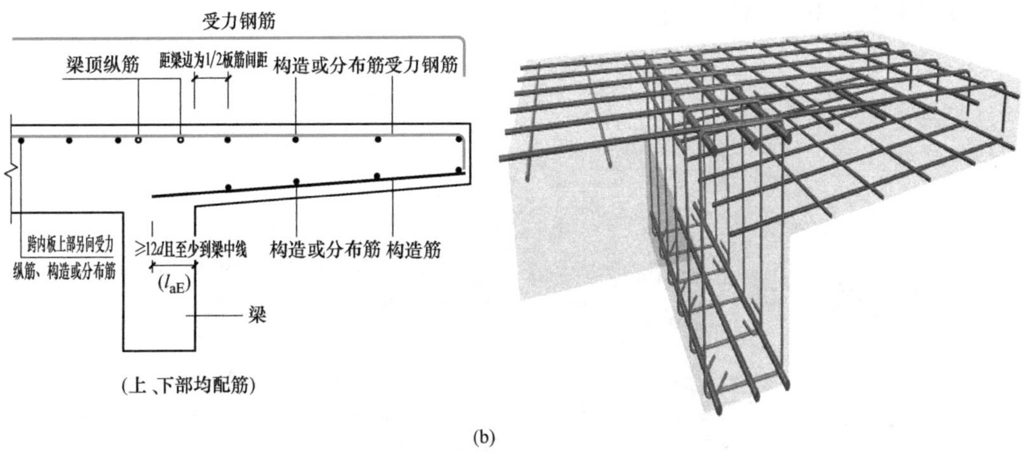

(b)

图5-14　悬挑板构造

(a) 纯悬挑板；(b) 外伸悬挑板

【识读任务5-4】

识读如图5-14所示悬挑板构造并回答问题。

1. 识读图5-14 (a)，并回答问题

(1) 图示仅在板____部位设置钢筋，纯悬挑板上部受力筋形状______________。

(2) 纯悬挑板上部受力筋锚固到梁支座内，锚固水平段长度规定为__________、弯折竖直段为____。

2. 识读图5-14 (b)，并回答问题

(1) 外伸悬挑板上部受力筋形状____________________。

(2) 外伸悬挑板下部构造筋形状____________________，锚固到梁内为________(以普通楼板为例)。

5-11 纯悬挑板配筋构造（上下均配筋）

5-12 纯悬挑板配筋构造（仅上部配筋）

5-13 外伸悬挑板配筋构造（上下均配筋）

5-14 外伸悬挑板配筋构造（仅上部配筋）

5-15 悬挑板阳角放射筋构造（上）

5-16 悬挑板阳角放射筋构造（下）

2. 悬挑板阳角上部放射筋构造（图 5-15）

构造要点如下：

（1）图 5-15 为外伸悬挑板，l_x、l_y 为两个方向悬挑长度。

（2）放射筋向跨内平伸，为 l_x、l_y、l_a 三者的较大长度。

（3）放射筋间距 s 由设计者指定。

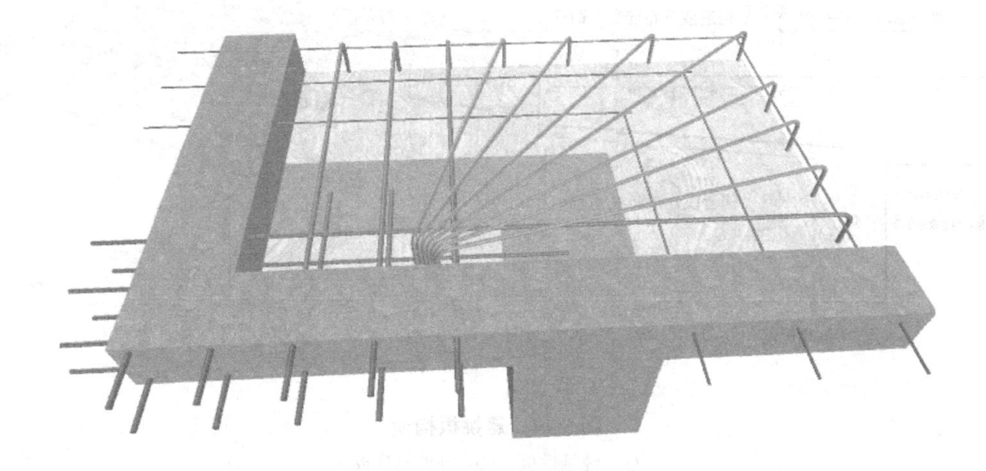

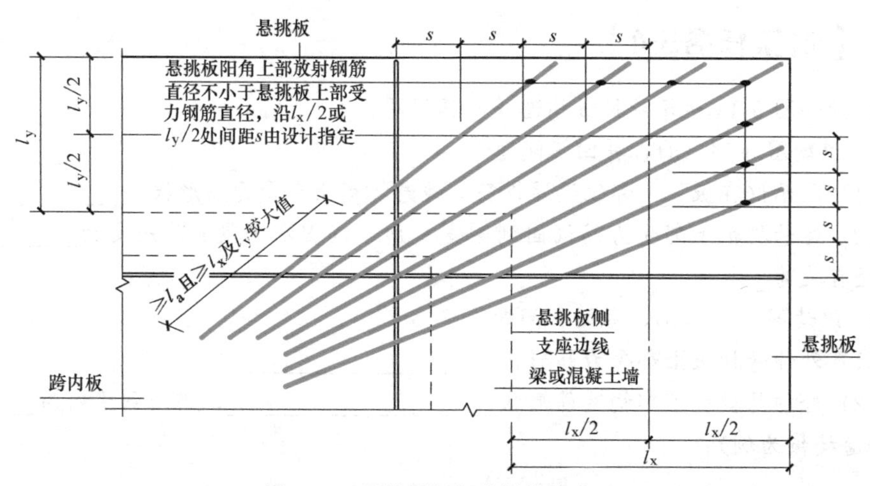

图 5-15　悬挑板阳角放射筋构造

【识读任务5-5】

识读如图 5-16 所示雨篷组成及钢筋构造并回答问题。

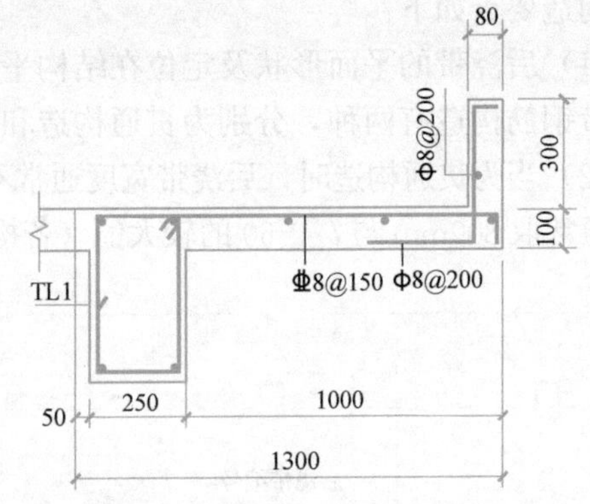

图 5-16　雨篷组成及配筋

(1) 外门上方设置的水平构件为______，它的作用是____________________。

(2) YPL 代表含义________、XB 代表含义________、FB 代表含义________。

(3) 悬挑板悬挑长度________、板厚________、翻边高度________、厚度______。

(4) 雨篷板上部受力筋规格________。

5.2.3　后浇带板钢筋构造

1. 后浇带（HJD）

在建筑施工中为防止现浇钢筋混凝土结构由于温度、收缩不均可能产生的有害裂缝而设置后浇带，如图 5-17 所示。按照设计或施工规范要求，在基础底板、墙、梁的相应位

图 5-17　后浇带

置处预留临时施工缝，将结构暂时划分为若干部分，经过构件内部收缩，在若干时间后再浇筑该施工缝混凝土，将结构连成整体。后浇带部位的混凝土宜采用补偿收缩混凝土，其强度等级应比构件强度高一级，防止新老混凝土之间出现裂缝，形成薄弱部位。

2. 板后浇带钢筋构造（图 5-18）

构造要点如下：

（1）后浇带的平面形状及定位在结构平面布置图上表示，宽度一般为 800～1000mm。后浇带钢筋构造有两种，分别为贯通构造和 100％搭接构造。

（2）当为贯通构造时，后浇带宽度通常不小于 800mm；当为 100％搭接构造时，后浇带宽度通常取 800mm 与 l_l+60 的较大值（若构件抗震等级为一级～四级时，图中 l_l 取 l_{lE}）。

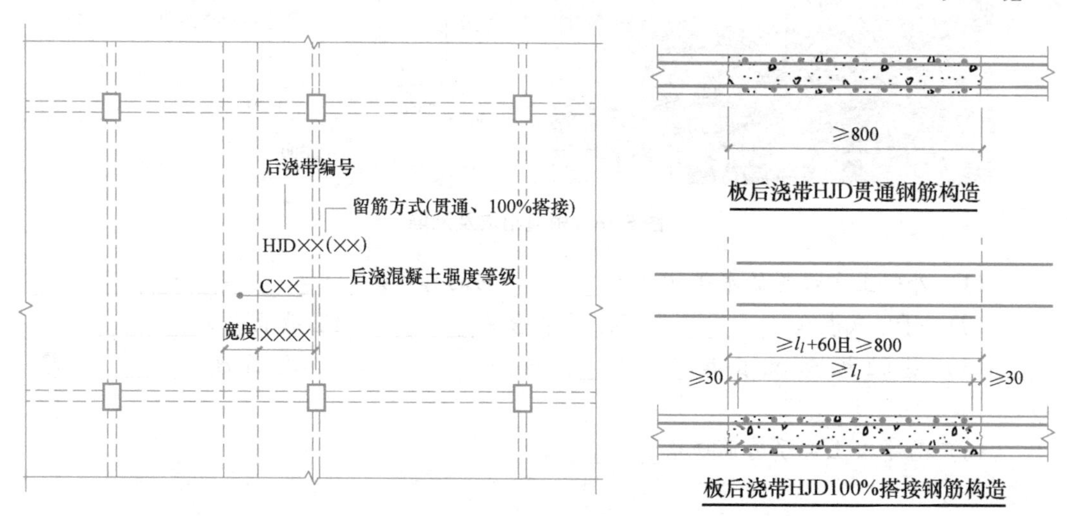

图 5-18　板后浇带钢筋

5.2.4　板翻边钢筋构造（FB）

板翻边是指在板的边缘上翻或下翻一个小沿，翻边高度一般不大于 300mm，如图 5-19 所示。

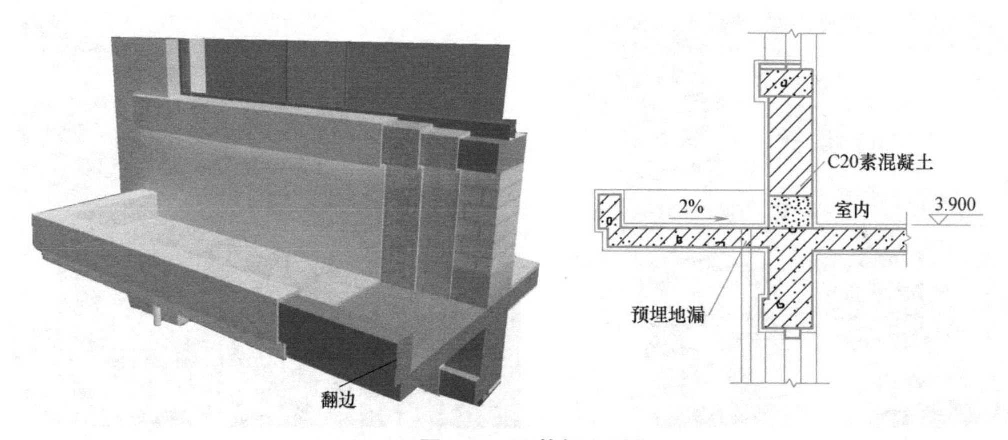

图 5-19　雨篷板上翻边

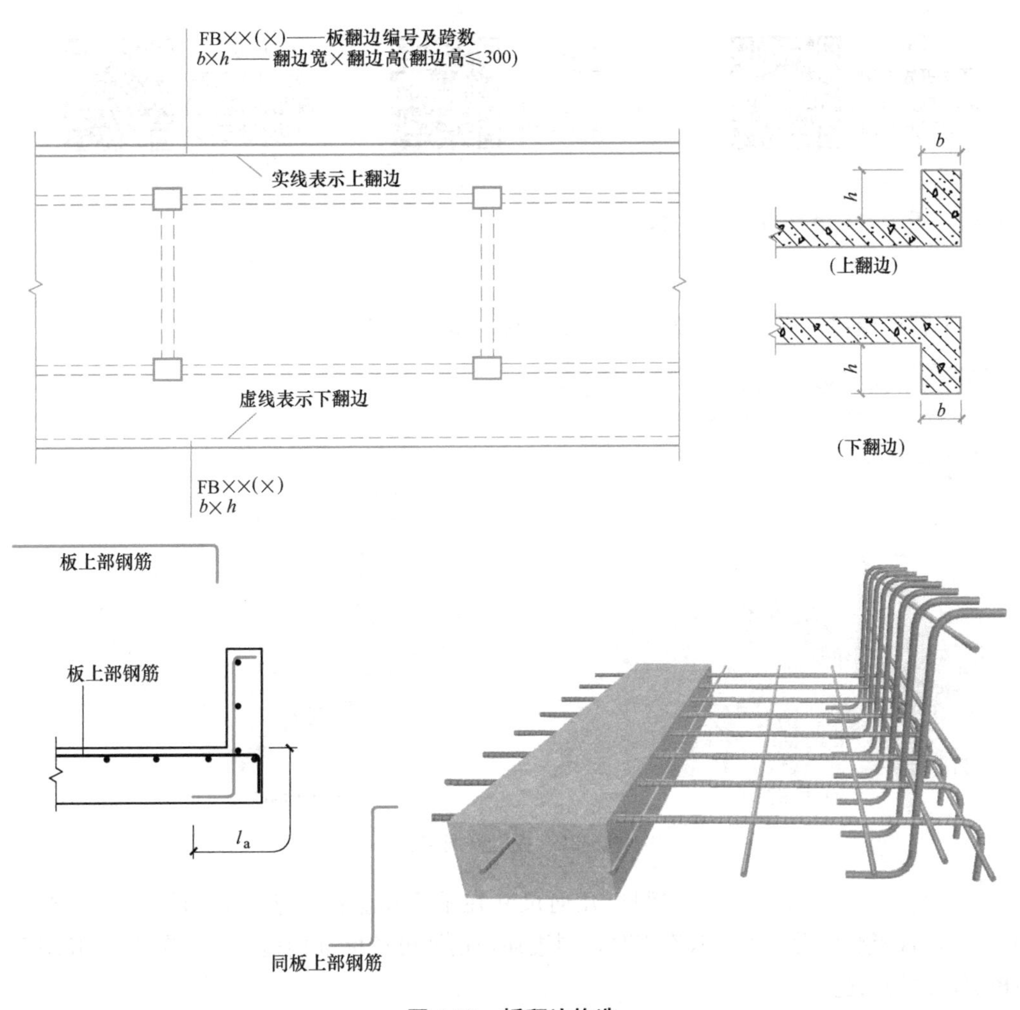

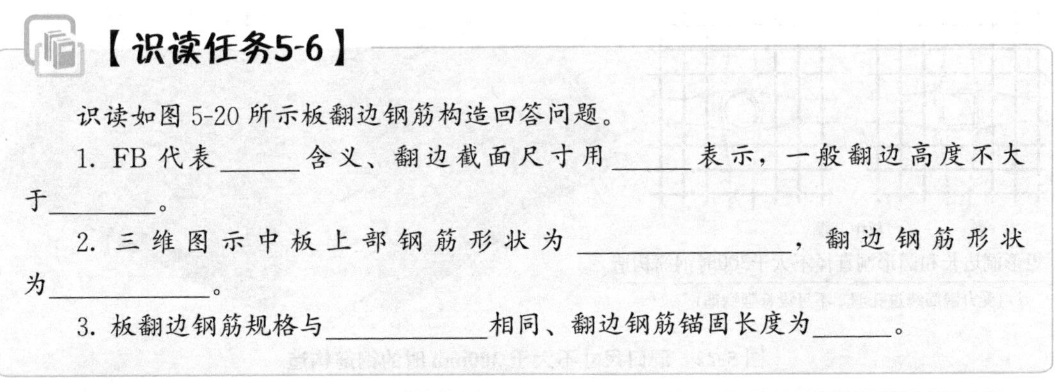

图 5-20　板翻边构造

【识读任务5-6】

识读如图 5-20 所示板翻边钢筋构造回答问题。

1. FB 代表______含义、翻边截面尺寸用______表示，一般翻边高度不大于________。

2. 三维图示中板上部钢筋形状为________________，翻边钢筋形状为_____________。

3. 板翻边钢筋规格与____________相同、翻边钢筋锚固长度为______。

5-18
板中间开圆洞
洞边加强筋构造
直径不大于300

5-19
板中间开矩形洞
洞边加强筋构造
洞边不大于300

5-20
梁边开圆洞
洞边加强筋构造
直径不大于300

5-21
梁边开矩形洞
洞边加强筋构造
洞边不大于300

5-22
梁角开圆洞
洞边加强筋构造
直径不大于300

5-23
梁角开矩形洞
洞边加强筋构造
洞边不大于300

5.2.5　板开洞钢筋构造（BD）

由于管道通过，楼（屋）面板上需要开洞，如图 5-21 所示。

(a) 矩形洞口

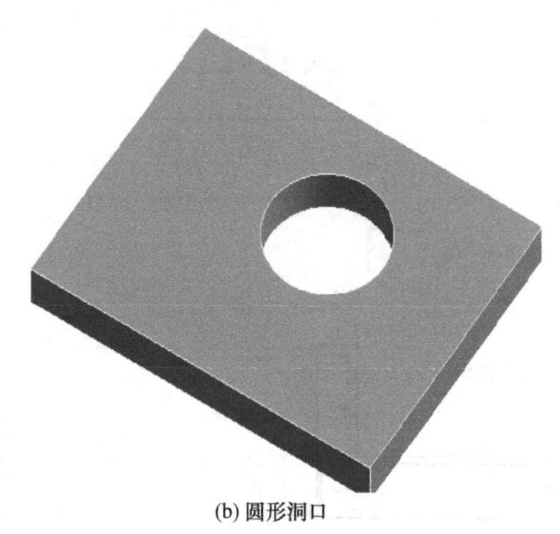

(b) 圆形洞口

图 5-21　板上开洞实例

板开洞的平面形状、定位和洞口几何尺寸在平面布置图中表达，当洞口尺寸不大于1000mm，且当洞口无集中荷载作用时，洞边补强钢筋可按标准构造规定。图 5-22 和图 5-23 为板洞口钢筋构造。

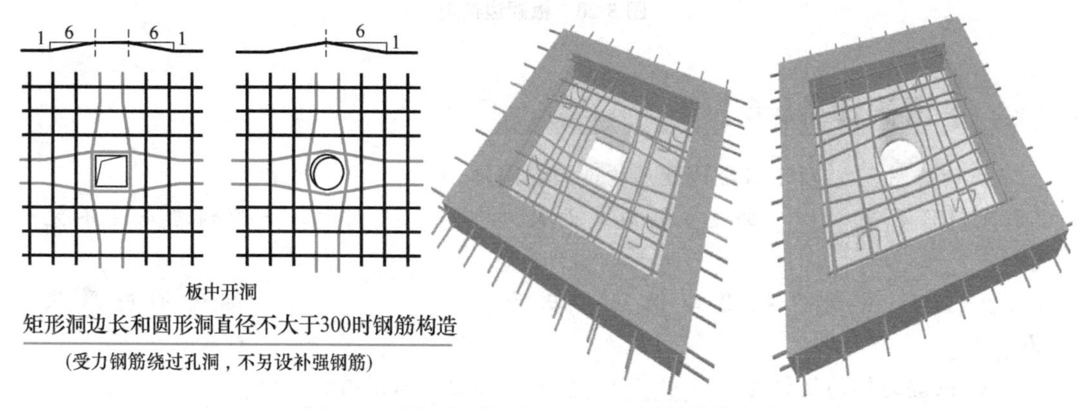

图 5-22　洞口尺寸不大于 300mm 时的钢筋构造

5-24
板中间开圆洞
洞边加强筋构造
直径300–1000

5-25
板中间开矩形洞
洞边加强筋构造
洞边300–1000

5-26
梁边圆洞
洞边加强筋构造
直径300–1000

5-27
双层双向
板角开方洞
洞边加强筋构造
洞边300–1000

构造要点如下：

（1）当板中洞口尺寸不大于 300mm 时，受力筋绕弯过洞口。

（2）当洞口尺寸为 300～1000mm 时，数量、规格与长度值应按设计注写的补强钢筋。当设计未注写，应按照规范要求钢筋补强。

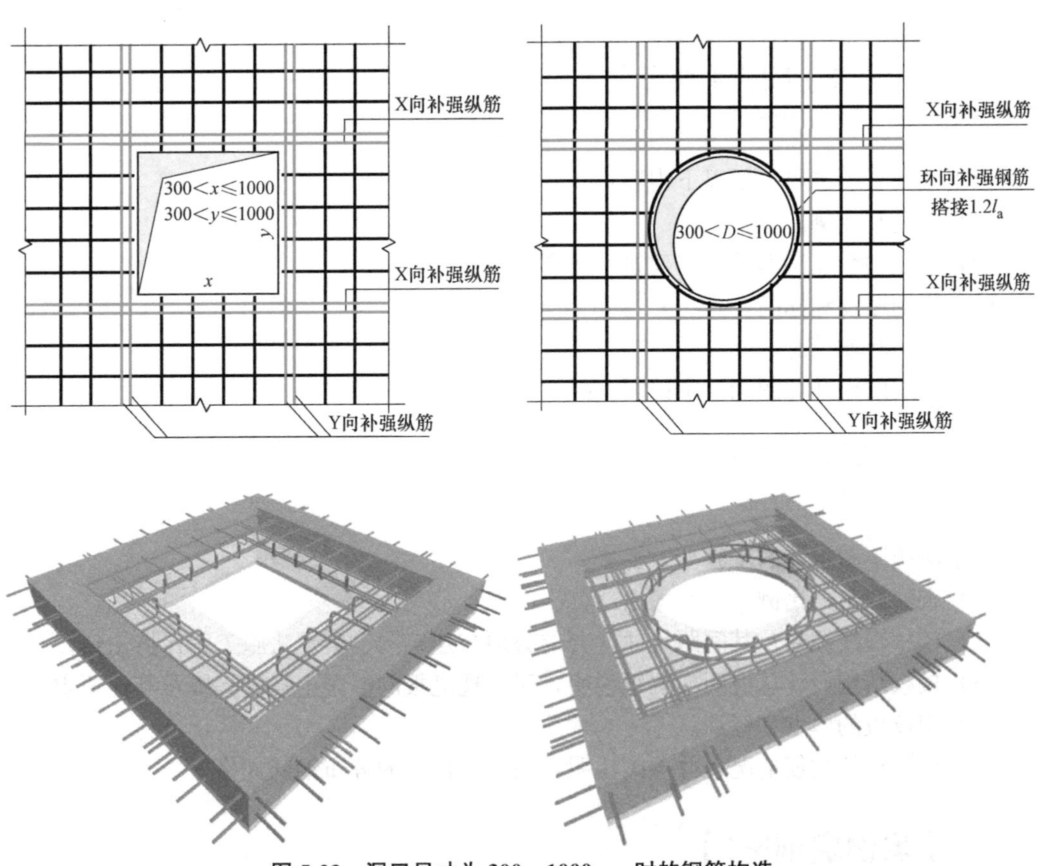

图 5-23　洞口尺寸为 300～1000mm 时的钢筋构造

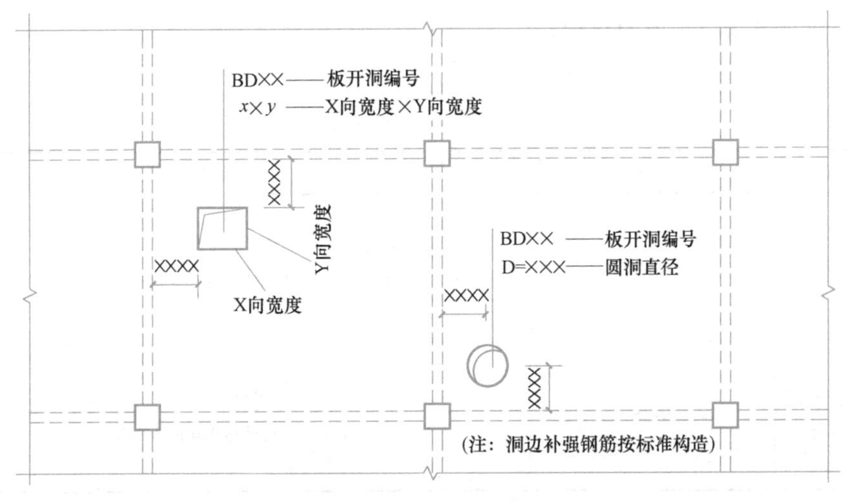

图 5-24　板上开洞平面图

5.3 板平法施工图识读案例

5.3.1 板平法施工图的主要内容

板平法施工图主要包括以下内容：

（1）图名和比例。

（2）定位轴线及其编号应与建筑平面图一致。

（3）板的厚度和标高。

（4）板的配筋情况。

（5）必要的设计详图和文字说明。

5.3.2 板平法施工图的识读步骤

板平法施工图识读的步骤如下：

（1）查看图名、比例。

（2）校核轴线编号及其间距尺寸，要求必须与建筑图、梁平法施工图保持一致。

（3）校核结构设计总说明或图纸说明，明确现浇板的混凝土强度等级及其他要求。

（4）识读板的厚度和标高。

（5）识读板的配筋情况，并参阅说明，明确未标注的分布钢筋规格等。

【案例实训5-1】

识读附录《某某小区别墅结构施工图》，结合《22G101》系列图集中的相关构造要求，完成板平法施工图的识读。

1. 识读结构设计总说明有关板的内容

识读结构设计总说明　　表 5-2

序号	名称	说明	相关信息
1	结构形式	框架结构	一、工程概况 本工程位于××省××市，为某某小区别墅，地上三层，建筑高度10.050m，框架结构，基础形式为柱下独立基础。
2	设计使用年限	50 年	二、设计依据 1.本工程设计使用年限为50年

续表

序号	名称	说明	相关信息
3	混凝土强度	C30	七、主要结构材料 1.混凝土强度等级见下表： 部位及构件：混凝土强度等级 基础垫层：C15 基础：C30 柱：C30 梁、板：C30 过梁、构造柱、圈梁：C20
4	保护层厚度	一类：15mm；二 a 类：20mm	九、钢筋混凝土 1.本工程采用国家标准图集《混凝土结构施工图平面整体表示方法制图规则和构造详图》16G101的表示方法，施工图中未注明的构造要求均按照标准图集的相关要求执行。 2.钢筋的混凝土保护层厚度 构件中受力钢筋的保护层厚度，最外层钢筋的外边缘至混凝土表面的距离不应小于钢筋的公称直径，且符合下表规定： 环境类别 / 板、墙 C25、C30~C45 / 梁、柱 C25、C30~C45 一：20、15、25、20 二 a：25、20、30、25
5	钢筋放置位置	短跨在外，长跨在内	4.现浇钢筋混凝土板 (1)双向板钢筋的放置，短跨方向钢筋置于外层，长跨方向钢筋置于内层。
6	分布筋规格	Φ 6@200	(3) 单向板受力钢筋，双向板支座负筋必须配置分布筋，图中未注明分布筋均为Φ6@200。
7	洞口加强筋	洞口尺寸不大于 300mm	(4) 板上洞口加强：除已注明者外，孔洞直径(矩形洞长边尺寸)不大于300时，相碰钢筋绕过即可；孔洞直径(矩形洞长边尺寸)大于300，而小于1000时，按图2、图3加强。
			300<b<1000　l_{aE}　l_{aE} 2Φ16(上排)　2Φ16(下排) 图2 板洞口加固配筋图(附加钢筋应伸至支座内)
			l_{aE}　300<b<1000　l_{aE} 2Φ16(上排)　2Φ16(下排)　2Φ16上下各一根　搭接长度$1.2l_a$ Φ8@150 放射性设置　2Φ16环筋　>200 图3 圆形板洞口加固配筋图
8	放射筋		(5)楼板外墙转角及板短跨≥3.9m处楼板四角上部配置放射形钢筋见下图4。 L=1/3板短跨　板上部附加Φ10@100 最短钢筋500长　L=1/3板短跨 图4 放射筋布置

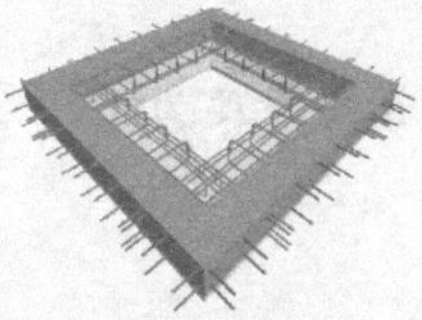

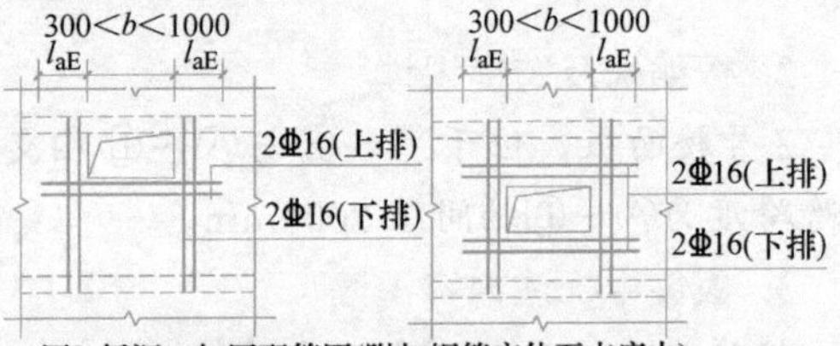

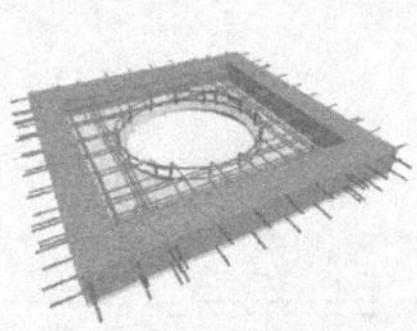

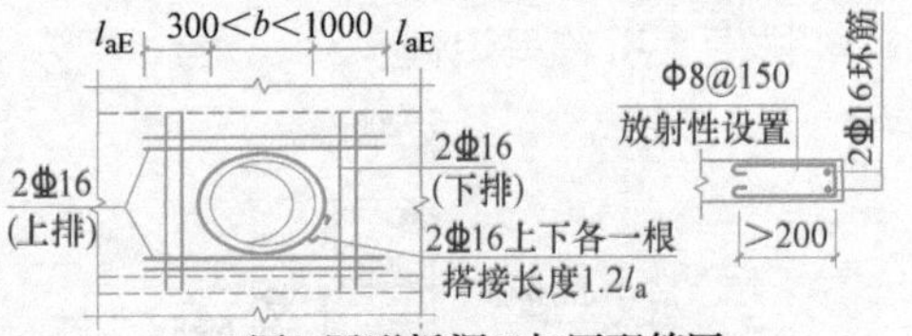

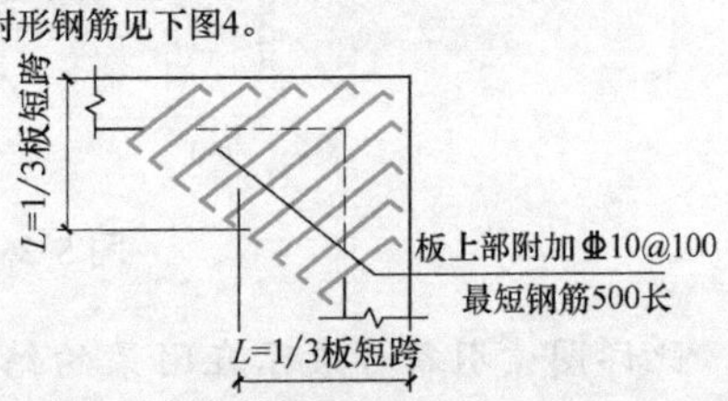

以附录的结施09《3.250板平法施工图》中①～②与Ⓐ～Ⓑ相交处板LB2为例，如图5-25所示。

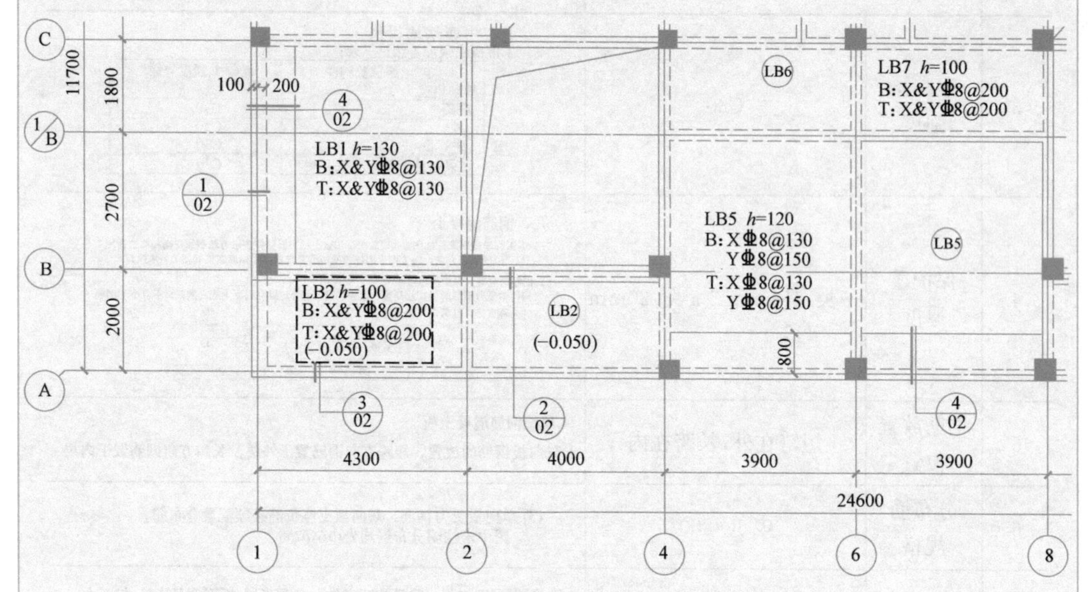

图5-25　板平法施工图

2. 板编号及跨度识读

2号楼面板，位于①～②与Ⓐ～Ⓑ相交处，长向跨度为①～②轴间距4300mm，短跨跨度为Ⓐ～Ⓑ轴间距2000mm。

3. 板集中标注内容识读

板厚为100mm，该板块标高比3.250m低了0.050m，故标高为3.200m。

板下部X向和Y向钢筋均为Φ 8@200，板上部贯通纵筋X和Y向钢筋均为Φ 8@200。

4. 详图索引符号识读

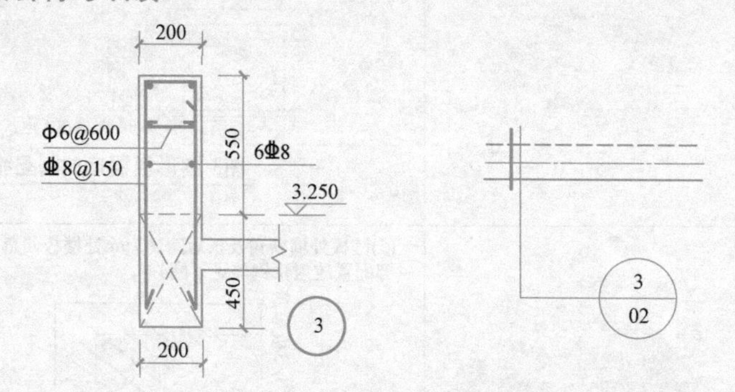

图5-26　详图索引符号示例

此详图索引符号表示在附录的结施02号图纸上编号为3的详图为该剖切位置的详细构造做法。

【案例实训5-2】

如图 5-27 所示板平法施工图，具体可参见《22G101-1》第 1-39 页，完成板平法施工图的识读。

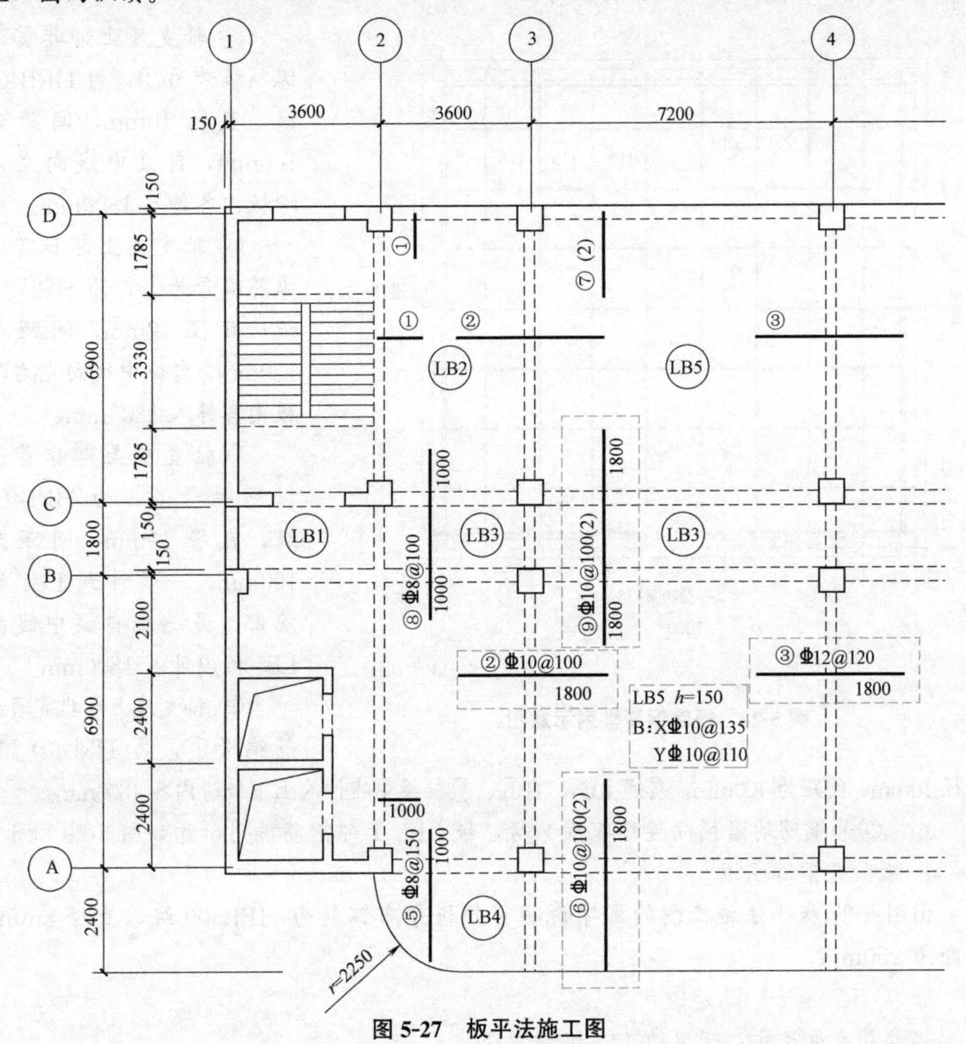

图 5-27　板平法施工图

说明：图中未注明分布筋为 ϕ8@250，图中梁均轴线居中。

1. 板编号及跨度识读

以图 5-27 中Ⓐ～Ⓑ与③～④之间楼面板 LB5 为例识读。假设图中所示梁均为轴线居中，梁宽度均为 300mm；板钢筋混凝土保护层厚度为 15mm。

楼面板 LB5：X 方向轴线跨度为 7200mm，Y 方向轴线跨度为 6900mm。

由于，板净跨度＝轴线跨度－支座宽度。故，X 方向的板净跨度＝7200－300/2－300/2＝6900mm，Y 方向的板净跨度＝6900－300/2－300/2＝6600mm。

2. 板集中标注内容识读

由图 5-27 中 LB5 集中标注可知：板厚为 150mm，板下部 X 方向钢筋为 HRB400

级，直径 10mm，间距为 135mm；板下部 Y 方向钢筋为 HRB400 级，直径 10mm，间距为 110mm。LB5 下部钢筋排列示意如图 5-28 所示。

3. 板支座原位标注内容识读

由图 5-27 中 LB5 支座原位标注可知：

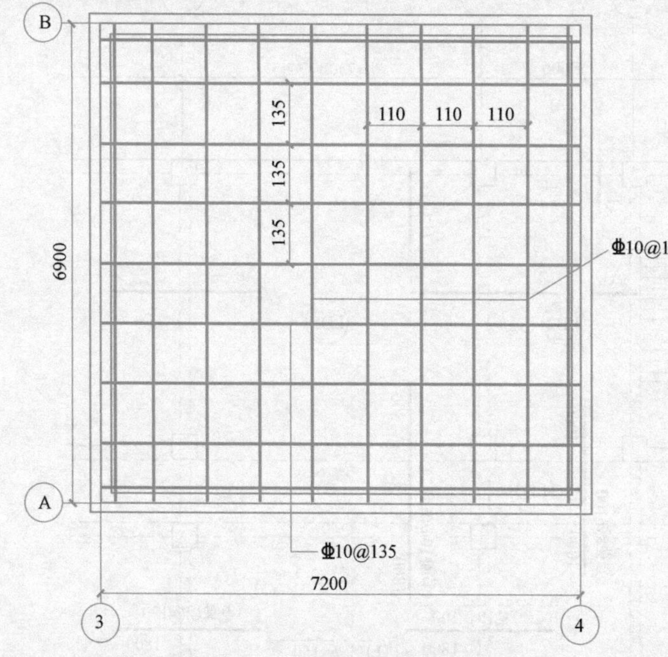

图 5-28　板底钢筋排列示意图

③ 轴支座上部非贯通纵筋编号为②，为 HRB400 级，直径 10mm，间距为 100mm，自梁中线向左右跨板内各伸入 1800mm。

④ 轴支座上部非贯通纵筋编号为③，为 HRB400 级，直径 12mm，间距为 120mm，自梁中线向左右跨板内各伸入 1800mm。

Ⓐ轴支座上部非贯通纵筋编号⑥，为 HRB400 级，直径 10mm，间距为 100mm，一端伸到 LB4 的端部，另一端自梁中线向 LB5 板内伸入 1800mm。

Ⓑ 轴支座上部非贯通纵筋编号⑨，为 HRB400 级，直径 10mm，间距为 100mm，贯通 LB3，自Ⓑ、Ⓒ轴梁中线伸入上下板跨内各 1800mm。

⑥、⑨号钢筋均沿横向连续布置 2 跨，板 LB5 上部钢筋排列示意如图 5-29 所示。

4. 板分布钢筋识读

由图 5-27 板平法施工图的文字说明可知板分布钢筋为 HPB300 级，直径 8mm，间距为 250mm。

5. 板下部起步钢筋定位尺寸

起步筋定位尺寸：距梁边 1/2 板筋间距。

LB5 的 X 向钢筋定位尺寸：1/2×135＝67.5mm

Y 向钢筋定位尺寸：1/2×110＝55mm。

6. 板下部钢筋在支座内锚固长度确定

由前可知图中所示梁均为轴线居中，梁宽度均为 300mm。根据板下部钢筋在支座内锚固长度规定为 max(5d、梁宽/2)，故 LB5 下部钢筋在支座内锚固长度＝max(5×10＝50mm、300/2＝150mm)＝150mm。

7. 板下部钢筋长度确定

X 向钢筋长度＝板 X 向净跨度＋左支座钢筋锚固长度＋右支座钢筋锚固长度＝6900＋150×2＝7200mm

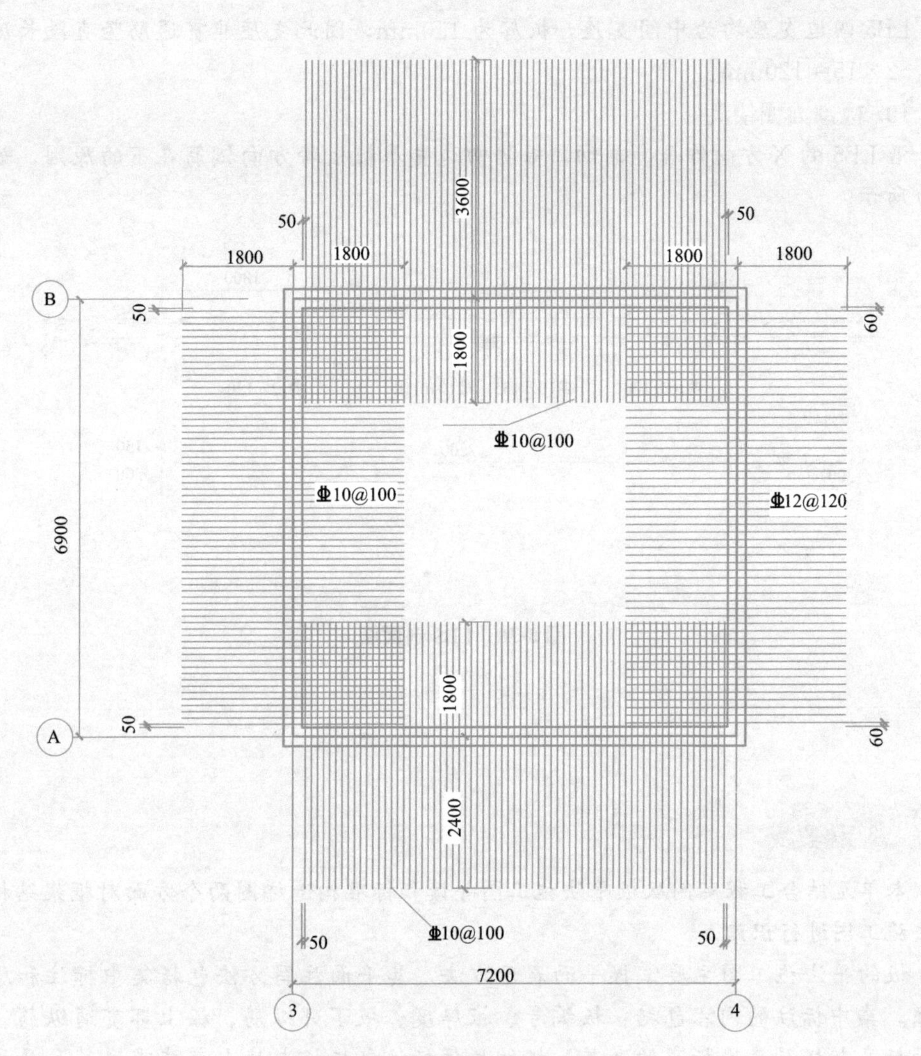

图5-29　板上部钢筋排列示意图

Y向钢筋长度＝板Y向净跨度＋左支座钢筋锚固长度＋右支座钢筋锚固长度＝6600＋150×2＝6900mm。

8. 支座上部非贯通筋水平段长度确定

根据板平法施工图钢筋标注：

(1) ③轴支座上部非贯通筋：1800×2＝3600mm

(2) ④轴支座上部非贯通筋：1800×2＝3600mm

(3) Ⓐ轴支座上部非贯通筋：1800＋(2400－15)＝4185mm

(4) Ⓑ轴跨板钢筋：1800×3＝5400mm

9. 支座上部非贯通筋90°直钩段长度确定

板中间支座竖直弯钩段长度＝板厚－2×保护层厚度

板端支座非贯通筋竖直弯钩段长度＝15d

LB5 四边支座均为中间支座，板厚为 150mm，因此支座非贯通筋竖直段长度＝150－2×15＝120mm。

10. 板剖面图绘制

沿 LB5 的 X 方向作垂直剖切，根据四边支承板短跨方向钢筋在下的原则，如图 5-30 所示。

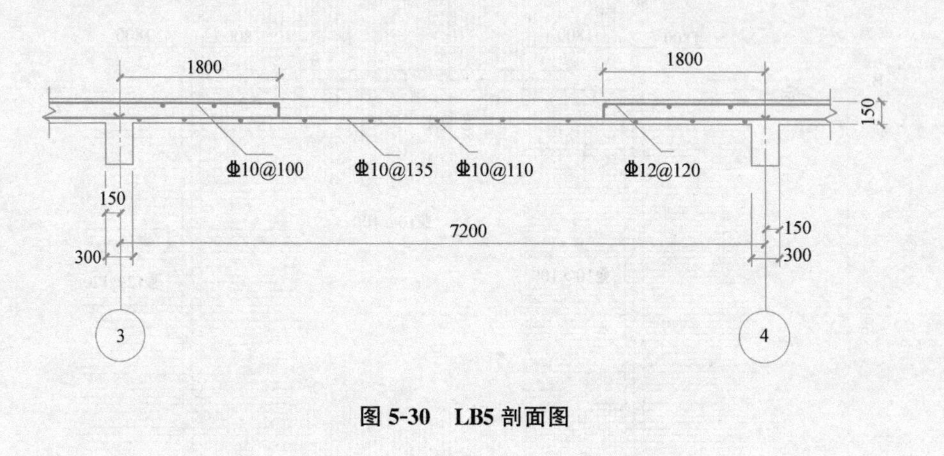

图 5-30　LB5 剖面图

单元小结

本单元结合工程实例从板平法施工图导读和标准构造详图两个方面对框架结构板平法施工图进行识读。

板的平法施工图主要掌握平面表示方法，其平面注写方法包括集中标注和原位标注。集中标注的内容包括：板编号、板厚度、板下部纵筋、板上部贯通纵筋、板顶面标高与楼层基准标高的高差。板的原位标注包括板支座上部非贯通筋和悬挑板上部受力筋梁。板的钢筋构造主要包括：四边支承板板下部钢筋锚固长度及连接构造、板边第一根钢筋起步距离确定、板上部钢筋在端支座锚固构造及向板跨内延伸长度确定、板上部钢筋在中间支座构造要求；悬挑板上部钢筋在支座锚固构造、悬挑板下部构造钢筋构造要求。

通过对板平法施工图和标准构造详图的识读，使学生熟练掌握板平法施工图的识读方法和识读要点，为学习混凝土工程钢筋翻样和工程量计算打下良好基础。

思考及练习题

一、基础练习

1. 钢筋混凝土楼盖按照施工方式不同分为________、________、________。

2. 肋形楼盖由________、________和________组成。

3. 板式楼梯的梯板按照____________板进行设计配筋。(填“单向”或“双向”)

4. 单向板下部钢筋有________和________，分布筋规格在图纸设计说明中标注。

二、识图题

1. 识读图 5-31 所示板平法施工图（板标高为 3.550m，板厚 100mm，未注明分布筋规格Φ 8@200)，回答下面问题。

(1) 板编号____，板厚____，板顶标高____，板的位置用四道轴线编号表示出为____、____、____、____、四道轴线围合处、板底 X 向钢筋规格____、板底 Y 向钢筋规格____。

(2) 板支座上部非贯通筋用一道垂直于梁的粗实线表示，上部非贯通筋规格分别为____、____、____、____、板面分布筋为____。

2. 根据板下部钢筋排列示意图 5-32，填空并标注图中“?”代表的数值。

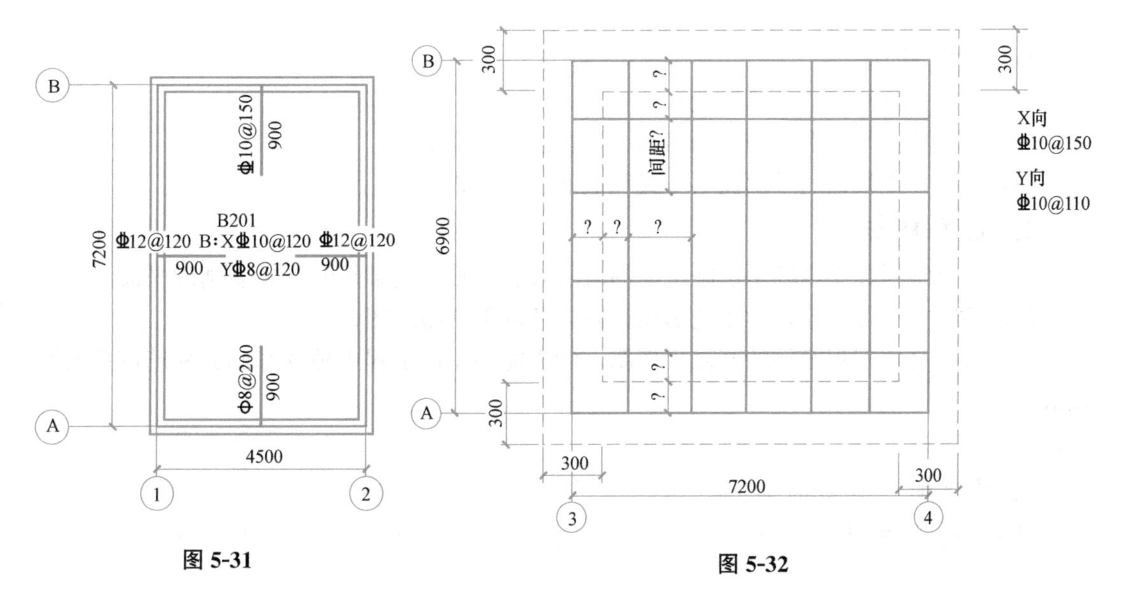

图 5-31　　图 5-32

(1) 板四周梁宽度均为____、板底 X 向钢筋规格____、伸入两侧支座内长度至少为____、板底 Y 向钢筋规格____、伸入两侧支座内长度至少____。

(2) 在板下部钢筋平面排列示意图上标注定位尺寸、板底钢筋间距、伸入支座内长度。

三、拓展练习

根据图 5-31，沿 X 方向作垂直剖切，绘制剖面图并标注以下内容：

(1) 标注跨度、净跨度。

(2) 标注板底钢筋规格。

(3) 标注板面钢筋规格。

(4) 标注板支座上部非贯通钢筋伸入跨内长度。

教学单元6 Chapter 06

独立基础平法施工图识读

1. 知识目标

(1) 了解独立基础的钢筋构造；

(2) 理解独立基础平法施工图表示方法及独立基础编号；

(3) 掌握独立基础的平面注写方式和截面注写方式。

2. 能力目标

(1) 通过学习独立基础平法施工图的表示方法、独立基础编号、独立基础平面注写方式和截面注写方式等内容，学生能够识读独立基础平法施工图；

(2) 根据具体工程案例的基础平面图，学生能够识读工程中独立基础的配筋信息及钢筋放样。

建议学时：16 学时

建议教学形式：配套使用《22G101-3》图集和教材提供的数字资源。

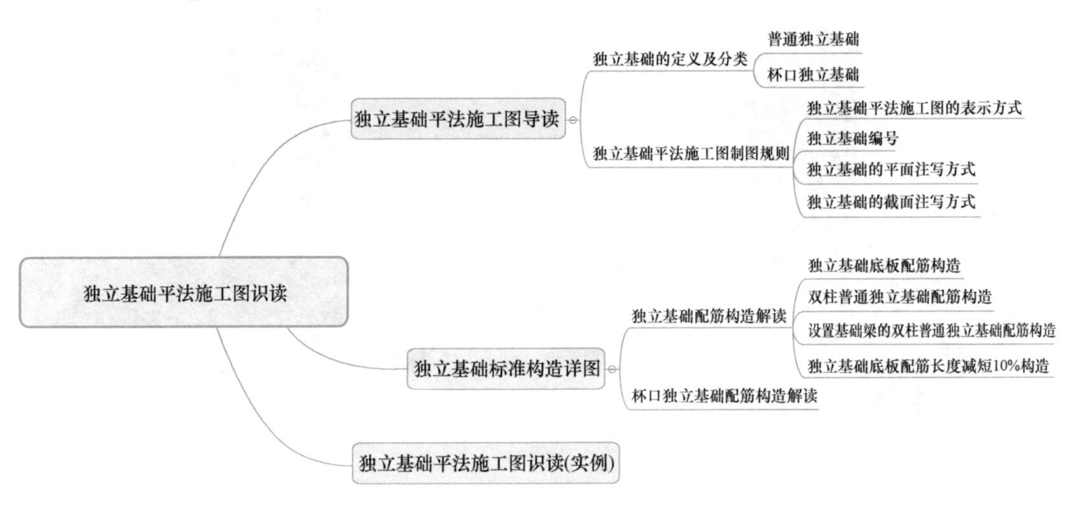

6.1 独立基础平法施工图导读

6.1.1 独立基础的定义及分类

独立基础也叫单独基础（图 6-1），是扩展基础的一种形式，多见于框架结构或厂房排架结构的柱下单独基础。基础底板的平面一般为矩形或方形，截面形式有阶形和锥形，如图 6-2 所示。独立基础适用于地基土质均匀、上部结构荷载均匀的建筑。

图 6-1　独立基础

根据柱与底板连接方式分为普通独立基础和杯口独立基础，如图 6-3 所示。

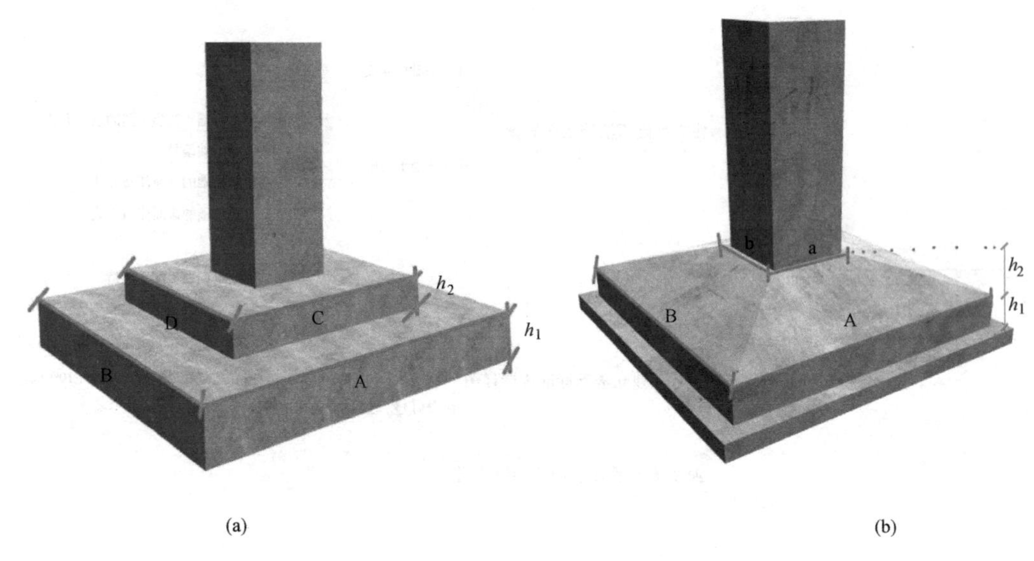

图 6-2　普通独立基础

（a）阶形；（b）锥形

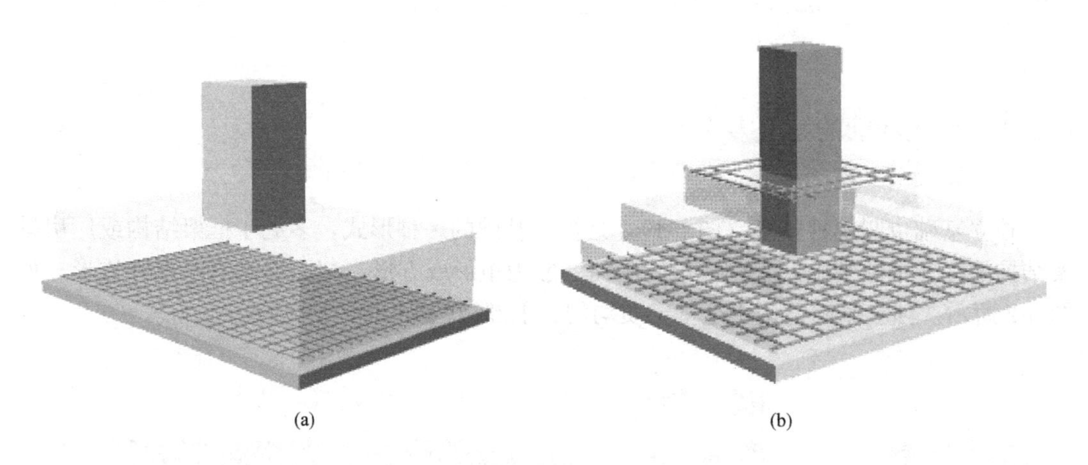

图 6-3　独立基础三维图

（a）普通独立基础三维图；（b）杯口独立基础三维图

知识链接

普通独立基础底板和上部结构的柱一起浇筑成型；当柱为预制时，基础常做成杯口形式，然后将柱子插入并嵌入杯口内，柱子与杯口之间的空隙采用比基础混凝土强度等级高一级的细石混凝土胶结，先垫底部，再将柱子矫正，最后灌注四周振实固定。

6.1.2 独立基础平法施工图制图规则

1. 独立基础平法施工图的表示方法

（1）独立基础平法施工图，有平面注写与截面注写两种表达方式。

（2）独立基础平面布置图，是将独立基础平面与基础所支承的柱一起绘制。当设置基础连系梁时，可根据图面的疏密情况，将基础连系梁与基础平面布置图一起绘制，或将基础连系梁布置图单独绘制。

（3）在独立基础平面布置图上应标注基础定位尺寸。当独立基础的柱中心线或者杯口中心线与建筑轴线不重合时，应标注其定位尺寸。编号相同且定位尺寸相同的基础，可仅选择一个进行标注。

2. 独立基础编号

独立基础编号的规定见表 6-1。

独立基础编号　　表 6-1

类型	基础底板截面形状	代号	序号
普通独立基础	阶形	DJj	××
	锥形	DJz	××
杯口独立基础	阶形	BJj	××
	锥形	BJz	××

3. 独立基础的平面注写方式

6-1 独立基础平面注写方式

独立基础的平面注写方式分为集中标注和原位标注两部分内容。

（1）集中标注

独立基础的集中标注，是在基础平面布置图上集中引注：基础编号、截面竖向尺寸、配筋三项必注内容，以及基础底面标高（与基础底面基准标高不同时）和必要的文字注解两项选注内容。

素混凝土普通基础的集中标注，除无基础配筋内容外均与钢筋混凝土普通独立基础相同。

独立基础集中标注的具体内容规定如下：

1）注写独立基础编号（必注内容）

独立基础底板的截面形状通常有两种：

① 阶形截面。编号加角标“j”，如 DJj××、BJj××；

② 锥形截面。编号加角标“z”，如 DJz××、BJz××。

2）注写独立基础截面竖向尺寸（必注内容）

① 普通独立基础。注写 $h_1/h_2/\cdots\cdots$，具体标注如图 6-4 所示，若为多阶时，各阶尺寸自下而上用“/”分隔顺写。

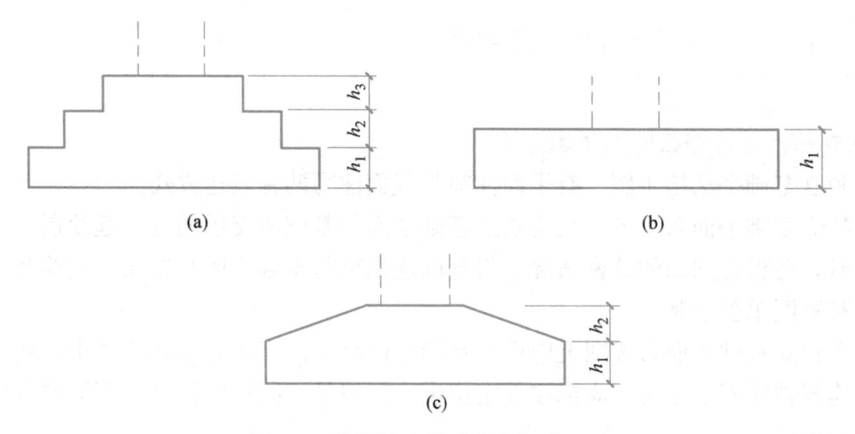

图 6-4　普通独立基础竖向标注尺寸

（a）阶形（三阶）；（b）阶形（单阶）；（c）锥形

【案例评析6-1】

当阶形截面普通独立基础 DJj××的竖向尺寸注写 400/300/300 时，表示 h_1＝400mm、h_2＝300mm、h_3＝300mm，基础底板总高度为 1000mm。当锥形截面普通独立基础 DJz××的竖向尺寸注写为 350/300 时，表示 h_1＝350mm、h_2＝300mm，基础底板总高度为 650mm。

② 杯口独立基础

当基础为阶形截面时，其竖向尺寸分两组，一组表达杯口内，另一组表达杯口外，两组尺寸以“,”分隔，注写为 a_0/a_1，$h_1/h_2/$……，其含义如图 6-5（a）所示，其中杯口深度 a_0 为柱插入杯口的尺寸加 50mm。当基础为锥形截面时，注写为：a_0/a_1，$h_1/h_2/h_3$……，其含义如图 6-5（b）所示。

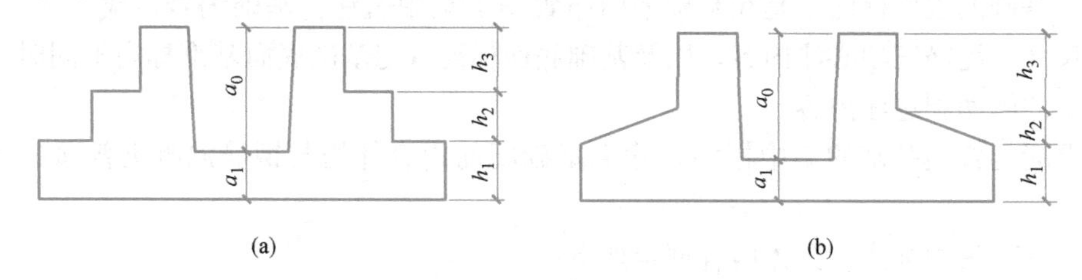

图 6-5　杯口独立基础竖向标注尺寸

（a）阶形截面；（b）锥形截面

3）注写独立基础配筋（必注内容）

① 注写独立基础底板配筋

普通独立基础和杯口独立基础的底部双向配筋注写规定为：以 B 代表各种独立基础底板的底部配筋；X 向配筋以 X 打头、Y 向配筋以 Y 打头注写；当两向配筋相同时，则以 X&Y 打头注写。

【案例评析6-2】

当独立基础底板配筋标注为“B：X ⏀ 16@150，Y ⏀ 16@200”时，表示基础底板底部配置 HRB400 级钢筋，X 向钢筋直径为 16mm，间距 150mm；Y 向钢筋直径为 16mm，间距 200mm。如图 6-6 所示。

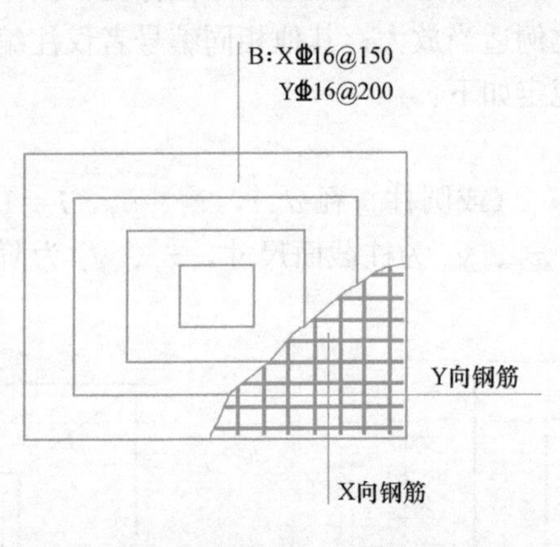

图 6-6　独立基础底板底部双向配筋示意

② 注写杯口独立基础顶部焊接钢筋网

以 Sn 打头引注杯口顶部焊接钢筋网的各边钢筋。

【案例评析6-3】

当杯口独立基础顶部钢筋网标注为“Sn 2 ⏀ 14”时，表示杯口顶部每边配置 2 根 HRB400 级直径为 14mm 的焊接钢筋网，如图 6-7 所示。

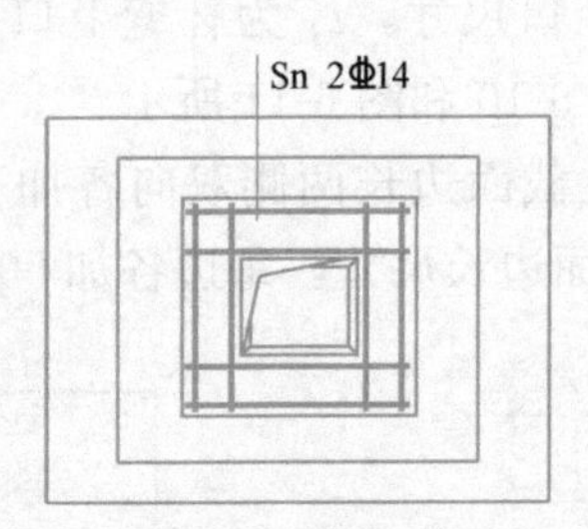

图 6-7　单杯口独立基础顶部焊接钢筋网示意

4）注写基础底面标高（选注内容）

当独立基础的底面标高与基础底面基准标高不同时，应将独立基础底面标高直接注写在“()”内。

5）必要的文字注解（选注内容）

当独立基础的设计有特殊要求时，宜增加必要的文字注解。例如，基础底板配筋长度是否采用减短方式等，可在该项内注明。

（2）原位标注

钢筋混凝土和素混凝土独立基础的原位标注，是在基础平面布置图上标注独立基础的平面尺寸。对相同编号的基础，可选择一个进行原位标注；当平面图形较小时，可将所选定进行原位标注的基础按比例适当放大；其他相同编号者仅注编号。

原位标注的具体内容规定如下：

1）普通独立基础

原位标注 x、y，x_c、y_c（或圆柱直径 d_c），x_i、y_i，$i=1$，2，3……。其中，x、y 为普通独立基础两向边长，x_c、y_c 为柱截面尺寸，x_i、y_i 为阶宽或锥形平面尺寸，如图 6-8 和图 6-9 所示。

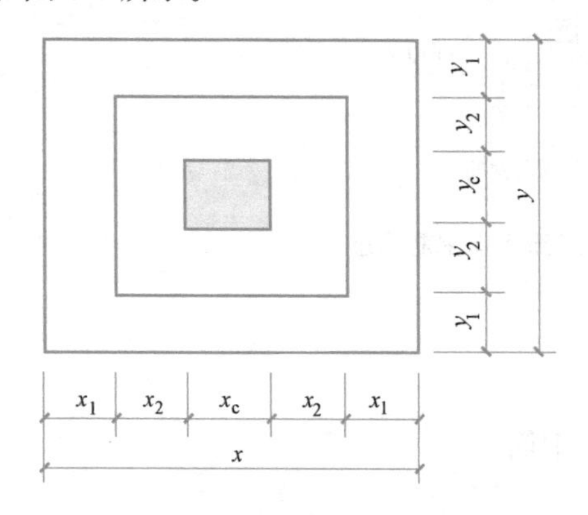

图 6-8　阶形截面普通独立基础原位标注

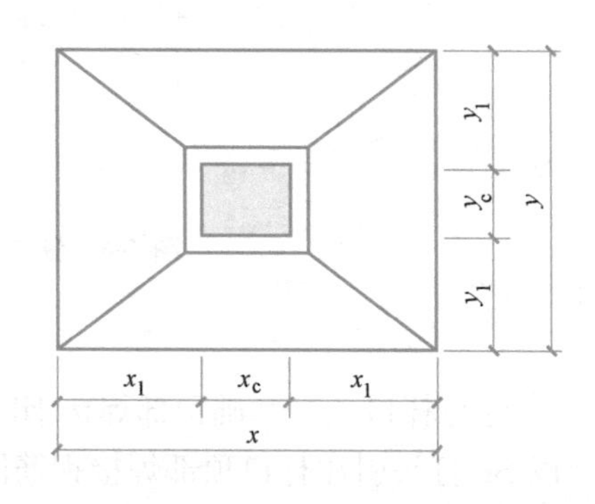

图 6-9　锥形截面普通独立基础原位标注

2）杯口独立基础

原位标注 x、y，x_u、y_u，t_i，x_i、y_i，$i=1$，2，3……。其中，x、y 为杯口独立基础两向边长，x_u、y_u 为杯口上口尺寸，t_i 为杯壁上口厚度，下口厚度为 t_i+25，x_i、y_i 为阶宽或锥形截面尺寸，如图 6-10 和图 6-11 所示。

杯口上口尺寸 x_u、y_u，按柱截面边长两侧双向各加 75mm；杯口下口尺寸按标准构造详图（为插入杯口的相应柱截面边长尺寸，每边各加 50mm）。

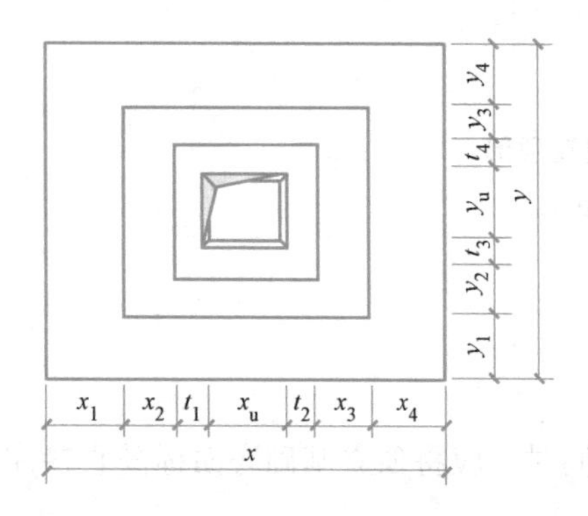

图 6-10　阶形截面杯口独立基础的原位标注

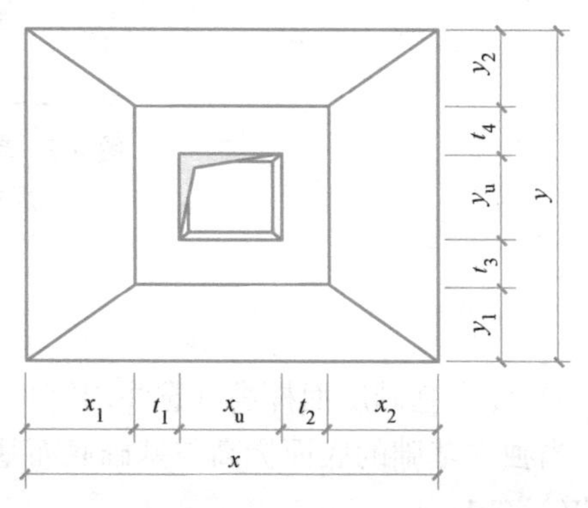

图 6-11　锥形截面杯口独立基础的原位标注

（3）独立基础平面注写方式的综合表达示意

1）普通独立基础采用平面注写方式的集中标注和原位标注综合设计表达示意，如图 6-12 所示。

2）杯口独立基础采用平面注写方式的集中标注和原位标注综合设计表达示意，如图 6-13 所示。

（4）多柱独立基础

独立基础通常为单柱独立基础，也可为多柱独立基础（双柱或四柱）。多柱独立基础的编号、几何尺寸和配筋的标注方法与单柱独立基础相同。

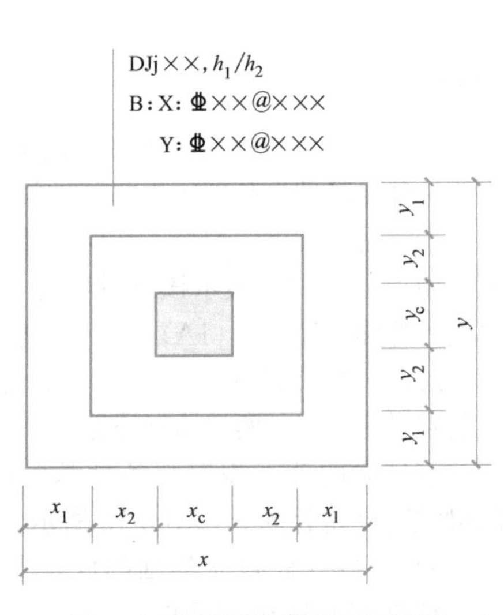

图 6-12　普通独立基础平面注写综合设计表达示意

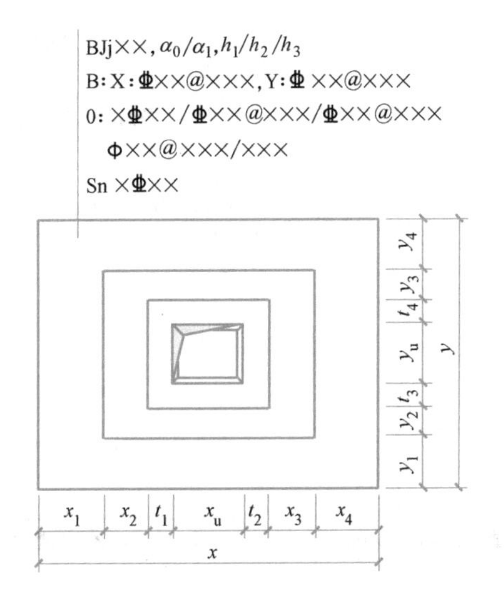

图 6-13　杯口独立基础平面注写综合设计表达示意

当为双柱独立基础且柱距较小时，通常仅配置基础底部钢筋；当柱距较大时，除基础底部配筋外，尚需在两柱间配置基础顶部钢筋或设置基础梁；当为四柱独立基础时，通常可设置两道平行的基础梁，需要时可在两道基础梁之间配置基础顶部钢筋。

多柱独立基础顶部配筋和基础梁的注写方法规定如下：

1）注写双柱独立基础底板顶部配筋。双柱独立基础的顶部配筋，通常对称分布在双柱中心线两侧。以大写字母“T”打头，注写为：双柱间纵向受力钢筋/分布钢筋。当纵向受力钢筋在基础底板顶面非满布时，应注明其总根数。

【案例评析6-4】

T：9 Φ 18@100/Φ 10@200；表示独立基础顶部配置纵向受力钢筋 HRB400 级，直径为 18mm，设置 9 根，间距 100mm；分布筋 HPB300 级，直径为 10mm，间距 200mm。如图 6-14 所示。

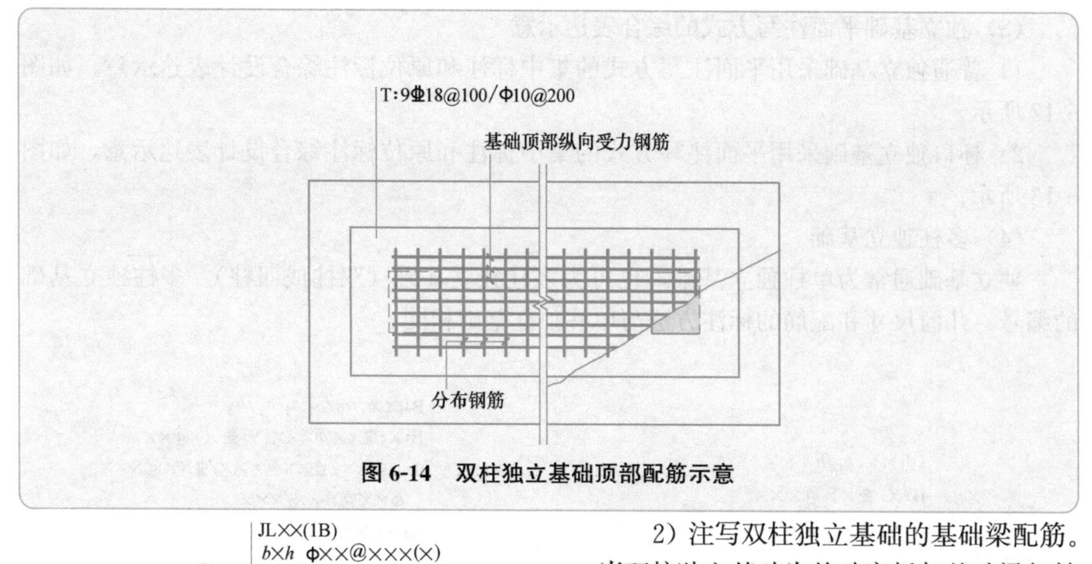

图 6-14　双柱独立基础顶部配筋示意

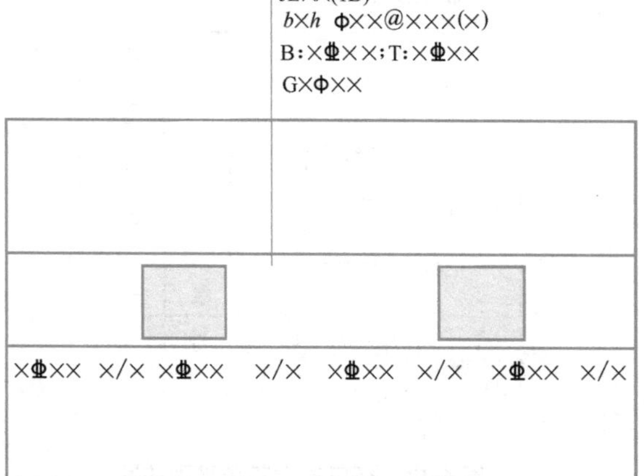

图 6-15　双柱独立基础的基础梁配筋注写示意

2）注写双柱独立基础的基础梁配筋。当双柱独立基础为基础底板与基础梁相结合时，注写基础梁的编号、几何尺寸和配筋。如 JL××(1) 表示该基础梁为 1 跨，两端无外伸；JL××(1A) 表示该基础梁为 1 跨，一端有外伸；JL××(1B) 表示该基础梁为 1 跨，两端均有外伸。

基础梁的注写规定与条形基础的基础梁注写规定相同。如图 6-15 所示。

3）注写双柱独立基础的底板配筋。双柱独立基础底板配筋的注写，可以按条形基础底板的注写规定，也可以按独立基础底板的注写规定。

4）注写配置两道基础梁的四柱独立基础底板顶部配筋。当四柱独立基础已设置两道平行的基础梁时，根据内力需要可在双梁之间及梁的长度范围内配置基础顶部钢筋，注写为：梁间受力钢筋/分布钢筋。

【案例评析6-5】

T：Φ 16 @ 120/Φ 10 @ 200；表示在四柱独立基础顶部两道基础梁之间配置受力钢筋 HRB400 级，直径为 16mm，间距 120mm；分布筋 HPB300 级，直径为 10mm，间距 200mm。如图 6-16 所示。

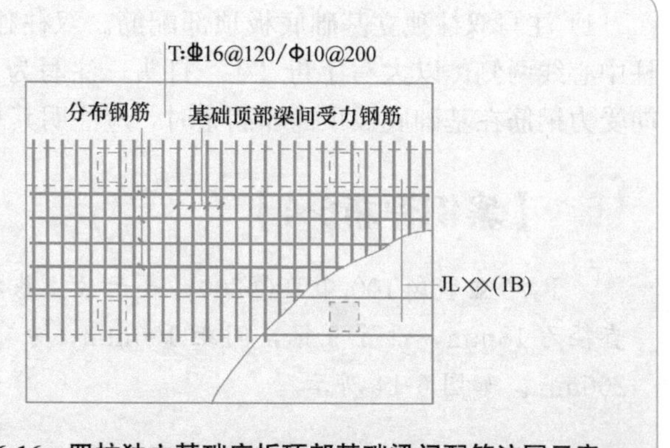

图 6-16　四柱独立基础底板顶部基础梁间配筋注写示意

4. 独立基础的截面注写方式

独立基础的截面注写方式分为截面标注和列表注写（结合截面示意图）两种表达方式。采用截面注写方式，应在基础平面布置图上对所有基础进行编号。

（1）截面标注

独立基础的截面注写内容和形式，与传统“单构件正投影表示方法”基本相同，对于已经在基础平面布置图上原位标注清楚的该基础的平面几何尺寸，在截面图上可不再重复表达，具体表达内容可参照图集中标准构造。

（2）列表注写（结合截面示意图）

对多个同类基础，可采用列表注写的方式进行集中表达。表中内容为基础截面的几何数据和配筋等，在截面示意图上应标注与标注栏目相对应的代号。具体内容规定如下：

1）普通独立基础

普通独立基础列表中集中注写栏目为：

① 编号：阶形截面编号为 DJj××，锥形截面编号为 DJz××。

② 几何尺寸：水平尺寸 x、y，x_c、y_c（或圆柱直径 d_c），x_i、y_i，$i=1$，2，3……；竖向尺寸 $h_1/h_2/$……。

③ 配筋：B：X：Φ××@×××，Y：Φ××@×××。

普通独立基础列表格式见表 6-2。

2）杯口独立基础

杯口独立基础列表集中注写栏目为：

① 编号：阶形截面编号为 BJj××，锥形截面编号为 BJz××。

普通独立基础几何尺寸和配筋表　　表 6-2

基础编号/截面号	截面几何尺寸				底部配筋(B)	
	x、y	x_c、y_c	x_i、y_i	h_1/h_2……	X 向	Y 向

注：表中可根据实际情况增加栏目。例如：当基础底面标高与基础底面基准标高不同时，加注基础底面标高；当为双柱独立基础时，加注基础顶部或基础梁几何尺寸和配筋。

② 几何尺寸：水平尺寸 x、y，x_u、y_u，t_i，x_i、y_i，$i=1$，2，3……；竖向尺寸 a_0、a_1，$h_1/h_2/h_3$……。

③ 配筋：B：X：Φ××@×××，Y：Φ××@×××，Sn×Φ××。

杯口独立基础列表格式见表 6-3。

杯口独立基础几何尺寸和配筋表　　表 6-3

基础编号/截面号	截面几何尺寸				底部配筋(B)		杯口顶部钢筋网(Sn)
	x、y	x_c、y_c	x_i、y_i	a_0、a_1、$h_1/h_2/h_3$……	X 向	Y 向	

注：表中可根据实际情况增加栏目。例如：当基础底面标高与基础底面基准标高不同时，加注基础底面标高或增加说明栏目等。

6.2 独立基础标准构造详图

6.2.1 独立基础配筋构造解读

1. 独立基础底板配筋构造（图 6-17）

（1）独立基础底板配筋构造适用于普通独立基础和杯口独立基础。

（2）几何尺寸和配筋按具体结构设计或图集。

（3）独立基础底板双向交叉钢筋长向设置在下，短向设置在上。

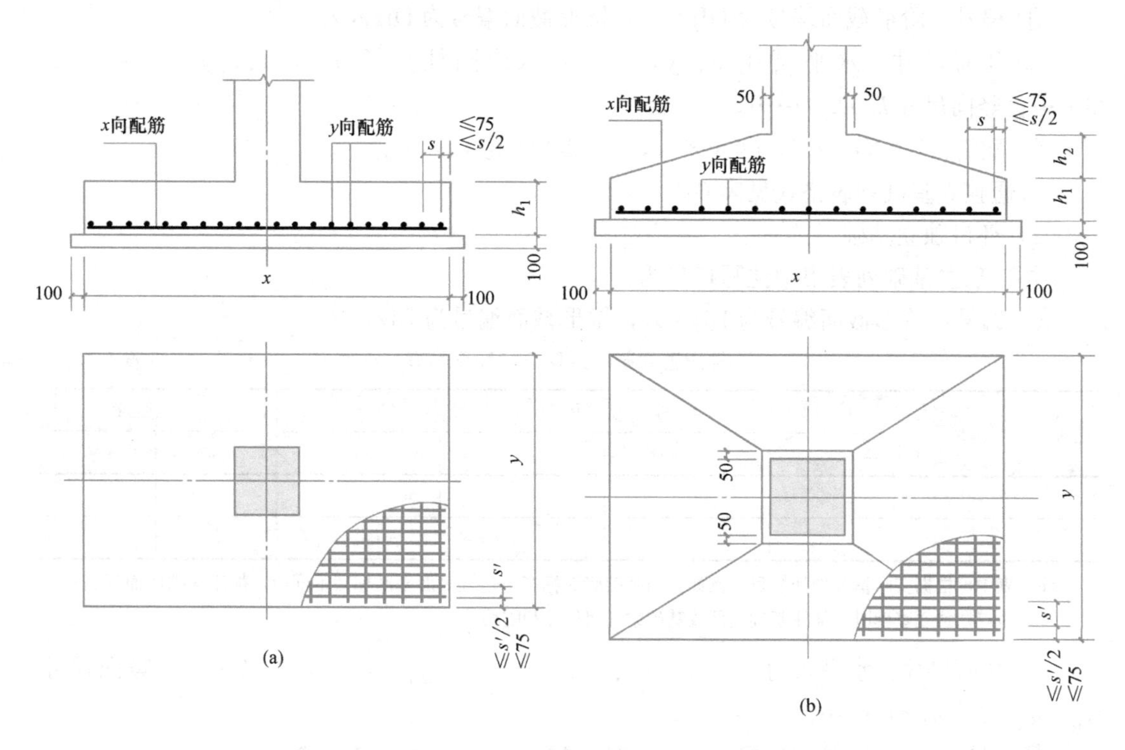

图 6-17 独立基础 DJj、DJz、BJj、BJz 底板配筋构造

（a）阶形；（b）锥形

2. 双柱普通独立基础配筋构造（图 6-18）

（1）双柱普通独立基础底板的截面形状，可分为阶形截面 DJj 或锥形截面 DJz。

（2）几何尺寸和配筋按具体结构设计和本图构造确定。

（3）双柱普通独立基础底部双向交叉钢筋，根据基础两个方向从柱外缘至基础外缘的伸出长度 *ex* 和 *ey* 的大小，较大者方向的钢筋设置在下，较小者方向的钢筋设置在上。

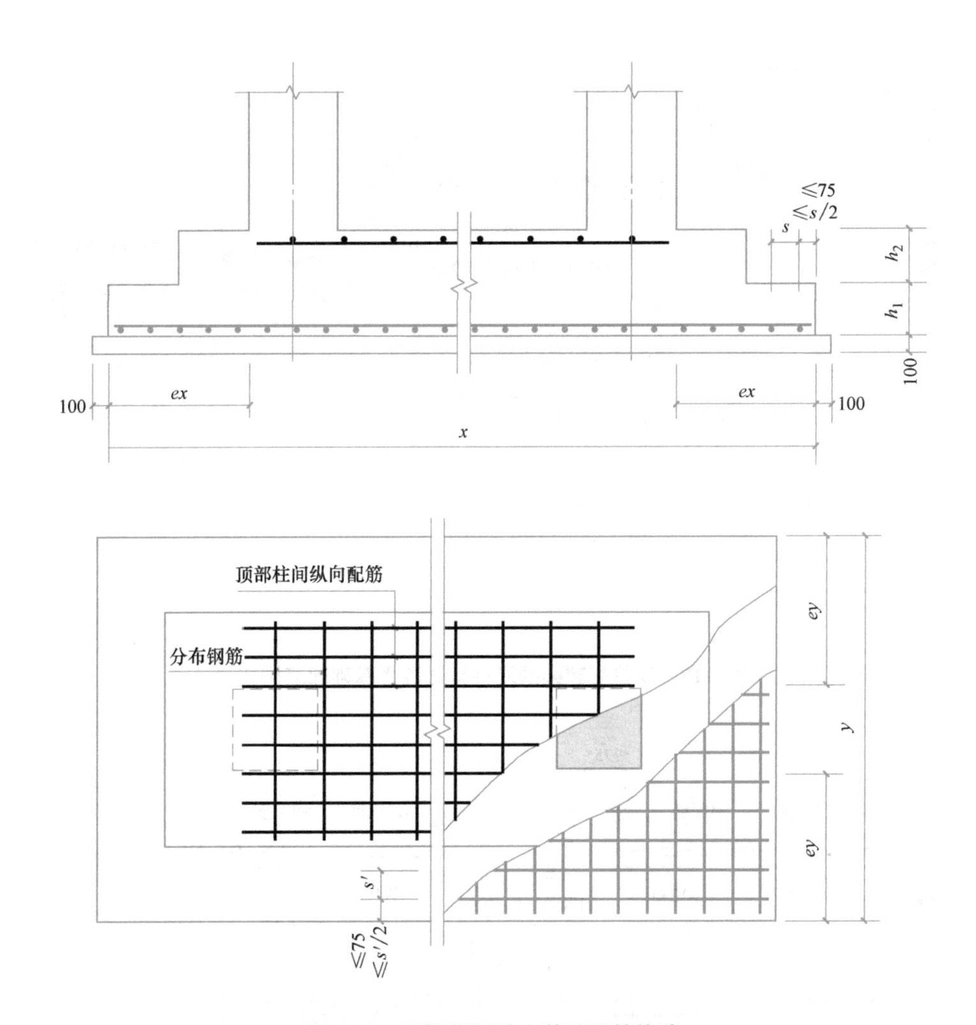

图 6-18　双柱普通独立基础配筋构造

3. 设置基础梁的双柱普通独立基础配筋构造（图 6-19）

（1）双柱普通独立基础底板的截面形状，可分为阶形截面 DJj 或锥形截面 DJz。

（2）几何尺寸和配筋按具体结构设计和本图构造确定。

（3）双柱独立基础底部短向受力钢筋设置在基础梁纵筋之下，与基础梁箍筋的下水平段位于同一层面。

（4）双柱独立基础所设置的基础梁宽度，宜比柱截面宽度宽不小于 100mm（每边不小于 50mm）。

4. 独立基础底板配筋长度减短 10%构造（图 6-20）

（1）当独立基础底板长度不小于 2500mm 时，除外侧钢筋外，底板配筋可取相应方向底板长度的 0.9 倍，交错放置（图 6-20a）。

（2）当非对称独立基础底板长度不小于 2500mm，但该基础某侧从柱中心至基础底板边缘的距离小于 1250mm 时，钢筋在该侧不应减短，（图 6-20b）。

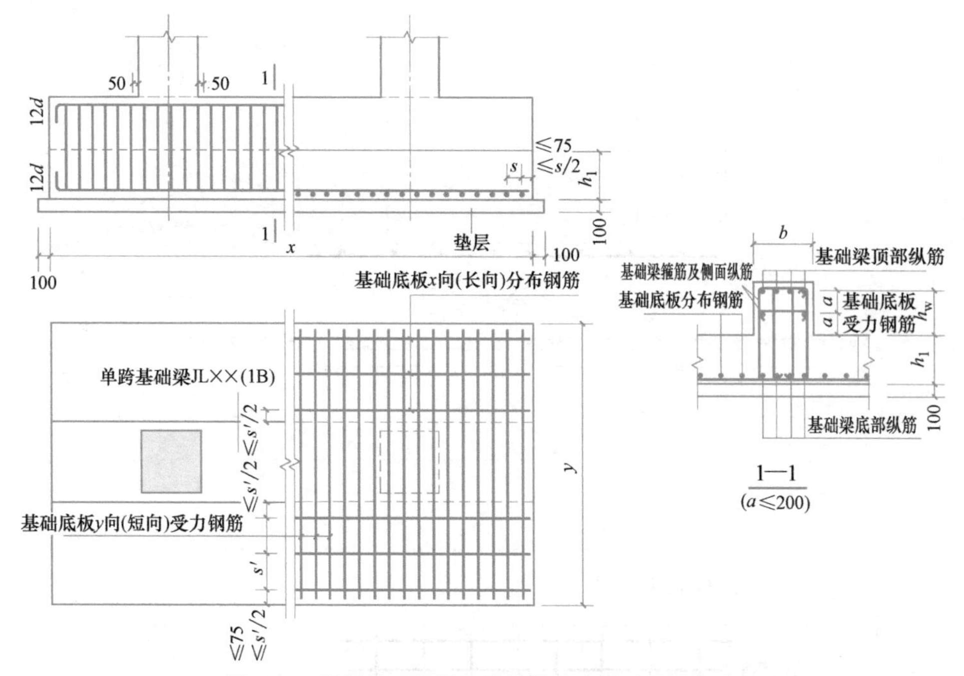

图 6-19 设置基础梁的双柱普通独立基础配筋构造

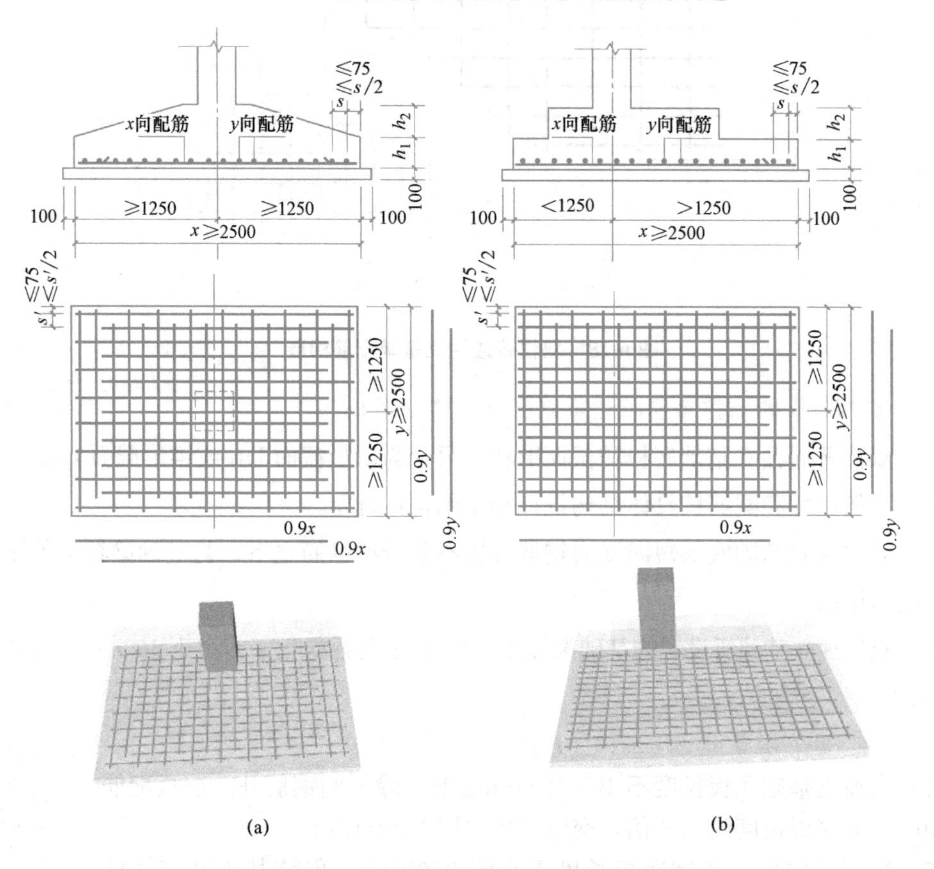

图 6-20 独立基础底板配筋长度减短 10%构造

（a）对称独立基础（剖面、平面、三维）；（b）非对称独立基础（剖面、平面、三维）

【案例评析6-6】

基础配筋如图 6-21 所示。

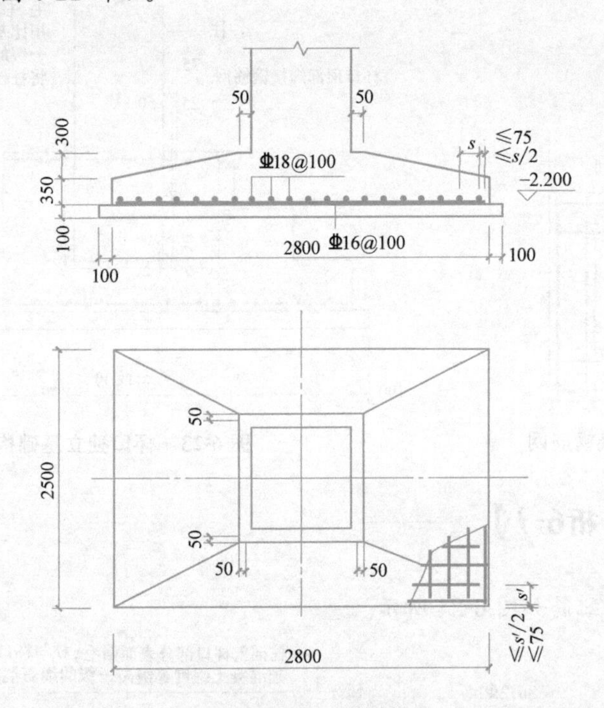

图 6-21　DJz01 配筋图

标注识读：

编号为 DJz01 的普通独立基础，底板截面为锥形，h_1=350mm、h_2=300mm，基础底板总高度 650mm，基础底标高为－2.20m；底板平面尺寸 X 向 2800mm、Y 向 2500mm；底板配筋：X 向钢筋为 HRB400 级直径 16mm，间距 100mm，设置在下；Y 向钢筋为 HRB400 级直径 18mm，间距 100mm，设置在上。因为基础底板边长不小于 2500mm，配筋长度可减短 10%，除最外侧钢筋，其他可取相应方向底板长度的 0.9 倍，交错放置。

【小提示】

1. 钢筋混凝土基础宜设置混凝土垫层，基础底部钢筋的混凝土保护层应自垫层顶面算起，且不应小于 40mm；无垫层时，不应小于 70mm。

2. HPB300 级钢筋末端应做 180°弯钩。

6. 2. 2　杯口独立基础配筋构造解读

1. 杯口独立基础构造，如图 6-22 和图 6-23 所示。

2. 杯口独立基础底板的截面形状可分为阶形截面 BJj 或锥形截面 BJz；当为锥形截面且坡度较大时，应在坡面上安装顶部模板，以确保混凝土能够浇筑成型、振捣密实。

3. 几何尺寸和配筋按具体结构设计或图集。

4. 基础底板底部钢筋构造详图如图 6-17、图 6-20 所示。

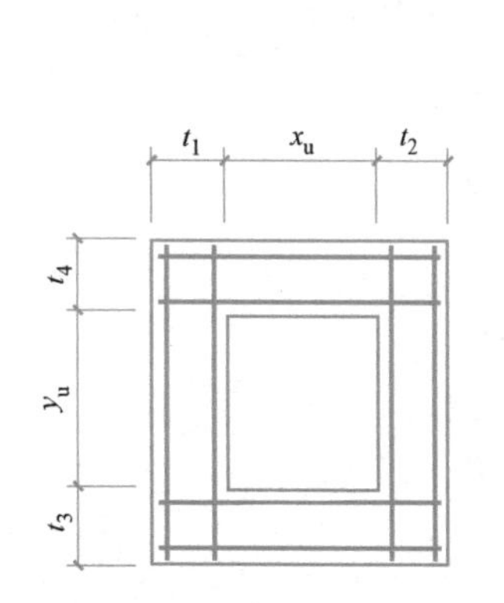

图 6-22 杯口顶部焊接钢筋网

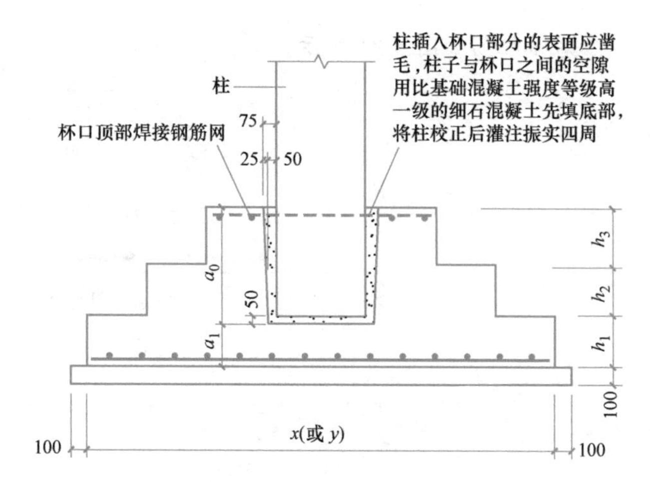

图 6-23 杯口独立基础构造

【案例评析6-7】

杯口独立基础配筋如图 6-24 所示。

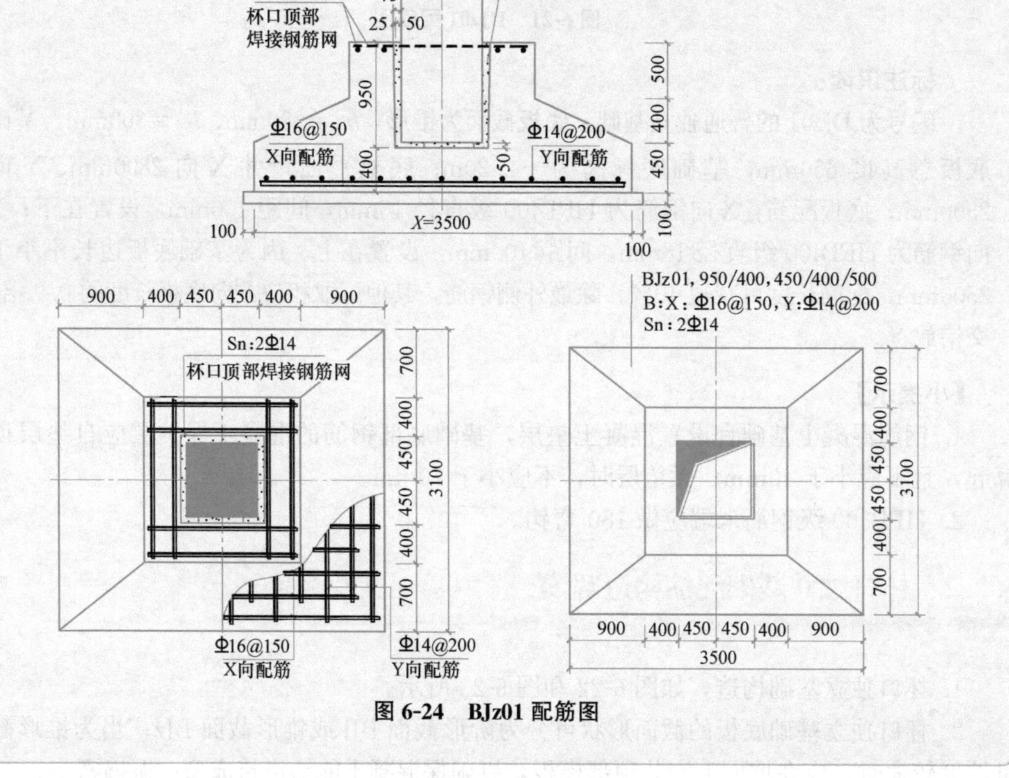

图 6-24 BJz01 配筋图

标注识读：

编号为 BJz01 的杯口独立基础，截面为锥形，杯口内尺寸 $a_0=950$mm、$a_1=400$mm，杯口外尺寸 $h_1=450$mm、$h_2=400$mm、$h_3=500$mm，基础底板总高度 1350mm；底板平面尺寸 X 向 3500mm、Y 向 3100mm；底板配筋：X 向钢筋为 HRB335 级直径 16mm，间距 150mm，设置在下；Y 向钢筋为 HRB335 级直径 14mm，间距 200mm，设置在上；杯口顶部每边设置 2 根 HRB335 级直径 14mm 的焊接钢筋网。

6.3 独立基础平法施工图识读案例

6.3.1 案例实训任务

独立基础平法施工图如图 6-25 所示，结合图集《22G101-3》第 1-15 页，完成识读。

6.3.2 独立基础平法施工图标注识读

【案例评析6-8】

独立基础集中标注及原位标注识读（图 6-25 中编号 1）。

标注识读：

1. 表示编号为 DJj01 的单柱独立基础，底板截面形状为阶形，基础向竖向尺寸为 $h_1=600$mm，$h_2=600$mm，基础底板总高度为 1200mm。

2. 基础底板底部配置 HRB400 级钢筋，X 向钢筋直径为 14mm，间距 100mm；Y 向钢筋直径为 14mm，间距 100mm。

3. 由原位标注可知，基础两向边长 X 为 3500mm，Y 为 3500mm；柱截面尺寸 X_C 为 500mm，Y_C 为 500mm；阶宽 X_1 为 750mm，X_2 为 750mm，Y_1 为 750mm，Y_2 为 750mm。

4. 因基础两向边长为 3500mm 大于 2500mm，故除基础边第一根钢筋外，其余钢筋缩减 10%，钢筋长度为：3500×0.9=3150mm。

【案例评析6-9】

双柱独立基础集中标注及原位标注识读（图 6-25 中编号 2）。

标注识读：

1. 表示编号为 DJj02 的双柱独立基础，底板截面形状为阶形，基础向竖向尺寸为 $h_1=600$mm，$h_2=600$mm，基础底板总高度为 1200mm。

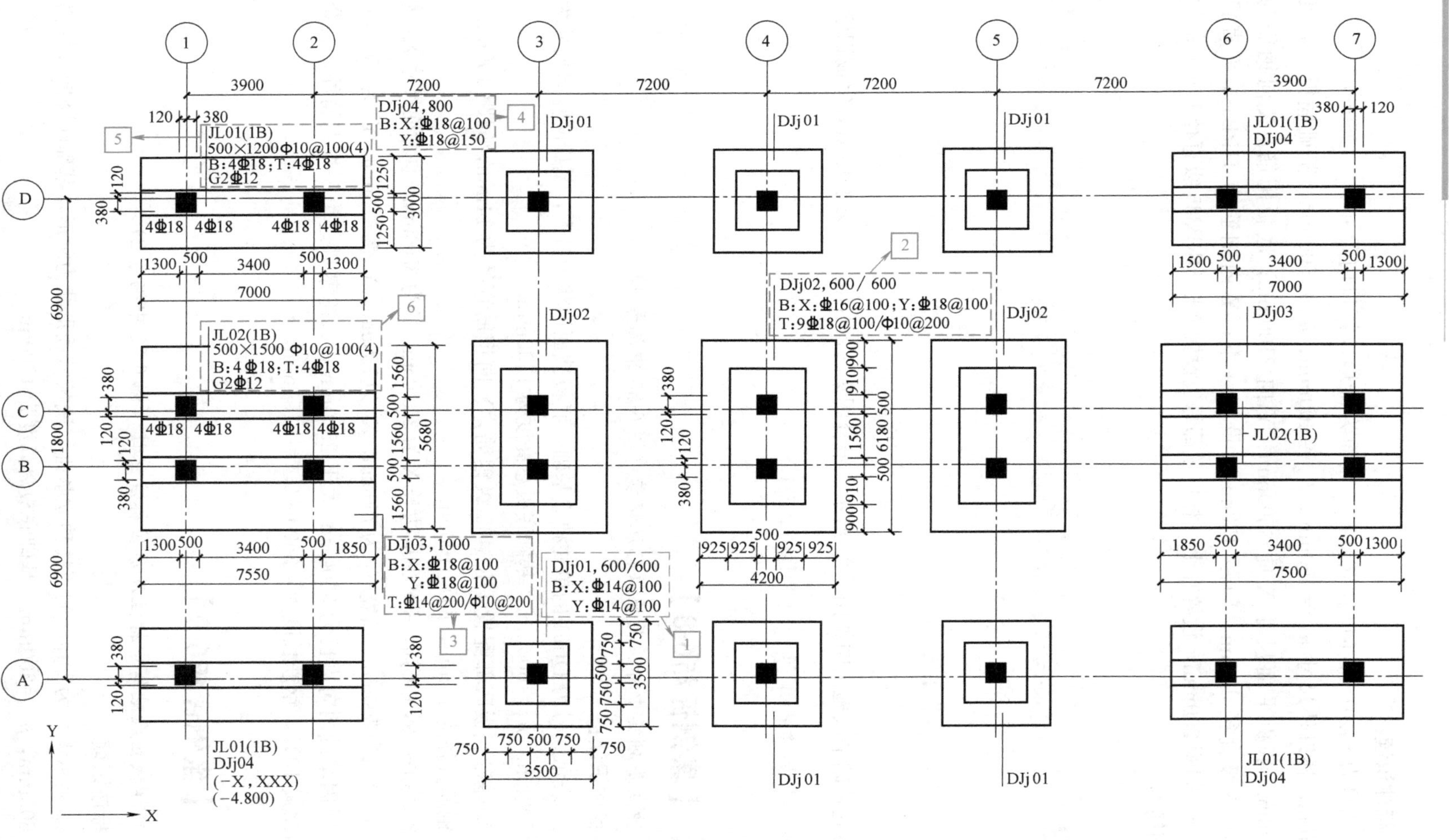

图 6-25　独立基础平法施工图

2. 基础底板底部配置 HRB400 级钢筋，X 向钢筋直径为 16mm，间距 100mm；Y 向钢筋直径为 18mm，间距 100mm；底板顶部配置受力筋为 HRB400 级钢筋，直径为 18mm，间距 100mm 共 9 根，配置分布筋为 HPB300 级钢筋，直径为 10mm，间距 200mm。

3. 由原位标注可知，基础两向边长 X 为 4200mm，Y 为 6180mm；柱截面尺寸 X_C 为 500mm，Y_C 为 500mm；阶宽 X_1 为 925mm，X_2 为 925mm，Y_1 为 910mm，Y_2 为 910mm。

4. 由图可知 $e_x=925+925=1950$mm，$e_y=910+900=1810$mm，$e_x>e_y$，故 x 方向钢筋设置在下，y 方向钢筋设置在下。

【案例评析6-10】

四柱独立基础集中标注及原位标注识读（图 6-25 中编号 3）。

标注识读：

1. 表示编号为 DJj03 的四柱独立基础，底板截面形状为阶形，基础底板总高度为 1000mm。

2. 基础底板底部配置 HRB400 级钢筋，X 向钢筋直径为 18mm，间距 100mm；Y 向钢筋直径为 18mm，间距 100mm；底板顶部配置受力筋为 HRB400 级钢筋，直径为 14mm，间距 200mm，配置分布筋为 HPB300 级钢筋，直径 10mm，间距 200mm。

3. 由原位标注可知，基础两向边长 X 为 7550mm，Y 为 5680mm；柱截面尺寸 X_C 为 500mm，Y_C 为 500mm；阶宽 X_1 为 1300mm，X_2 为 1850mm，Y_1 为 1560mm，Y_2 为 1560mm。

【案例评析6-11】

双柱独立基础集中标注及原位标注识读（图 6-25 中编号 4）。

标注识读：

1. 表示编号为 DJj04 的双柱独立基础，底板截面形状为阶形，基础底板高度为 800mm。

2. 基础底板底部配置 HRB400 级钢筋，X 向钢筋直径为 18mm，间距 100mm；Y 向钢筋直径为 18mm，间距 150mm；基础底面标高为－4.800m。

3. 基础两向边长 X 为 7000mm，Y 为 3000mm；柱截面尺寸 X_C 为 500mm；Y_C 为 500mm；阶宽 X_1 为 1300mm，X_2 为 1300mm，Y_1 为 1250mm，Y_2 为 1250mm。

【案例评析6-12】

基础梁的集中标注识读（图 6-25 中编号 5）。

标注识读：

1. 表示编号为 JL01 的基础梁，1 跨，两端均有外伸。

2. 基础梁截面宽 500mm，截面高 1200mm，箍筋为 HPB300 级钢筋直径 10mm 间距 100mm，四肢箍。

3. 基础梁上部受力筋为 4 根直径 18mm 的 HRB400 级钢筋，下部受力筋为 4 根直径 18mm 的 HRB400 级钢筋，构造筋为 2 根直径 12mm 的 HPB300 级钢筋。

【案例评析6-13】

基础梁的集中标注识读（图 6-25 中编号 6）。

标注识读：

1. 表示编号为 JL02 的基础梁，1 跨，两端均有外伸。

2. 基础梁截面宽 500mm，截面高 1500mm，箍筋为 HPB300 级钢筋直径 10mm 间距 100mm，四肢箍。

3. 上部受力筋为 4 根直径 18mm 的 HRB400 级钢筋，下部受力筋为 4 根直径 18mm 的 HRB400 级钢筋，构造筋为 2 根直径 12mm 的 HPB300 级钢筋。

6.3.3 独立基础平法施工图与三维图对照

普通独立基础平法施工图、立体三维图、钢筋三维图，如图 6-26 所示。基础混凝土强度等级为 C30。

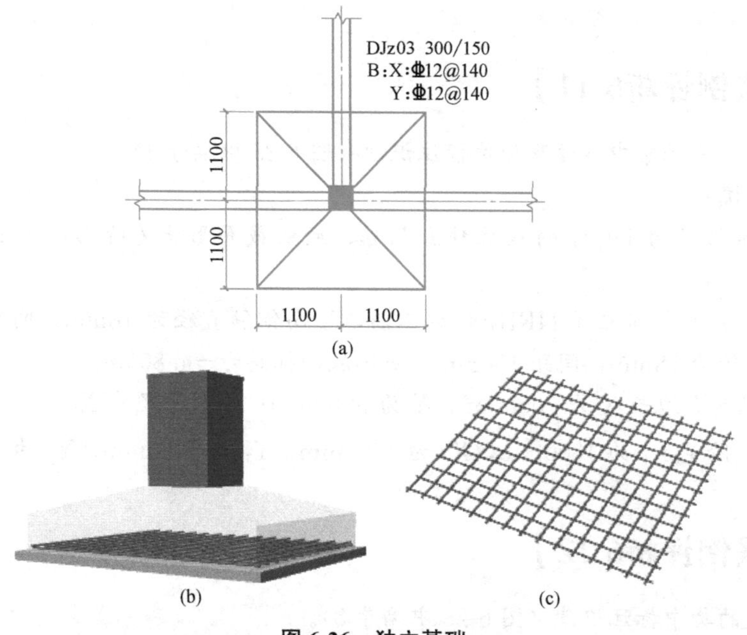

图 6-26　独立基础

实例解读：

（1）基础编号为 DJz03，底板截面为锥形，X、Y 边平面尺寸均为 2200mm。

（2）基础底板向竖向尺寸为 h_1=300mm、h_2=150mm，基础底板总高度为 450mm。

（3）基础底板底部配置 HRB400 级钢筋，X、Y 向钢筋相同，直径为 12mm，间距 140mm。

（4）因基础两向边长为 2200mm＜2500mm，故基础底板钢筋长度不需要缩减。

单元小结

本单元结合工程实例从独立基础平法施工图导读和标准构造详图两个方面对独立基础平法施工图进行识读。

独立基础平法施工图导读部分从独立基础类型、平面注写方式以及截面注写方式三个方面，系统地讲述了独立基础平面表示方法的识读要点；标准构造详图识读部分给出了独立基础底板第一根钢筋起步距离、双向交叉钢筋上下位置关系、基础底板钢筋缩减等构造要求以及双柱独立基础的梁钢筋构造要求。

通过对独立基础平法施工图和标准构造详图的识读，使学生熟练掌握独立基础平法施工图的识读方法和识读要点，为学习基础工程钢筋翻样和工程量计算打下良好基础。

思考及练习题

一、单选题

1. 下列关于独立基础编号正确的表述为（　　）。

A. DJj××表示锥形普通独立基础

B. DJj××表示阶形普通独立基础

C. BJj××表示锥形杯口独立基础

D. BJj××表示阶形普通独立基础

2. BJj××的含义为（　　）。

A. 锥形普通独立基础　　B. 阶形普通独立基础

C. 锥形杯口独立基础　　D. 阶形杯口独立基础

3. 各种独立基础底板的底部配筋用（　　）表示。

A. B　　B. D

C. X　　D. Y

4. 关于独立基础底板配筋构造表述正确的为（　　）。

A. 独立基础底板双向交叉钢筋 X 向设置在下，Y 向设置在上

B. 独立基础底板双向交叉钢筋 X 向设置在上，Y 向设置在下

C. 独立基础底板双向交叉钢筋长向设置在上，短向设置在下

D. 独立基础底板双向交叉钢筋长向设置在下，短向设置在上

5. 当独立基础底板长度（　　）mm 时，除外侧钢筋外，底板配筋长度减短 10%。

A. ≥2500　　B. ≤2500

C. ≥1500　　D. ≤1500

6. 杯口独立基础杯口上口及下口尺寸，按柱截面边长两侧双向各加（　　）mm。

A. 75，50　　B. 50，25

C. 50，50　　D. 75，25

二、多选题

1. 独立基础底板的截面形状通常有（　　）。

A. 阶形截面　　B. 锥形截面

C. 矩形截面　　D. 梯形截面

E. 圆形截面

2. 独立基础的集中标注信息中，（　　）是必注内容。

A. 基础编号　　B. 截面竖向尺寸

C. 配筋　　D. 基础底面标高

E. 基础混凝土强度等级

3. 下列关于独立基础底板配筋的表述，正确的有（　　）。

A. 独立基础底板双向交叉钢筋长向设置在下，短向设置在上

B. 独立基础底板长度不小于 2500mm 时，除外侧钢筋外，底板配筋长度可取相应方向底板长度的 0.9 倍，交错放置

C. 独立基础底板长度不大于 2500mm 时，除外侧钢筋外，底板配筋长度可取相应方向底板长度的 0.9 倍，交错放置

D. 独立基础底板双向交叉钢筋长向设置在上，短向设置在下

E. 独立基础底板长度不小于 2500mm 时，底板所有配筋长度可取相应方向底板长度的 0.9 倍，交错放置

4. 独立基础底板边缘距最外侧钢筋的距离需同时满足（　　）要求。

A. ≤75　　B. $\leq s/2$ 或 $\leq s'/2$

C. ≤50　　D. $\leq s$ 或 s'

E. ≤85

三、填空题

1. 当独立基础底板长度为______时，除外侧钢筋外，底板配筋长度可缩短 10%。

2. 独立基础底部配筋的起步距离要求满足______。

3. 独立基础底板双向钢筋______设置在下，______设置在上。

4. 当独立基础底板长度不小于 2500mm 时，除外侧钢筋外，底板配筋长度可取相应方向底板长度的______倍。

5. T：10Φ16@150/Φ10@200；表示独立基础______配置纵向受力钢筋______级，直径为____，设置____根，间距____；分布筋____级，直径为____，间距____。

四、识图题

请按《22G101-3》的规定，描述图 6-27 中独立基础的相关信息。

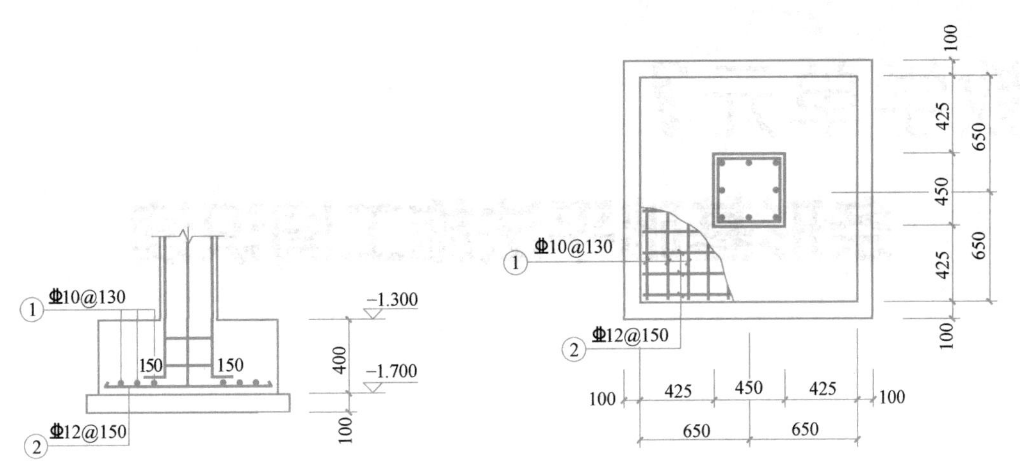

图 6-27　DJj01 平面图

教学单元7 Chapter 07

条形基础平法施工图识读

1. 知识目标

(1) 了解条形基础的钢筋构造；

(2) 理解条形基础平法施工图的表示方法及条形基础编号；

(3) 掌握基础梁的平面注写方式、条形基础底板的平面注写方式和条形基础的截面注写方式。

2. 能力目标

(1) 通过学习条形基础平法施工图的表示方式、条形基础编号、基础梁的平面注写方式、条形基础底板的平面注写方式和条形基础截面注写方式的内容，学生能够识读基础施工图中的平法标注；

(2) 根据具体工程案例的基础平面图，学生能够识读工程中条形基础的配筋情况及钢筋放样。

建议学时：12学时

建议教学形式：配套使用《22G101-3》图集和教材提供的数字资源。

7.1 条形基础平法施工图导读

7.1.1 条形基础的定义及分类

条形基础是指基础长度远远大于宽度的一种基础形式（一般指基础的长度不小于 10 倍基础的宽度），如图 7-1 所示。

图 7-1　条形基础

7-1 条形基础施工现场图片集锦

按上部结构分为墙下条形基础（图 7-2）和柱下条形基础（图 7-3）。

按受力特点分为梁板式条形基础和板式条形基础。梁板式条形基础适用于钢筋混凝土框架结构、框架-剪力墙结构、部分框支剪力墙结构和钢结构；板式条形基础适用于钢筋混凝土剪力墙结构和砌体结构。

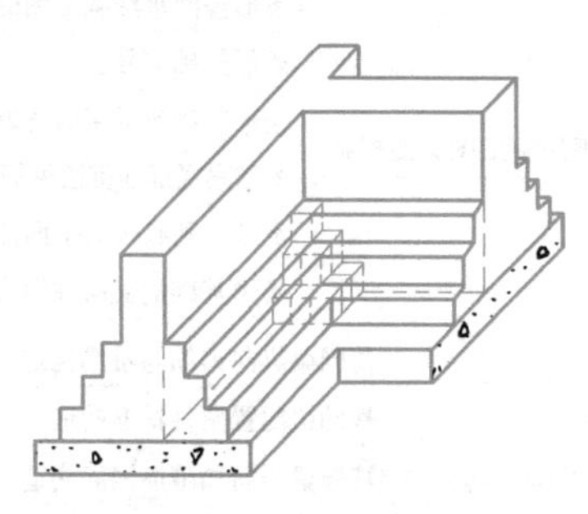
图 7-2 墙下条形基础

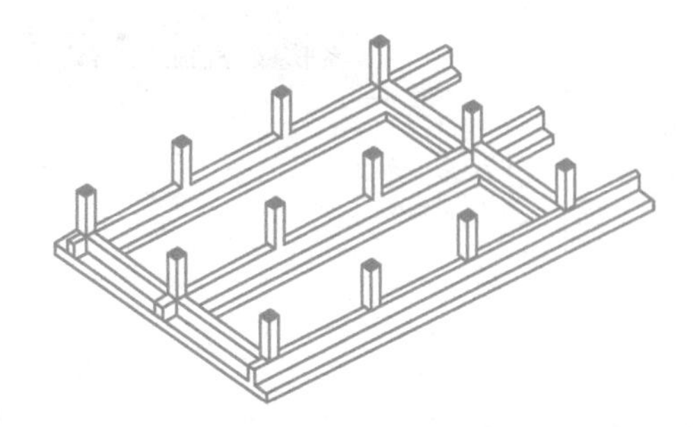
图 7-3 柱下条形基础

条形基础的特点是：布置在一条轴线上且与两条以上轴线相交，有时也和独立基础相连，但截面尺寸与配筋不尽相同。另外，横向配筋为主要受力钢筋，纵向配筋为次要受力钢筋或者是分布钢筋。主要受力钢筋布置在下面。

7.1.2 条形基础平法施工图制图规则

1. 条形基础平法施工图的表示方式

（1）条形基础平法施工图，有平面注写与截面注写两种表达方式。在平法施工图中，梁板式条形基础分解为基础梁和条形基础底板分别进行表达；板式条形基础仅表达条形基础底板。

（2）条形基础平面布置图，是将条形基础平面与基础所支承的上部结构的柱、墙一起绘制。当基础底面标高不同时，需注明与基础底面基准标高不同之处的范围和标高。

（3）当梁板式基础梁中心或者板式条形基础板中心与建筑定位轴线不重合时，应标注其定位尺寸；对于编号相同的条形基础，可仅选择一个进行标注。

2. 条形基础编号

条形基础编号分为基础梁和条形基础底板编号，按表 7-1 的规定。

条形基础梁及底板编号　　表 7-1

类型		代号	序号	跨数及有无外伸
基础梁		JL	××	(××)端部无外伸 (××A)一端有外伸 (××B)两端有外伸
条形基础底板	坡形	TJBp	××	
	阶形	TJBj	××	

注：条形基础通常采用坡形截面或单阶形截面。

3. 条形基础梁的平面注写方式

条形基础梁的平面注写方式分集中标注和原位标注两部分内容，当集中标注的某项数值不适用于基础梁的某部位时，则将该项数值采用原位标注。施工时，原位标注优先。

（1）基础梁集中标注的内容

基础梁的集中标注内容为：基础梁编号、截面尺寸、配筋三项必注内容，以及基础梁底面标高（与基础底面基准标高不同时）和必要的文字注解两项选注内容。具体规定如下：

1）注写基础梁编号（必注内容），见表 7-1。

2）注写基础梁截面尺寸（必注内容）。注写 $b \times h$，表示梁截面宽度与高度。当为竖向加腋梁时，用 $b \times h \, Yc_1 \times c_2$ 表示，其中 c_1 为腋长、c_2 为腋高。

3）注写基础梁配筋（必注内容）。

① 注写基础梁箍筋：

A. 当具体设计仅采用一种箍筋间距时，注写钢筋级别、直径、间距与肢数（箍筋肢数写在括号内，下同）。

B. 当具体设计采用两种箍筋时，用“/”分隔不同箍筋，按照从基础梁两端向跨中的顺序注写。先注写第 1 段箍筋（在前面加注箍筋道数），在斜线后再注写第 2 段箍筋（不再加注箍筋道数）。

【案例评析7-1】

“6Φ10@100/Φ10@200（4）”表示配置两种间距的 HPB300 级箍筋，直径为 10mm，从梁两端起向跨内按箍筋间距 100mm 每端各设置 6 道，梁其余部位的箍筋间距为 200mm，均为 4 肢箍。如图 7-4 所示。

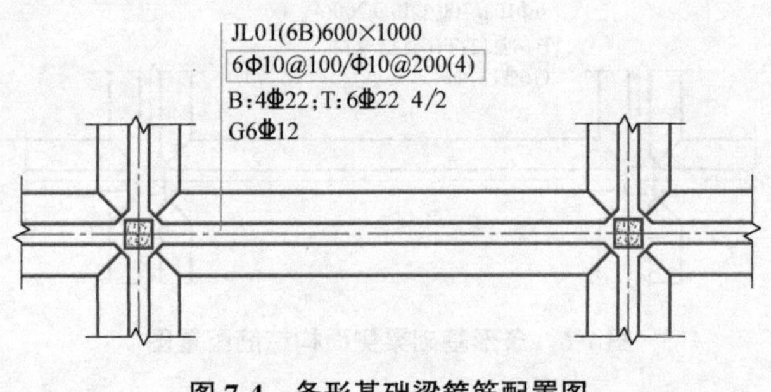

图 7-4　条形基础梁箍筋配置图

② 注写基础梁底部、顶部及侧面纵向钢筋：

A. 以 B 打头，注写梁底部贯通纵筋（不应少于梁底部受力钢筋总截面面积的 1/3）。当跨中所注根数少于箍筋肢数时，需要在跨中增设梁底部架立筋以固定箍筋，采用“+”将贯通纵筋与架立筋相联，架立筋注写在加号后面的括号内。

B. 以 T 打头，注写梁顶部贯通纵筋。注写时用分号“;”将底部与顶部贯通纵筋分隔开。

C. 当梁底部或顶部贯通纵筋多于一排时，用“/”将各排纵筋自上而下分开。

【案例评析7-2】

"B：4⌀22；T：6⌀22 4/2"表示梁底部配置4根直径22mm的HRB400级贯通纵筋；梁顶部配置6根直径22mm的HRB400级贯通纵筋，共分两排，上排4根，下排2根。如图7-5所示。

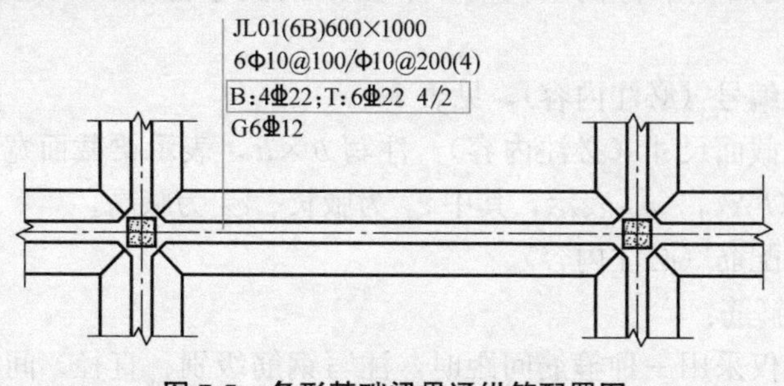

图7-5　条形基础梁贯通纵筋配置图

D. 以大写字母G打头注写梁两侧面对称设置的纵向构造钢筋的总配筋值（当梁腹板高度h_w不小于450mm时，根据需要配置）。

当需要配置抗扭纵向钢筋时，梁两个侧面设置的抗扭纵向钢筋以N打头。

【案例评析7-3】

"G6⌀12"表示梁每个侧面配置纵向构造钢筋3⌀12，共配置6⌀12。如图7-6所示。

"N6⌀16"表示梁两个侧面共配置6⌀16的纵向抗扭钢筋，沿截面周边均匀对称设置。

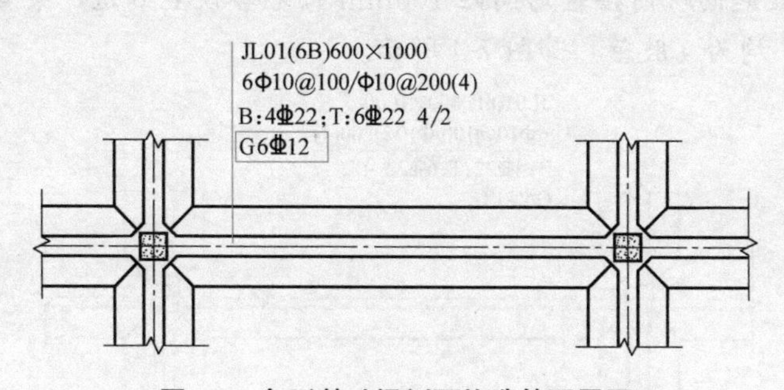

图7-6　条形基础梁侧面构造筋配置图

4）注写基础梁底面标高（选注内容）。当条形基础的底面标高与基础底面基准标高不同时，将条形基础底面标高注写在"( )"内。

5）必要的文字注解（选注内容）。当基础梁的设计有特殊要求时，宜增加必要的文字注解。

（2）基础梁的原位标注

1）基础梁支座的底部纵筋，是指包含贯通筋与非贯通筋在内的所有纵筋：

① 当底部纵筋多于一排时，用"/"将各排纵筋自上而下分开。

② 当同排纵筋有两种直径时，用"+"将两种直径的纵筋相联。

③ 当梁支座两边的底部纵筋配置不同时，需在支座两边分别标注；当梁支座两边的

底部纵筋相同时，可仅在支座的一边标注。

④ 当梁支座底部全部纵筋与集中注写过的底部贯通纵筋相同时，可不再重复做原位标注。

⑤ 竖向加腋梁加腋部位钢筋，需在设置加腋的支座处以 Y 打头注写在括号内。

2）原位注写基础梁的附加箍筋或（反扣）吊筋。当两向基础梁十字交叉，但交叉位置无柱时，应根据需要设置附加箍筋或（反扣）吊筋。

将附加箍筋或（反扣）吊筋直接画在平面图中条形基础主梁上，原位直接引注总配筋值（附加箍筋的肢数注在括号内）。当多数附加箍筋或（反扣）吊筋相同时，可在条形基础平法施工图上统一注明。少数与统一注明值不同时，再原位直接引注。

3）原位注写基础梁外伸部位的变截面高度尺寸。当基础梁外伸部位采用变截面高度时，在该部位原位注写 $b \times h_1/h_2$，h_1 为根部截面高度、h_2 为尽端截面高度。

4）原位注写修正内容。当在基础梁上集中标注的某项内容（如截面尺寸、箍筋、底部与顶部贯通纵筋或架立筋、梁侧面纵向构造钢筋、梁底面标高等）不适用于某跨或某外伸部位时，将其修正内容原位标注在该跨或该外伸部位，施工时原位标注取值优先。

当在多跨基础梁的集中标注中已注明竖向加腋，而该梁某跨根部不需要竖向加腋时，则应在该跨原位标注无 $Yc_1 \times c_2$ 的 $b \times h$，以修正集中标注中的竖向加腋要求。

4. 基础梁底部非贯通纵筋的长度规定

（1）为方便施工，对于基础梁柱下区域底部非贯通纵筋的伸出长度 a_0 值：当配置不多于两排时，在标准构造详图中统一取值为自柱边向跨内伸出至 $l_n/3$ 位置；当非贯通纵筋配置多于两排时，从第三排起向跨内的伸出长度值应由设计者注明。l_n 的取值规定为：边跨边支座的底部非贯通纵筋，l_n 取本边跨的净跨长度值；对于中间支座的底部非贯通纵筋，l_n 取支座两边较大一跨的净跨长度值。

（2）基础梁外伸部位底部纵筋的伸出长度 a_0 值，在标准构造详图中统一取值为：第一排伸出至梁端头后，全部上弯 $12d$ 或 $15d$；其他排钢筋伸至梁端头后截断。

5. 条形基础底板的平面注写方式

条形基础底板 TJBp、TJBj 的平面注写方式，分集中标注和原位标注两部分内容。

（1）条形基础底板的集中标注内容为：条形基础底板编号、截面竖向尺寸、配筋三项必注内容，以及条形基础底板底面标高（与基础底面基准标高不同时）、必要的文字注解两项选注内容。

素混凝土条形基础底板的集中标注，除无底板配筋内容外与钢筋混凝土条形基础底板相同。具体规定如下：

1）注写条形基础底板编号（必注内容），见表 7-1。条形基础底板向两侧的截面形状通常有两种：

① 阶形截面，编号加角标“j”，如 TJBj××（××）；

② 坡形截面，编号加角标“p”，如 TJBp××（××）。

2）注写条形基础底板截面竖向尺寸（必注内容）。注写 $h_1/h_2/\cdots\cdots$，具体标注为：

① 当条形基础底板为坡形截面时，注写为 h_1/h_2，如图 7-7 所示。

② 当条形基础底板为阶形截面时，如图 7-8 所示，当为多阶时各阶尺寸自下而上以

“/”分隔顺写。

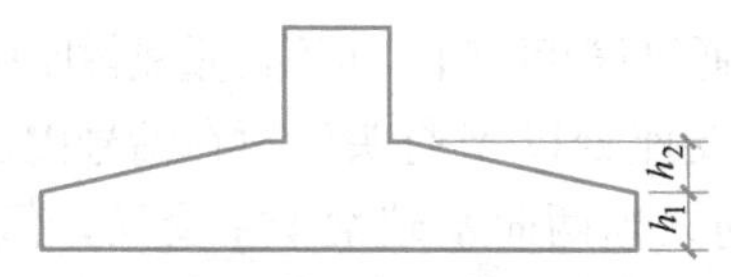

图 7-7　条形基础坡形截面竖向尺寸

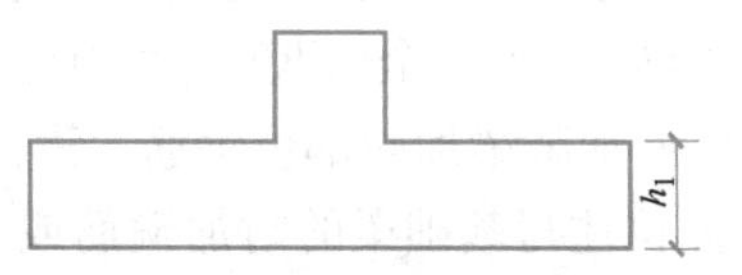

图 7-8　条形基础阶形截面竖向尺寸

【案例评析7-4】

当条形基础底板为坡形截面 TJBp01，其截面竖向尺寸注写为“300/250”时，表示 h_1＝300mm、h_2＝250mm，基础底板根部总高度为 550mm。

当条形基础底板为阶形截面 TJBj02，其截面竖向尺寸注写为“300”时，表示 h_1＝300mm，即为基础底板总高度。

3）注写条形基础底板底部及顶部配筋（必注内容）。

以 B 打头，注写条形基础底板底部的横向受力钢筋；以 T 打头，注写条形基础底板顶部的横向受力钢筋。注写时，用“/”分隔条形基础底板的横向受力钢筋与纵向分布钢筋，如图 7-9 和图 7-10 所示。

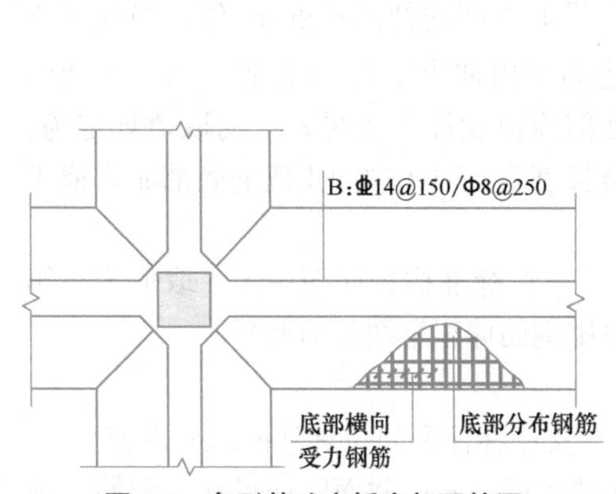

图 7-9　条形基础底板底部配筋图

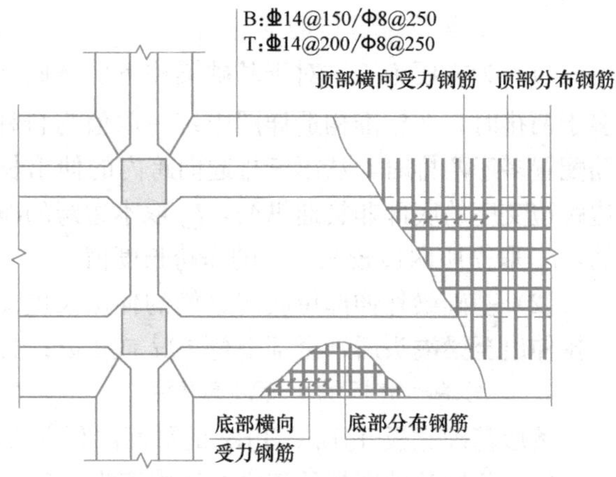

图 7-10　双梁条形基础底板配筋图

【案例评析7-5】

当条形基础底板配筋标注为“B：⌀ 14@150/Φ 8@250”表示条形基础底板底部配置 HRB400 级横向受力钢筋，直径为 14mm，间距 150mm；配置 HPB300 级纵向分布钢筋，直径为 8mm，间距 250mm（图 7-9）。

4）注写条形基础底板底面标高（选注内容）。当条形基础底板的底面标高与条形基础底面基准标高不同时，应将条形基础底板底面标高注写在“( )”内。

5）必要的文字注解（选注内容）。当条形基础底板有特殊要求时，应增加必要的文字注解。

（2）条形基础底板的原位标注规定如下：

1）原位注写条形基础底板的平面尺寸。原位标注 b、b_i，$i=1$，2……。其中，b 为基础底板总宽度、b_i 为基础底板台阶的宽度。当基础底板采用对称于基础梁的坡形截面或单阶形截面时，b_i 可不注。

素混凝土条形基础底板的原位标注与钢筋混凝土条形基础底板相同。

对于相同编号的条形基础底板，可仅选择一个进行标注。

条形基础存在双梁或双墙共用同一基础底板的情况，当为双梁或为双墙且梁或墙荷载差别较大时，条形基础两侧可取不同的宽度，实际宽度以原位标注的基础底板两侧非对称的不同台阶宽度 b_i 进行表达。

2）原位注写修正内容。当在条形基础底板上集中标注的某项内容，如底板截面竖向尺寸、底板配筋、底板底面标高等，不适用于条形基础底板的某跨或某外伸部分时，可将其修正内容原位标注在该跨或该外伸部位，施工时原位标注取值优先。

6. 条形基础的截面注写方式

条形基础的截面注写方式，又可分为截面标注和列表注写（结合截面示意图）两种表达方式。

（1）采用截面注写方式，应在基础平面布置图上对所有条形基础进行编号，编号原则见表 7-1。

对条形基础进行截面标注的内容和形式，与传统“单构件正投影表示方法”基本相同。对于已在基础平面布置图上原位标注清楚的该条形基础梁和条形基础底板的水平尺寸，可不在截面图上重复表达，具体表达内容可参照图集中相应的标准构造。

（2）对多个条形基础可采用列表注写（结合截面示意图）的方式进行集中表达。表中内容为条形基础截面的几何数据和配筋，截面示意图上应标注与表中栏目相对应的代号。列表的具体内容规定如下：

1）基础梁。基础梁列表集中注写栏目为：

① 编号：注写 JL××（××）、JL××（××A）或 JL××（××B）。

② 几何尺寸：梁截面宽度与高度 $b \times h$。当为竖向加腋梁时，注写 $b \times h$ Y$c_1 \times c_2$，其中 c_1 为腋长、c_2 为腋高。

③ 配筋：注写基础梁底部贯通纵筋＋非贯通纵筋，顶部贯通纵筋，箍筋。当设计为两种箍筋时，箍筋注写为：第一种箍筋/第二种箍筋，第一种箍筋为梁端部箍筋，注写内容包括箍筋的箍数、钢筋级别、直径、间距与肢数。

基础梁列表格式见表 7-2。

基础梁几何尺寸和配筋表　　表 7-2

基础梁编号/截面号	截面几何尺寸		配筋	
	$b \times h$	竖向加腋 $c_1 \times c_2$	底部贯通纵筋＋非贯通纵筋，顶部贯通纵筋	第一种箍筋/第二种箍筋

注：表中可根据实际情况增加栏目，如增加基础梁底面标高等。

2）条形基础底板。条形基础底板列表集中注写栏目为：

① 编号：坡形截面编号为 TJBp××（××）、TJBp××（××A）或 TJBp××（××B），阶形截面编号为 TJBj××（××）、TJBj××（××A）或 TJBj××（××B）。

② 几何尺寸：水平尺寸 b、b_i，$i=1$，2，……；竖向尺寸 h_1/h_2。

③ 配筋：B：Φ××@×××/Φ××@×××。

条形基础底板列表格式见表 7-3。

条形基础底板几何尺寸和配筋表　　表 7-3

基础底板编号/截面号	截面几何尺寸			底部配筋(B)	
	b	b_i	h_1/h_2	横向受力钢筋	纵向分布钢筋

注：表中可根据实际情况增加栏目，如增加上部配筋、基础底板底面标高（与基础底板底面基准标高不同时）等。

7.2 条形基础标准构造详图

7.2.1 条形基础梁配筋构造解读

1. 基础梁纵向钢筋与箍筋构造

基础梁与上部结构框架梁的钢筋配置方式一致，包括贯通纵筋、非贯通纵筋、架立筋、侧面构造筋和箍筋。因为受力方向相反，所以底部和顶部纵向钢筋配置方向也相反。如图 7-11 所示。

（1）基础梁底部和顶部的贯通纵筋在各自连接区内均可采用搭接、机械连接或焊接。同一连接区段内接头面积百分率不宜大于 50%。当钢筋长度可穿过一连接区到下一连接区并满足连接要求时，宜穿越设置。

（2）底部贯通纵筋连接区为本跨跨中 $l_n/3$ 范围内，顶部贯通纵筋连接区为支座宽度及两侧外边缘各向跨内延伸 $l_n/4$ 范围。其中跨度值 l_n 为左右相邻两跨净跨长度较大值。

（3）底部第一排和第二排非贯通纵筋自柱边缘向跨内延伸 $l_n/3$ 长度，从第三排起向跨内延伸的长度应由设计者注明。

（4）当两毗邻跨的底部贯通纵筋配置不同时，应将配置较大一跨的底部贯通纵筋越过其标注的跨数终点或起点，伸至配置较小的毗邻跨的跨中连接区进行连接。

顶部贯通纵筋在连接区内采用搭接、机械连接或焊接，同一连接区段内接头面积百分率不宜大于50%。
当钢筋长度可穿过一连接区到下一连接区并满足连接要求时，宜穿越设置。

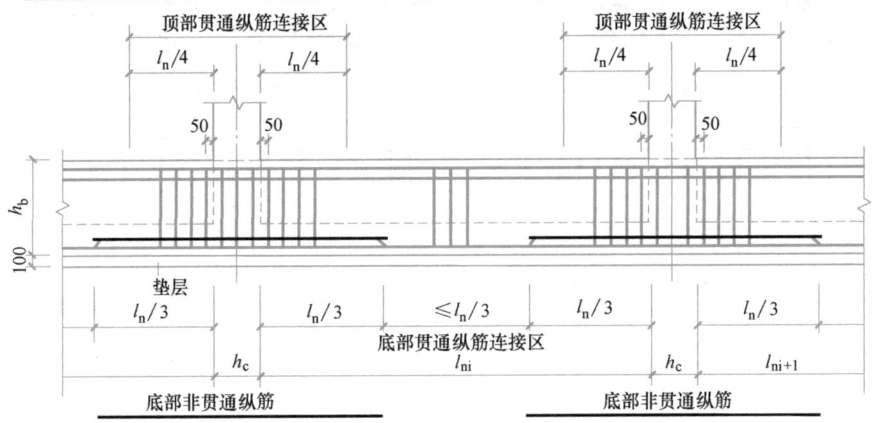

底部贯通纵筋在连接区内采用搭接、机械连接或焊接，同一连接区段内接头面积百分率不宜大于50%。
当钢筋长度可穿过一连接区到下一连接区并满足连接要求时，宜穿越设置。

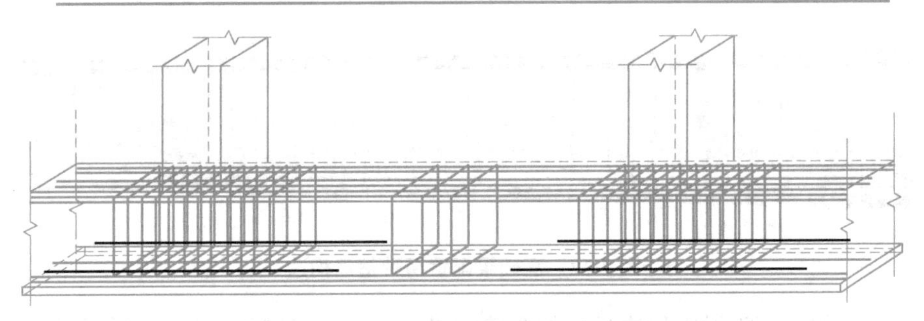

图 7-11　基础梁纵向钢筋与箍筋构造

(5) 节点区内箍筋按梁端箍筋设置。梁相互交叉宽度内的箍筋按截面高度较大的基础梁设置。同跨箍筋有两种时，各自设置范围按具体设计注写。

(6) 基础梁相交处位于同一层面的交叉纵筋，何梁纵筋在下、何梁纵筋在上，应按具体设计说明。

【案例评析7-6】

基础梁中间柱左右两跨净跨长分别为 3300mm 和 3900mm，则此柱下基础梁底部第一排非贯通纵筋自柱边缘伸入梁内的长度为 max(3300/3，3900/3)＝1300mm。

2. 基础梁配置两种箍筋构造

基础梁配置两种箍筋时，如图 7-12 所示。当具体设计未注明时，基础梁的外伸部位以及基础梁端部节点内按第一种箍筋设置。节点区外第一道箍筋从柱边两侧各 50mm 处设置。

3. 基础梁竖向加腋筋钢筋构造

基础梁竖向加腋筋钢筋构造，如图 7-13 所示。基础梁竖向加腋部位的钢筋见设计标注。加腋范围的箍筋与基础梁的箍筋配置相同，仅箍筋高度为变值。

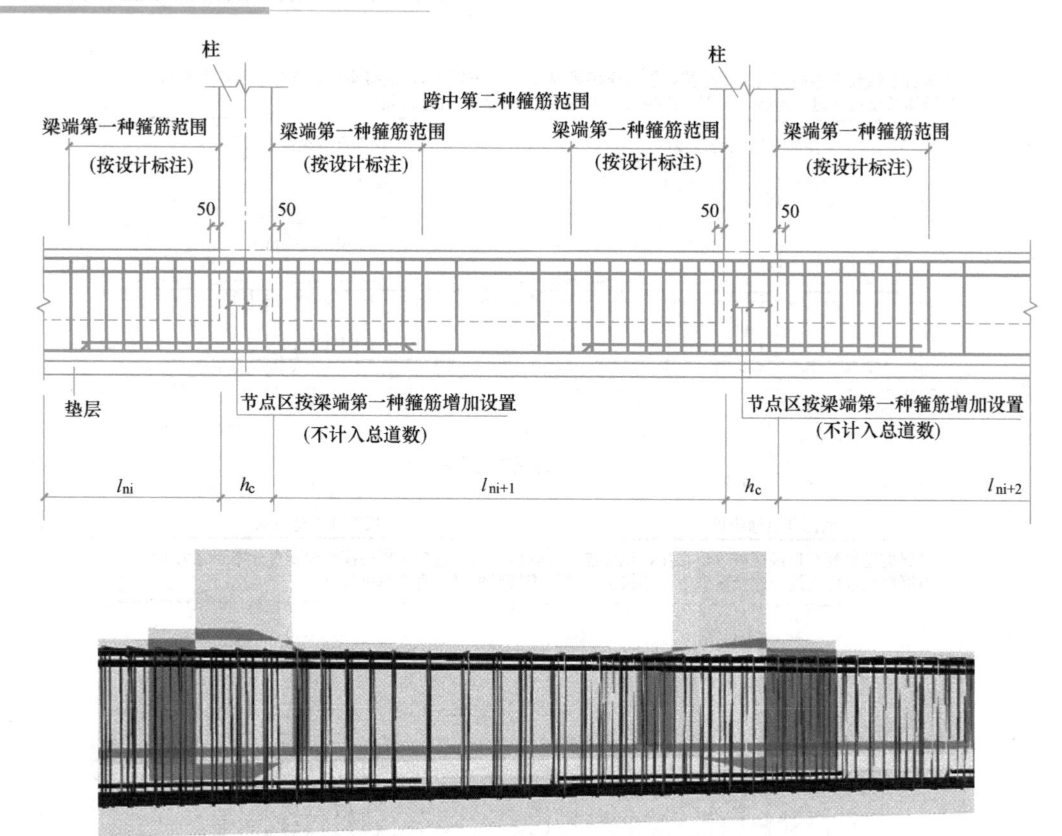

图 7-12　基础梁配置两种箍筋构造

加腋钢筋的长度为梁腋斜边长度加两倍的锚固长度。双侧加腋柱下的加腋钢筋两边对称锚固于梁中，单侧加腋柱下的加腋钢筋下侧锚固于梁，上侧锚固于柱中。

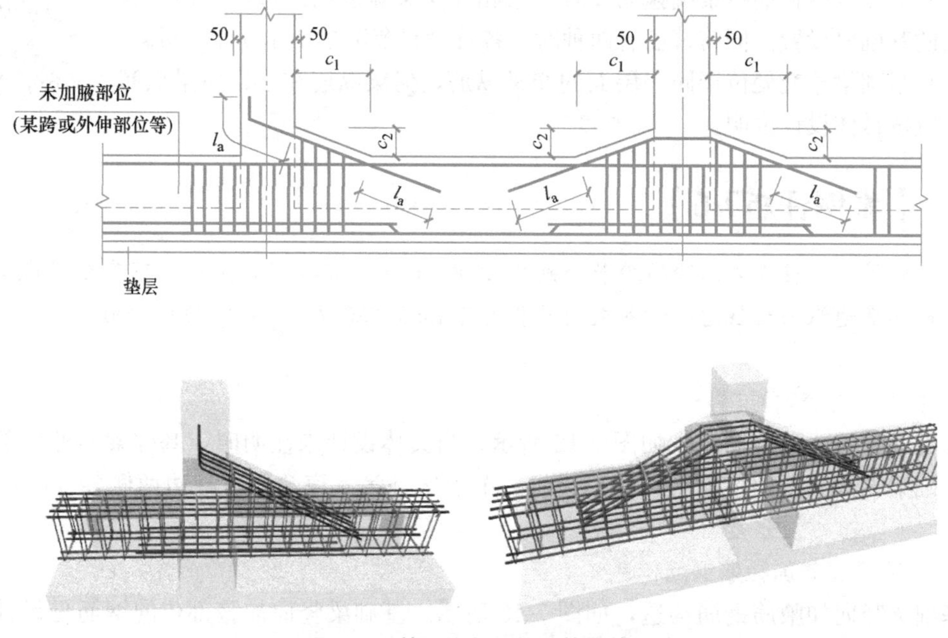

图 7-13　基础梁竖向加腋筋钢筋构造

4. 基础梁端部与外伸部位钢筋构造

条形基础梁端部与外伸部位钢筋构造，如图 7-14 所示。

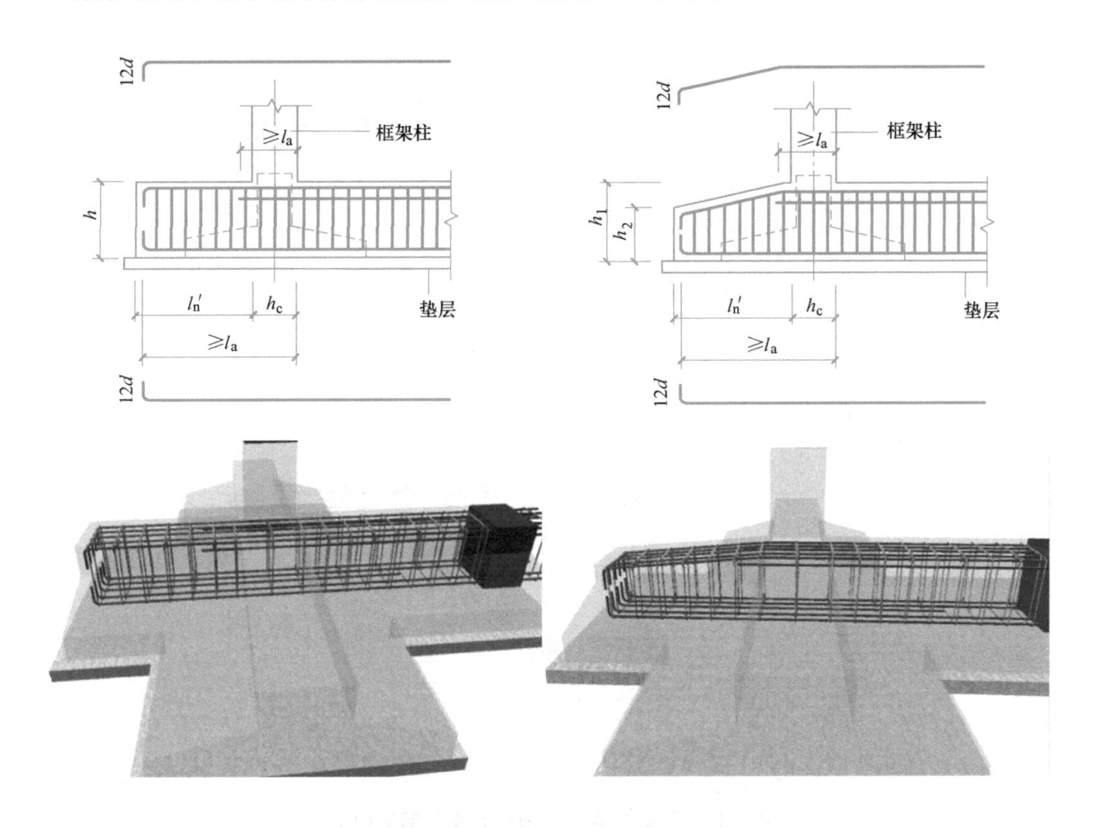

图 7-14　基础梁端部与外伸部位钢筋构造

基础梁上部第一排贯通纵筋伸出至梁端头向下弯折 12d。上部第二排贯通纵筋不伸入外伸段，仅在支座直锚即可。

当从柱内边算起的梁端部外伸长度满足直锚要求时，基础梁下部钢筋伸出至梁端头向上弯折 12d。

当从柱内边算起的梁端部外伸长度不满足直锚要求时，基础梁下部钢筋应伸至端部后弯折，且从柱内边算起水平段长度不小于 $0.6l_{ab}$，弯折段长度 15d。

5. 基础梁梁底不平和变截面部位钢筋构造

条形基础梁梁底、梁顶均有高差钢筋构造，如图 7-15 所示。变截面处钢筋采用分离式布置并满足锚固要求。梁底高差坡度 α 根据场地实际情况可取 30°、45°或 60°。

高截面梁顶部第一排纵筋伸至梁端向下锚入低截面梁；顶部第二排纵筋不满足直锚要求时，伸至尽端钢筋内侧向下弯折 15d。高截面梁底部各排纵筋自变截面处起伸至柱边且大于直锚长度即可。

低截面梁顶部各排纵筋直锚进入高截面梁即可。低截面梁底部所有纵筋在弯折处向上弯折，直锚进入高截面梁中即可。

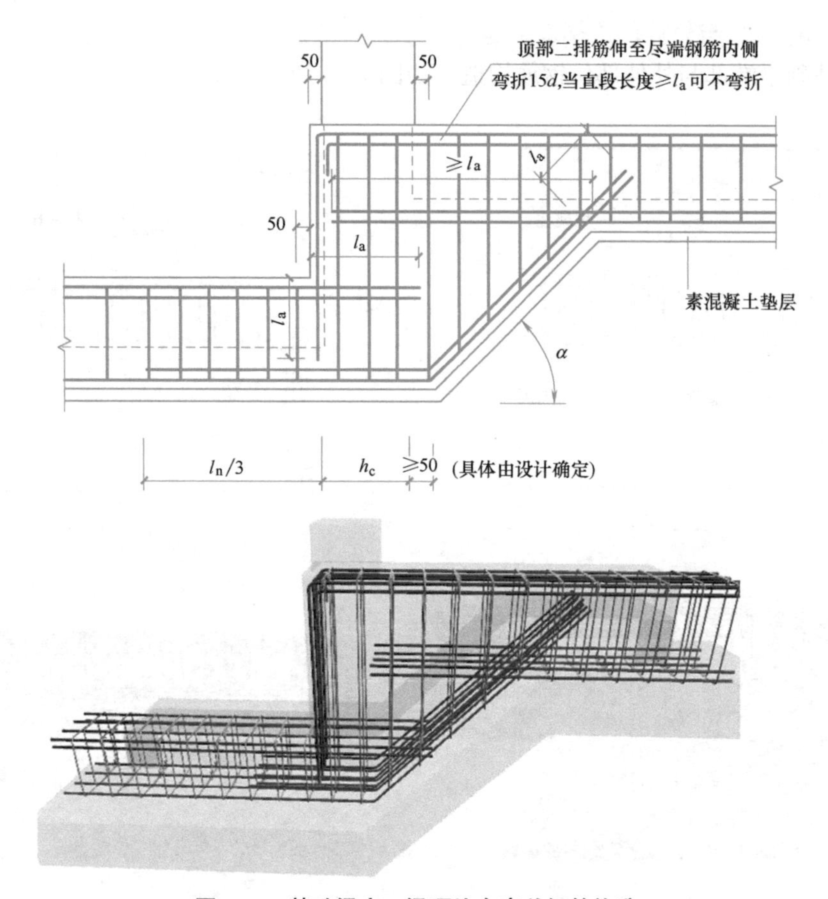

图 7-15　基础梁底、梁顶均有高差钢筋构造

7.2.2　条形基础底板配筋构造解读

条形基础底板底部配筋分为横向（短向）受力钢筋和纵向（长向）分布钢筋。在此以梁板式条形基础底板为例，解读其配筋构造。梁板式条形基础底板有坡形和阶形两种截面，其配筋详图如图 7-16 所示。在基础梁宽范围内不设底板分布筋。在两向受力钢筋交接处的网状部位，分布钢筋与同向受力钢筋的搭接长度为 150mm。

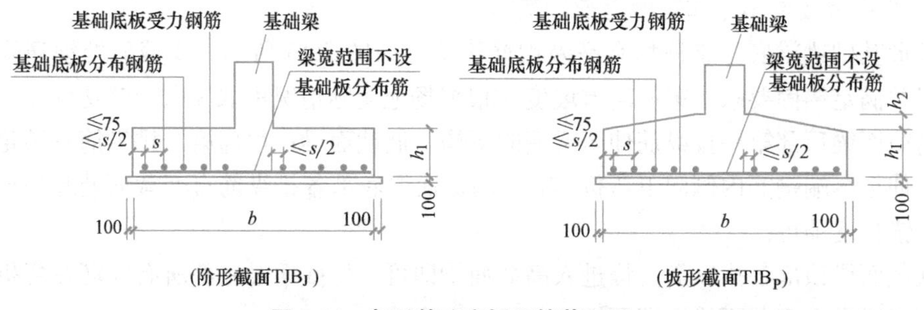

图 7-16　条形基础底板配筋截面图

1. 十字交接基础底板构造

也可用于转角梁板端部均有纵向延伸的情况，如图 7-17 所示。在底板两向受力筋交接区内，主要受力方向底板受力筋与同向分布筋全部搭接，次要受力方向底板受力筋仅在底板两侧各 1/4 宽度内与同向分布筋搭接。

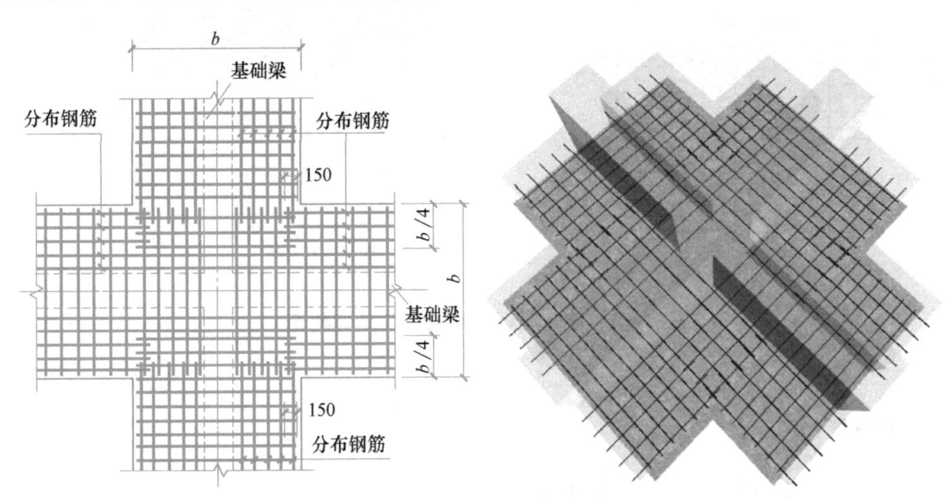

图 7-17　十字交接基础底板构造

2. 丁字交接基础底板构造

在底板两向受力筋交接区内，贯通方向底板（图 7-18 中横向底板）受力筋满跨设置，不受基础梁宽限制；端部方向底板（图 7-18 中竖向底板）受力筋仅向节点区内延伸 1/4 板宽范围。

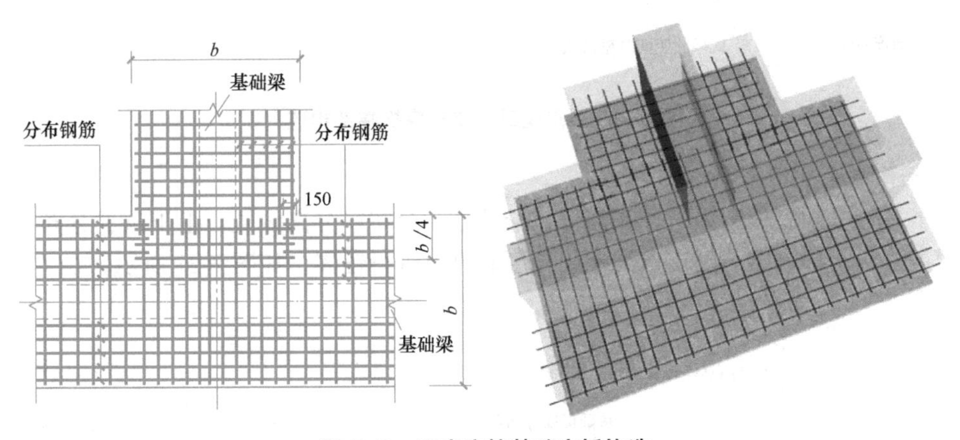

图 7-18　丁字交接基础底板构造

3. 转角梁板端部无纵向延伸

在转角受力钢筋交接区，两向受力钢筋均满跨布置，不受基础梁宽限制。如图 7-19 所示。

4. 条形基础无交接底板端部构造

在端部两向边长均为板宽的正方形受力钢筋交接区，两向受力钢筋均满跨布置，不受基础梁宽限制。如图 7-20 所示。

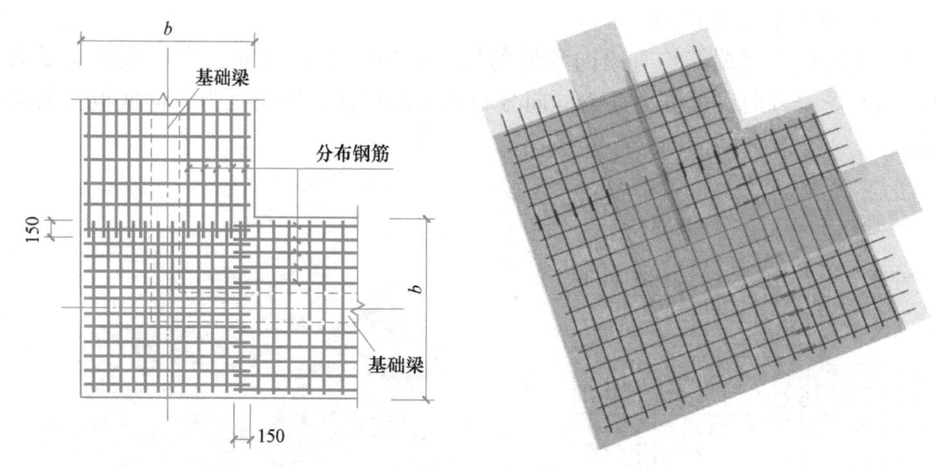

图 7-19　转角梁板端部无纵向延伸构造

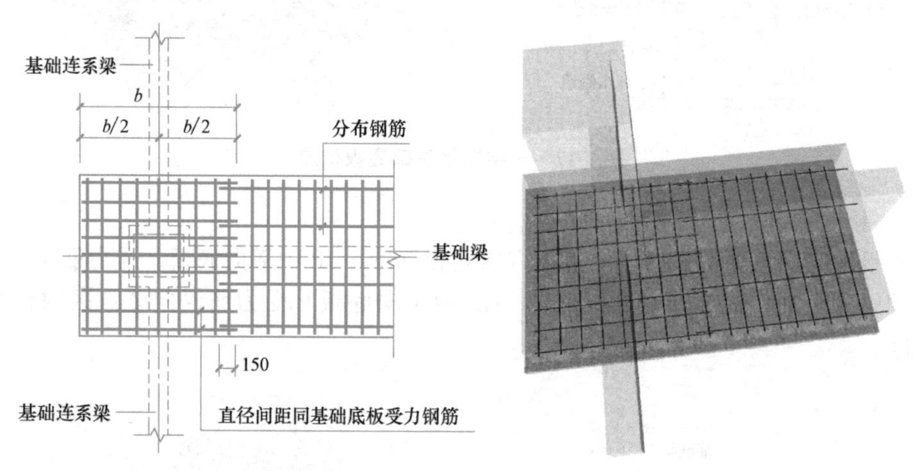

图 7-20　条形基础无交接底板端部构造

5. 条形基础底板不平构造

柱下条形基础底板不平时，在高低板交接处，分布筋分离设置，上下层的分布筋转换为受力筋，以两层分布筋的交点为锚固长度起算点进行锚固。如图 7-21 所示。

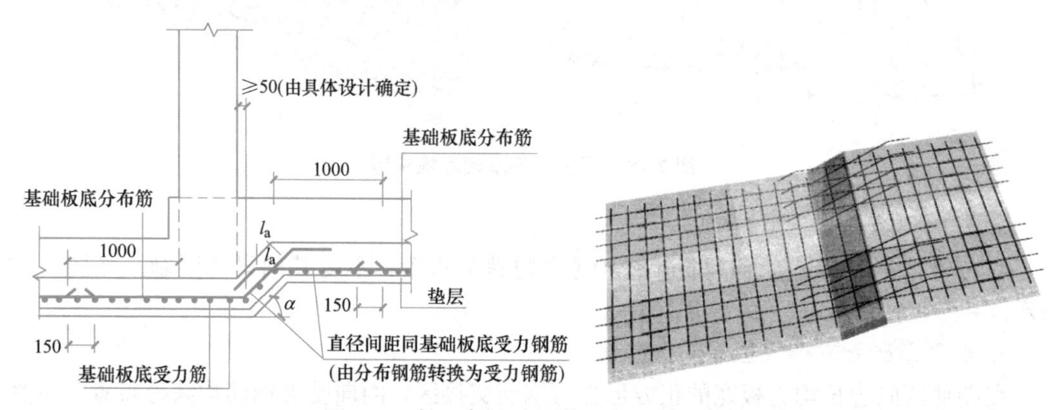

图 7-21　柱下条形基础底板板底不平构造

6. 条形基础底板配筋长度减短 10%构造

当条形基础底板宽度不小于 2500mm 且单边宽度不小于 1250mm 时，底板受力钢筋长度可在相应侧边处减短 10%。其中，底板交接区的受力钢筋和无交接底板时端部第一根钢筋不应减短。如图 7-22 所示。

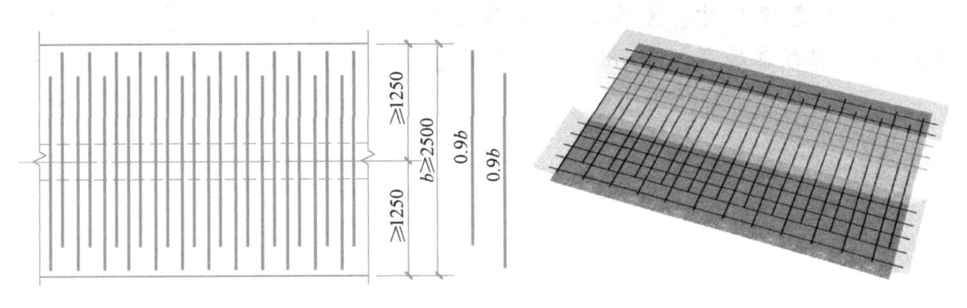

图 7-22　条形基础底板配筋长度减短 10%构造

【案例评析7-7】

某条形基础底板宽度为 3000mm，轴线居中，按构造规定底板受力筋的长度应取底板宽度的 0.9 倍，即为 2700mm。

7.3 条形基础平法施工图识读案例

7.3.1 案例实训任务

条形基础平法施工图如图 7-23 所示，结合图集《22G101-3》第 1-23 页，完成条形基础平法施工图的识读。

7.3.2 条形基础平法施工图标注识读

【案例评析7-8】

轴线和尺寸识读

标注识读：

X 向定位轴线 4 道，自下而上轴线编号为Ⓐ、Ⓑ、Ⓒ和Ⓓ；Y 向定位轴线有 3 道，自左向右轴线编号为①、②和③。轴线与基础梁居中。

外部尺寸：X 向Ⓐ轴向下外伸 2100mm，Ⓐ-Ⓑ轴定位尺寸为 6900mm，Ⓑ-Ⓒ轴定位尺寸为 1800mm，Ⓒ-Ⓓ轴定位尺寸是 6900mm，Ⓓ轴向上外伸 1800mm；Y 向①轴向左外伸 2100mm。①-②轴定位尺寸是 3900mm，②-③轴定位尺寸是 7200mm，③轴向右外伸 2100mm。

基础底板宽度尺寸：X 向Ⓐ轴处基础宽为 1800mm，Ⓑ、Ⓒ轴处基础宽为 3600mm，Ⓓ轴处基础宽也是 1800mm；Y 向①、②和③轴处基础宽均为 1800mm。

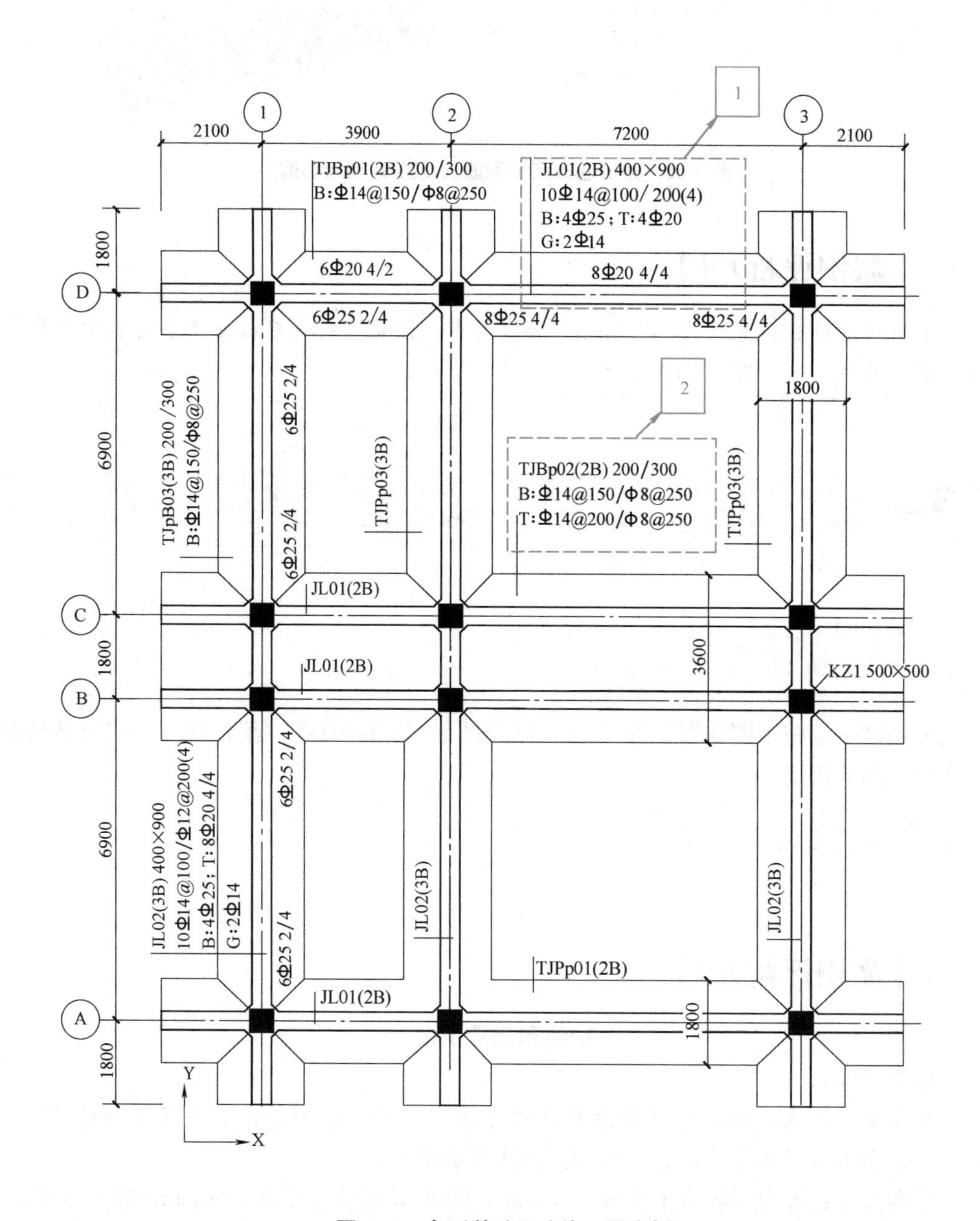

图 7-23　条形基础平法施工图实例

【案例评析7-9】

基础梁平法标注识读（图 7-23 中编号 1）

标注识读：

1. 基础梁编号：共有 4 道 JL01，编号均相同，任意选择一道（Ⓓ轴上）梁进行注写。

2. 集中标注：1 号基础梁；两跨，两端有外伸；梁宽 400mm，梁高 900mm；基础梁配置两种箍筋，为Φ 14，从梁两端起向跨内按间距 100mm 每端设置 10 道，其余部位箍筋间距为 200mm，均为 4 肢箍；梁底部配置贯通纵筋为 4Φ 25；梁顶部配置贯通纵筋为 4Φ 20；梁侧向构造筋共 2Φ 14。

3. 梁原位标注：位于①轴到②轴的第一跨，梁顶部纵向受力筋修正为 6Φ 20，其中上一排为 4Φ 20，下一排为 2Φ 20 非贯通筋，非贯通筋伸入支座长度为 l_a；位于①轴处支座梁底部共配置 6Φ 25 纵向受力筋，其中上一排为 2Φ 25 的非贯通纵筋，下一排为 4Φ 25 的贯通纵筋，非贯通筋自支座左侧延伸至外伸边缘上弯 $12d$，非贯通筋自支座边缘向右侧跨内延伸长度为该净跨值的 1/3；位于②轴处的支座两侧梁底部共配置 8Φ 25 纵向受力筋，其中上一排为 4Φ 25 的非贯通纵筋，下一排为 4Φ 25 的贯通纵筋，非贯通筋自支座边缘向两侧跨内延伸长度为左右净跨较大值的 1/3；位于②轴到③轴的第二跨，梁顶部纵向受力筋修正为 8Φ 20，其中上一排为 4Φ 20，下一排为 4Φ 20 非贯通筋，非贯通筋伸入支座长度为 l_a；位于③轴处支座梁底部共配置 8Φ 25 纵向受力筋，上一排为 4Φ 25 的非贯通纵筋，下一排为 4Φ 25 的贯通纵筋，非贯通筋自支座边缘向左侧跨内延伸长度为该净跨值的 1/3，非贯通筋自支座右侧延伸至外伸边缘上弯 $12d$。

【案例评析7-10】

基础底板标注识读（图 7-23 中编号 2）

标注识读：

1. 集中标注：2 号条形基础坡形底板 2 跨，两端有外伸；基础底板 h_1 高度为 200mm，h_2 为 300mm，底板总高度为 500mm；底部横向受力筋为Φ 14@150，纵向分布筋为Φ 8@250（基础梁内不需布置）；底板顶部横向受力筋为Φ 14@200，分布筋为Φ 8@250。

2. 原位标注：2 号条形基础宽 3000mm，双基础梁轴线间距 1800mm。

7.3.3　条形基础平法施工图识图示例实体三维图

图 7-23 中的条形基础梁 JL01 外伸端和中间跨的三维图如图 7-24 所示，按图 7-23 的

尺寸标注和图 7-24 的三维图，计算底部贯通筋的长度。

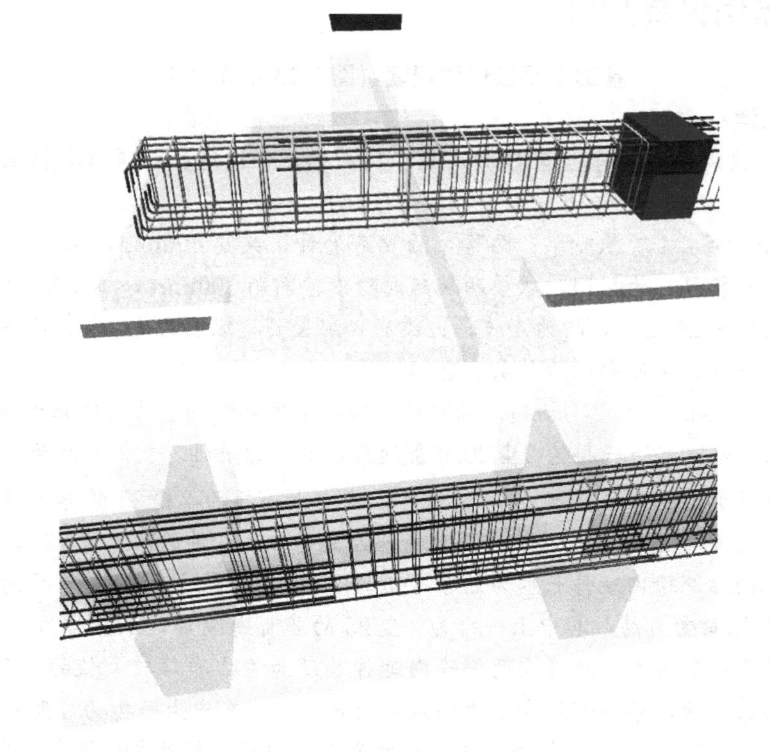

图 7-24 条形基础平法施工图实例实体三维图

根据查得的基础梁侧面保护层厚度为 25mm，底部贯通纵筋直径 25mm。则底部贯通纵筋长度：

$$L=2100+3900+7200+2100-25\times2+12\times25=15550\text{mm}$$

单元小结

本单元结合工程实例从条形基础平法施工图导读和标准构造详图两个方面对条形基础平法施工图进行识读。

条形基础平法施工图导读部分从条形基础类型、平面注写方式以及截面注写方式三个方面，系统地讲述了条形基础的基础梁、基础底板平面表示方法的识读要点；标准构造详图识读部分给出了条形基础的基础梁纵筋锚固和连接构造、基础梁箍筋排布构造；双向条形基础交叉处基础底板钢筋构造；基础底板钢筋缩减构造以及基础底板分布钢筋布置范围等构造要求。

通过对条形基础平法施工图和标准构造详图的识读，使学生熟练掌握条形基础平法施工图的识读方法和识读要点，为学习条形基础工程钢筋翻样和工程量计算打下良好基础。

思考及练习题

一、填空题

1. 柔性基础垫层采用不低于C15素混凝土，厚度为________ mm。

2. 条形基础分为________和________。

3. 基础梁的平面注写分为________和________，________取值优先。

4. 钢筋混凝土基础已设垫层，基础中的钢筋保护层从________算起，并不应小于________ mm。

5. 条形基础一般在短向配置________，在长向配置________。

二、判断题

1. 从室外自然地坪到基底的高度为基础的埋置深度。（　）

2. 刚性基础受刚性角的限制，所以基础底面积越大所需基础的高度越高。（　）

3. 混凝土基础为柔性基础，可不受刚性角的限制。（　）

4. 对于钢筋混凝土基础，设垫层时，钢筋保护层厚度不小于40mm；不设垫层时，钢筋保护层厚度不小于70mm。（　）

三、单选题

1. 建筑物最下面的部分是（　）。

A. 首层地面　B. 首层墙或柱　C. 基础　D. 地基

2. 当建筑物为柱承重且柱距较大时宜采用（　）。

A. 独立基础　B. 条形基础　C. 井格式基础　D. 筏形基础

3. 基础埋置深度不超过（　）时，叫浅基础。

A. 500mm　B. 5m　C. 6m　D. 5.5m

4. 对于大量砖混结构的多层建筑的基础，通常采用（　）。

A. 独立基础　B. 条形基础

C. 筏形基础　D. 箱形基础

5. 室内首层地面标高为±0.000m，基础底面标高为−1.500m，室外地坪标高为−0.600m，则基础埋置深度为（　）m。

A. 1.500　B. 2.100　C. 0.900　D. 1.200

6. 基础设计中，在连续的墙下或密集的柱下，宜采用（　）。

A. 独立基础　B. 条形基础

C. 井格式基础　D. 筏形基础

7. 属于柔性基础的是（　）。

A. 砖基础　B. 毛石基础

C. 混凝土基础　D. 钢筋混凝土基础

8. 直接在上面建造房屋的土层称为（　）。

A. 原土地基　B. 天然地基

C. 人造地基　D. 人工地基

四、识图题

解释图 7-25 中梁的集中标注和原位标注，画出基础梁左支座和跨中截面配筋图。

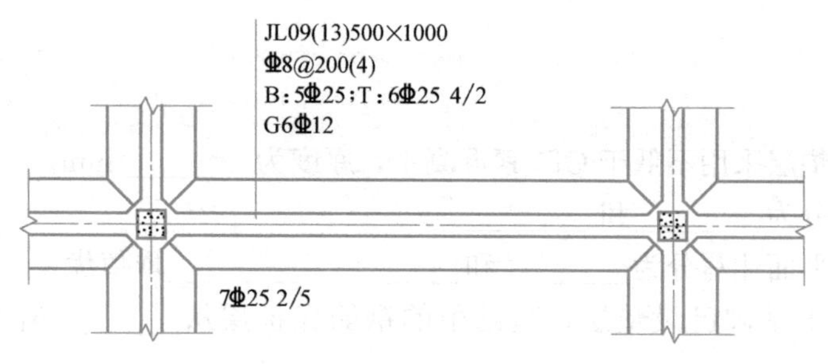

图 7-25

教学单元8 板式楼梯平法施工图识读

Chapter 08

教学目标

1. 知识目标

(1) 了解板式楼梯的钢筋构造；

(2) 理解板式楼梯平法施工图的表示方法及板式楼梯类型编号；

(3) 掌握板式楼梯的平面、剖面和列表注写方式。

2. 能力目标

(1) 通过学习板式楼梯平法施工图的表示方式，学生能够识读板式楼梯施工图中的平法标注；

(2) 根据具体工程案例的板式楼梯施工图，学生能够识读工程中的板式楼梯的配筋情况及钢筋放样。

建议学时：10学时

建议教学形式：配套使用《22G101-2》图集和教材提供的数字资源。

思维导图

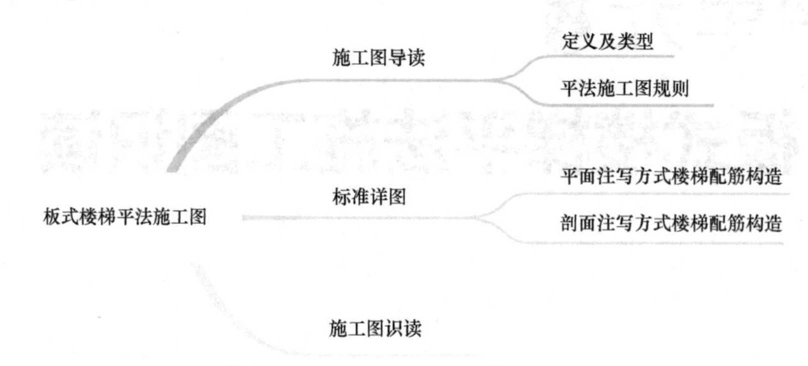

8.1 板式楼梯平法施工图导读

8.1.1 板式楼梯的定义及类型

1. 板式楼梯的定义

板式楼梯，是指踏步段斜板支承在高端梯梁和低端梯梁上，或者直接与高端平板和低端平板连成一体。

板式楼梯所包含的构件一般有踏步段、层间梯梁、层间平板、楼层梯梁和楼层平板等。板式楼梯构造如图 8-1 所示。

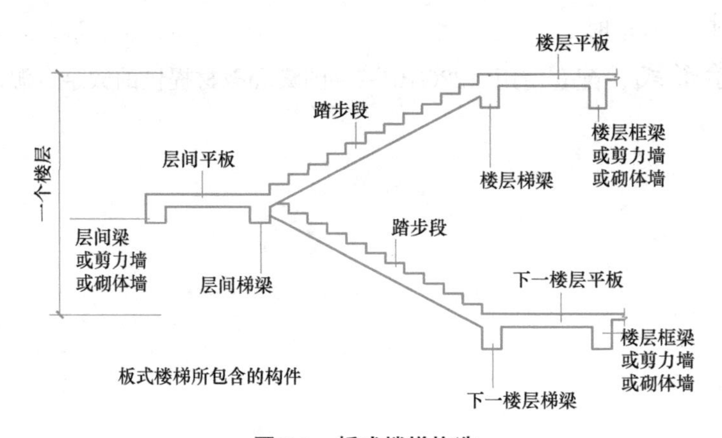

图 8-1 板式楼梯构造

2. 板式楼梯的类型

8-1 楼梯的类型

板式楼梯有 12 种类型。其中普通梯段有 7 种：AT～ET（一跑），FT、GT（两跑），如图 8-2 普通梯段；抗震梯段有 5 种：ATa、ATb、ATc、CTa、CTb（一跑），如图 8-3 抗震梯段。

（1）AT 型楼梯：全部由踏步段构成。

（2）BT 型楼梯：由低端平板和踏步段构成。

（3）CT 型楼梯：由踏步段和高端平板构成。

（4）DT 型楼梯：由低端平板、踏步段和高端平板构成。

（5）ET 型楼梯：由低端踏步段、中位平板和高端踏步段构成。

（6）FT 型楼梯：由层间平板、踏步段和楼层平板构成。

（7）GT 型楼梯：由层间平板和踏步段构成。

8-2 AT型示意图

8-3 BT型示意图

8-4 CT型示意图

8-5 DT型示意图

8-6 ET型示意图

8-7 FT型示意图

8-8 GT型示意图

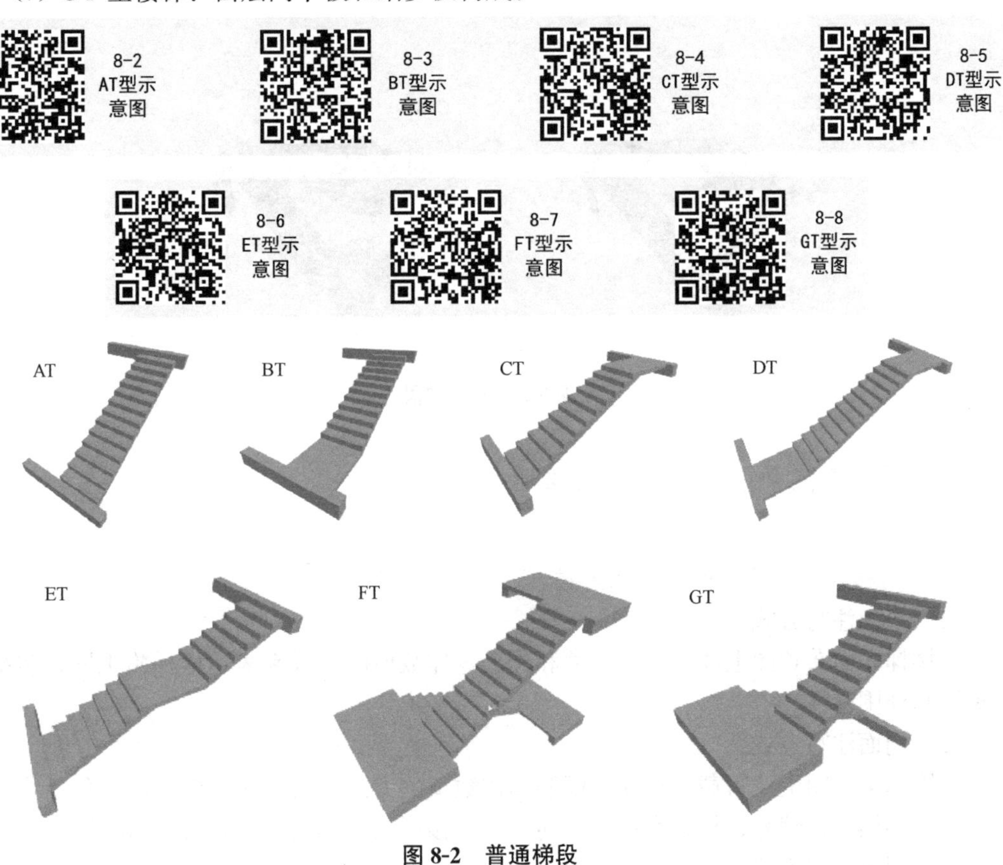

图 8-2　普通梯段

（8）ATa 型楼梯：全部由踏步段构成，低端带滑动支座支承在梯梁上。

（9）ATb 型楼梯：全部由踏步段构成，低端带滑动支座支承在挑板上。

（10）ATc 型楼梯：全部由踏步段构成，梯板两端均支承在梯梁上。

（11）CTa 型楼梯：由踏步段和高端平板构成，梯板高端支承在梯梁上，低端带滑动支座支承在梯梁上。

（12）CTb 型楼梯：由踏步段和高端平板构成，梯板高端支承在梯梁上，低端带滑动支座支承在挑板上。

8-9 ATa型示意图

8-10 ATb型示意图

8-11 ATc型示意图

8-12 CTa型示意图

8-13 CTb型示意图

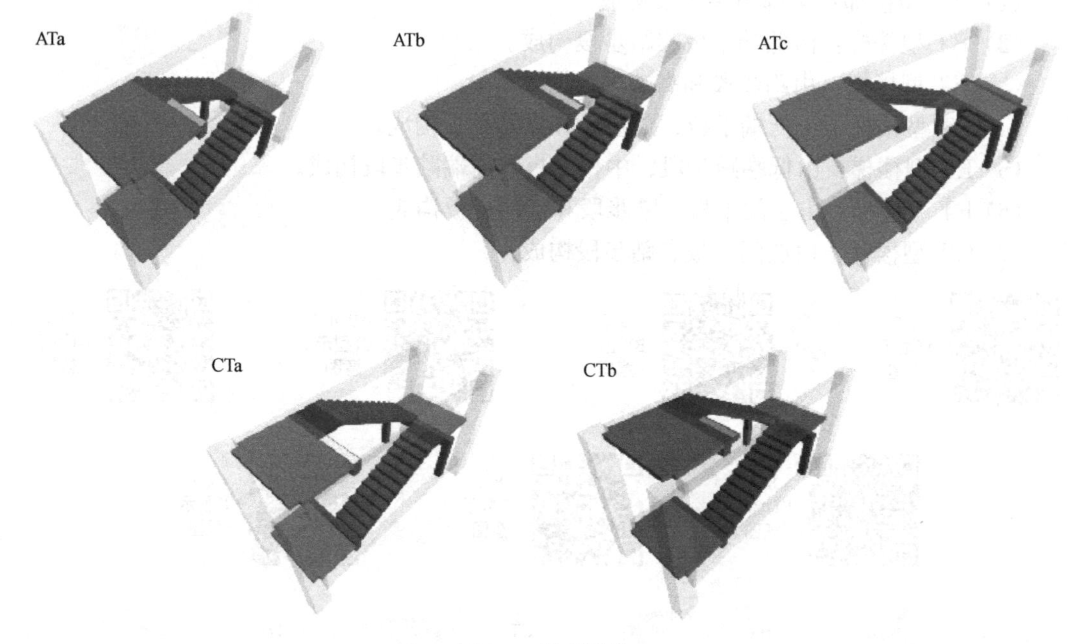

图 8-3 抗震梯段

8.1.2 板式楼梯平法施工图制图规则

1. 板式楼梯平法施工图的表示方式

(1) 平面注写方式

在楼梯平面布置图上注写截面尺寸和配筋具体数值的方式来表达楼梯施工图，包括集中标注和外围标注。

(2) 剖面注写方式

在楼梯剖面图上注写截面尺寸和配筋具体数值的方式来表达楼梯施工图，包括梯板集中标注，梯梁梯柱编号、梯板水平及竖向尺寸、楼层结构标高、层间结构标高等。

(3) 列表注写方式

用列表方式注写梯板截面尺寸和配筋具体数值的方式来表达楼梯施工图。

2. 平面注写方式

平面注写方式包括集中标注和外围标注。

(1) 集中标注内容

1) 梯板类型代号与序号，如 AT××。

2) 梯板厚度，注写为 h=×××。当为带平板的梯板且梯段板厚度和平板厚度不同时，可在梯板厚度后面括号内以字母 P 打头注写平板厚度。

【例】 h=130 (P150)。130 表示梯段板厚度，150 表示梯板平板段的厚度。

3) 踏步段总高度和踏步级数，之间以“/”分隔。

4) 梯板支座上部纵筋、下部纵筋，之间以“;”分隔。

5) 梯板分布筋，以 F 打头注写分布钢筋具体值，该项也可在图中统一说明。

【例】 楼梯平面图中标注示例如下（AT 型）：

AT1，$h=120$	梯板类型及编号，梯板板厚
1800/12	踏步段总高度/踏步级数
⏀10@200；⏀12@150	上部纵筋；下部纵筋
FΦ8@250	梯板分布筋（可统一说明）

6）对于 ATc 型楼梯尚应注明梯板两侧边缘纵向钢筋及箍筋。

（2）外围标注内容

1）楼梯间的平面尺寸。

2）楼层结构标高。

3）层间结构标高。

4）楼梯的上下方向。

5）梯板的平面几何尺寸。

6）平台板配筋。

7）梯梁及梯柱配筋。

【案例评析8-1】

AT 型楼梯平法施工图如图 8-4 所示。

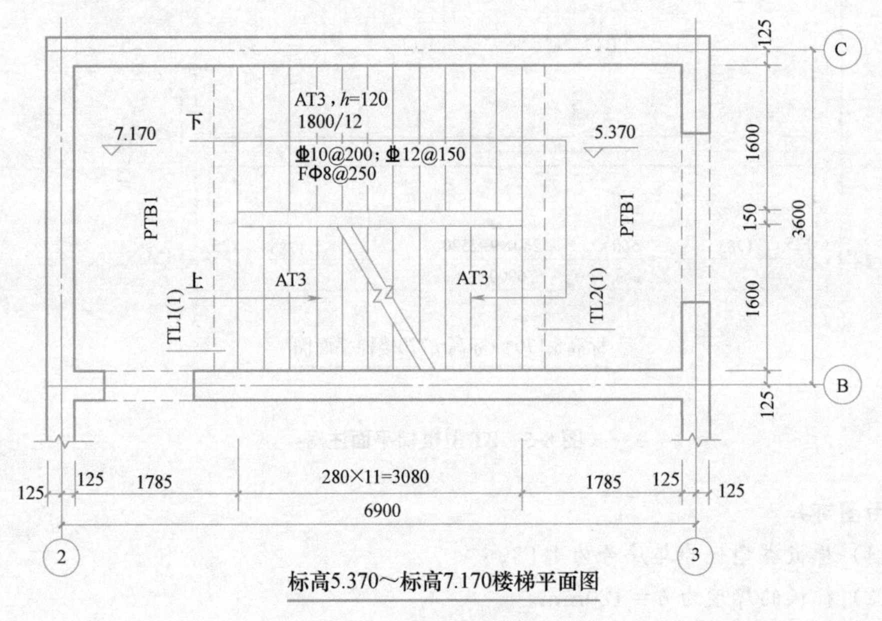

图 8-4　AT 型楼梯平面注写

由图可知：

（1）梯板类型代号与序号为 AT3。

（2）梯板的厚度为 $h=120$mm。

（3）踏步段总高度 H_s/踏步级数（$m+1$），图中标注为“1800/12”，即踏步段总高度 H_s 为 1800mm，踏步级数为 12 级。

（4）上部纵筋及下部纵筋标注为“Φ 10@200；Φ 12@150”，即上部纵筋为Φ 10@200，下部纵筋为Φ 12@150。

（5）梯板分布筋为FΦ8@250。

（6）楼梯间开间3600mm，进深6900mm。

（7）梯板宽度为1600mm，平台板宽度为1785mm。

（8）踏面宽度为b_s 280mm。

【案例评析8-2】

BT型楼梯平法施工图如图8-5所示。

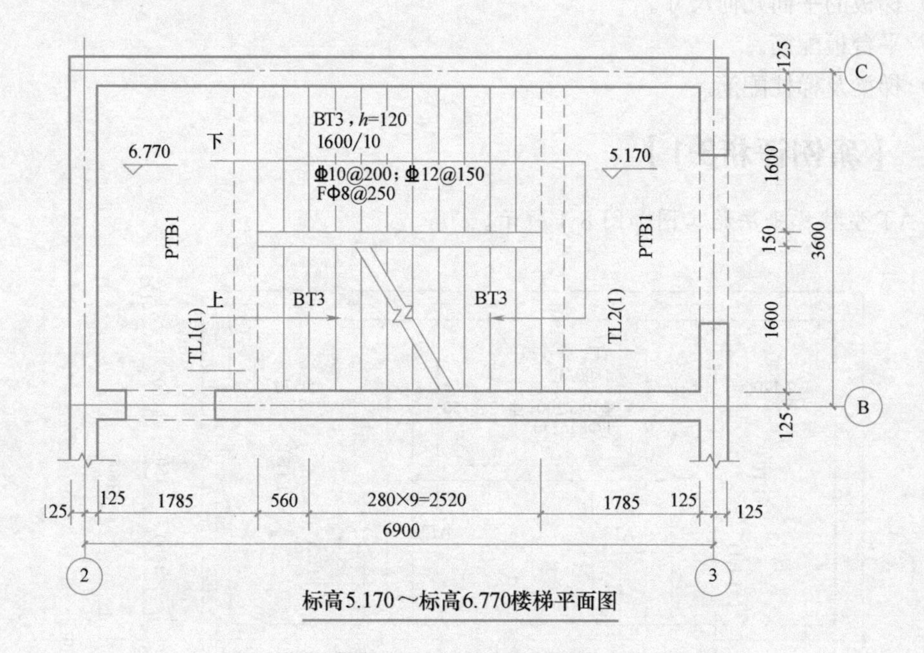

图8-5　BT型楼梯平面注写

由图可知：

（1）梯板类型代号与序号为BT3。

（2）梯板的厚度为$h=120$mm。

（3）踏步段总高度H_s/踏步级数（$m+1$），图中标注为“1600/10”，即踏步段总高度H_s为1600mm，踏步级数为10级。

（4）上部纵筋及下部纵筋标注为“Φ 10@200；Φ 12@150”，即上部纵筋为Φ 10@200，下部纵筋为Φ 12@150。

（5）梯板分布筋为FΦ8@250。

【案例评析8-3】

CT 型楼梯平法施工图如图 8-6 所示。

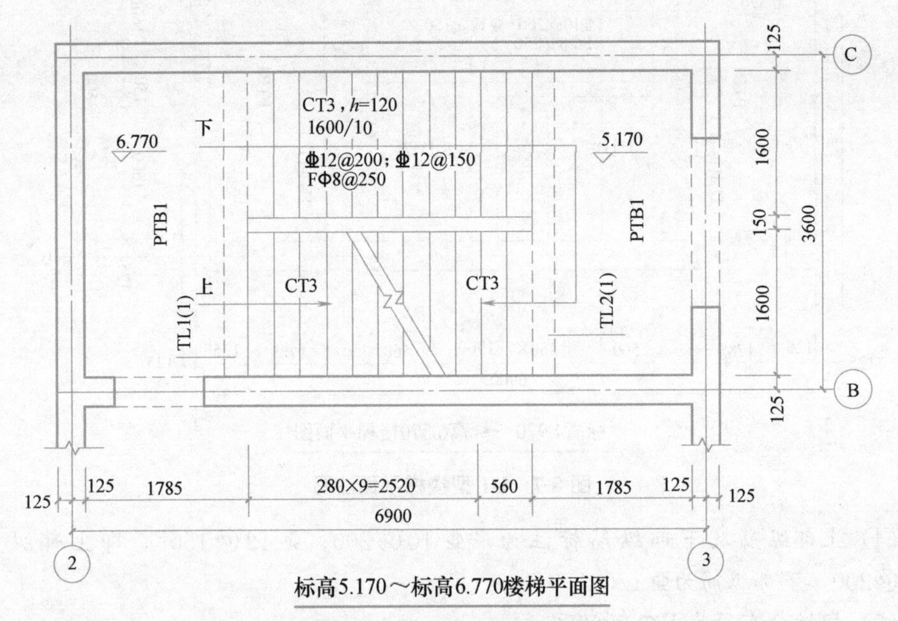

图 8-6　CT 型楼梯平面注写

由图 8-6 可知：

（1）梯板类型代号与序号为 CT3。

（2）梯板的厚度为 h=120mm。

（3）踏步段总高度 H_s/踏步级数（m+1），图中标注为“1600/10”，即踏步段总高度 H_s 为 1600mm，踏步级数为 10 级。

（4）上部纵筋及下部纵筋标注为“Φ 10@200；Φ 12@150”，即上部纵筋为Φ 10@200，下部纵筋为Φ 12@150。

（5）梯板分布筋为 FΦ 8@250。

【案例评析8-4】

DT 型楼梯平法施工图如图 8-7 所示。

由图 8-7 可知：

（1）梯板类型代号与序号为 DT3。

（2）梯板的厚度为 h=120mm。

（3）踏步段总高度 H_s/踏步级数（m+1），图中标注为“1400/8”，即踏步段总高度 H_s 为 1400mm，踏步级数为 8 级。

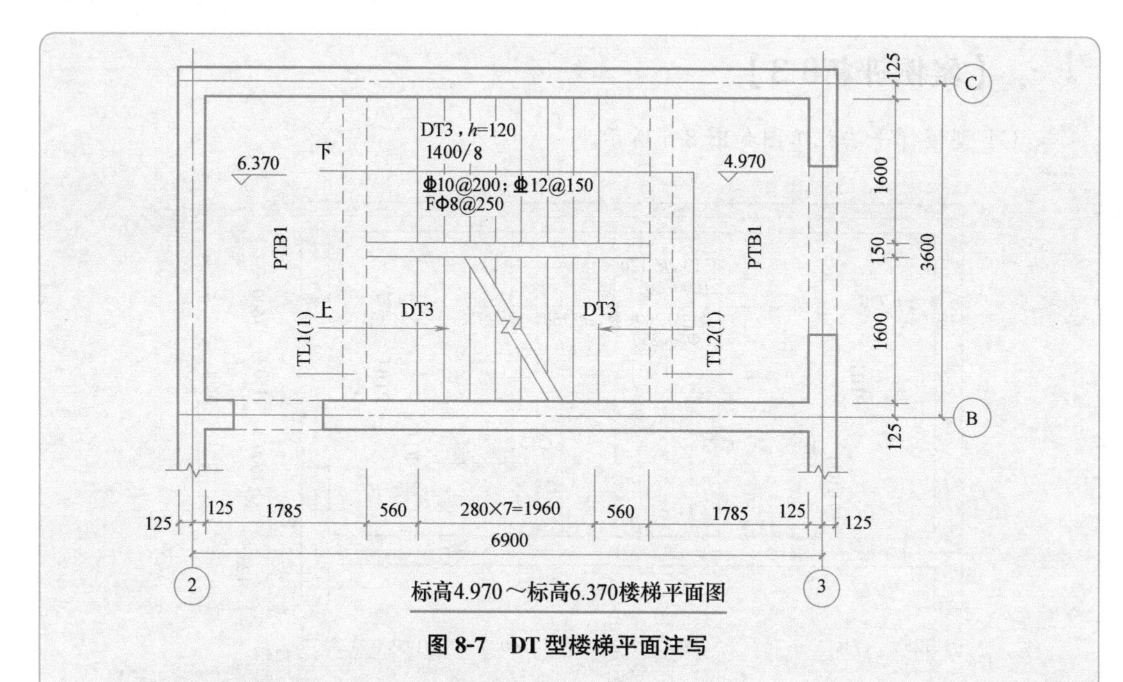

图 8-7 DT 型楼梯平面注写

(4) 上部纵筋及下部纵筋标注为"⌀ 10@200；⌀ 12@150"，即上部纵筋为⌀ 10@200，下部纵筋为⌀ 12@150。

(5) 梯板分布筋为 FΦ 8@250。

(6) 梯段高端、低端平板宽度均为 560mm。

【案例评析8-5】

ET 型楼梯平法施工图如图 8-8 所示。

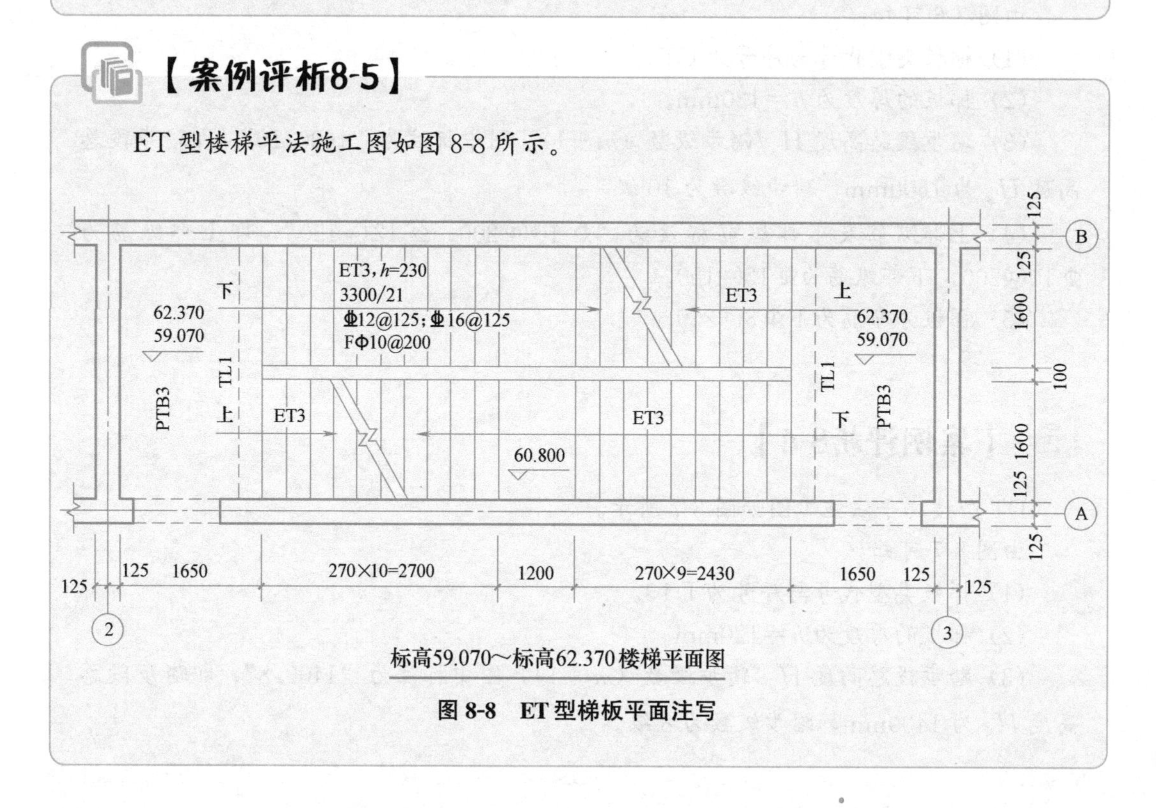

图 8-8 ET 型梯板平面注写

由图 8-8 可知：

（1）梯板类型代号与序号为 ET3。

（2）梯板的厚度为 h=230mm。

（3）踏步段总高度 H_s/踏步级数（m_l+m_h+2），图中标注为“3300/21”；即踏步段总高度 H_s 为 3300mm，踏步级数为 21 级；

（4）上部纵筋及下部纵筋标注为“⏀ 12@125；⏀ 16@125”，即上部纵筋为⏀ 12@125，下部纵筋为⏀ 16@125。

（5）梯板分布筋为 FΦ 10@200。

其他类型楼梯平面注写示例在此不再一一列出，可参考《混凝土结构施工图平面整体表示方法制图规则和构造详图（现浇混凝土板式楼梯）》22G101-2，简称《22G101-2》。

3. 剖面注写方式

剖面注写方式包括梯板的集中标注和楼梯平面布置图注写两部分。

（1）梯板集中标注的内容

1）梯板类型代号与序号，如 AT××。

2）梯板厚度，注写为 h=×××。当梯板由踏步段和平板构成，且踏步段梯段板厚度和平板厚度不同时，可在梯板厚度后面括号内以字母 P 打头注写平板厚度。

3）梯板配筋。注明梯板上部纵筋和梯板下部纵筋，用“；”将上部与下部纵筋的配筋值分隔开来。

4）梯板分布钢筋，以 F 打头注写分布钢筋具体值，该项也可在图中统一说明。

5）对于 ATc 型楼梯尚应注明梯板两侧边缘构件纵向钢筋及箍筋。

（2）楼梯平面布置图注写内容

楼梯平面布置图注写内容同平面注写方式中的外围标注内容。

【案例评析8-6】

AT~DT 型楼梯施工图剖面注写方式（平面图）如图 8-9 所示，剖面注写方式（剖面图）如图 8-10 所示。

由图 8-9、图 8-10 可知：

（1）由平面图可读到梯板编号、楼梯间开间及进深、梯板宽度、平台板宽度等。

（2）由剖面图可读到梯板编号、梯板厚度、梯板上部及下部钢筋、梯板分布钢筋、平台板标高等。

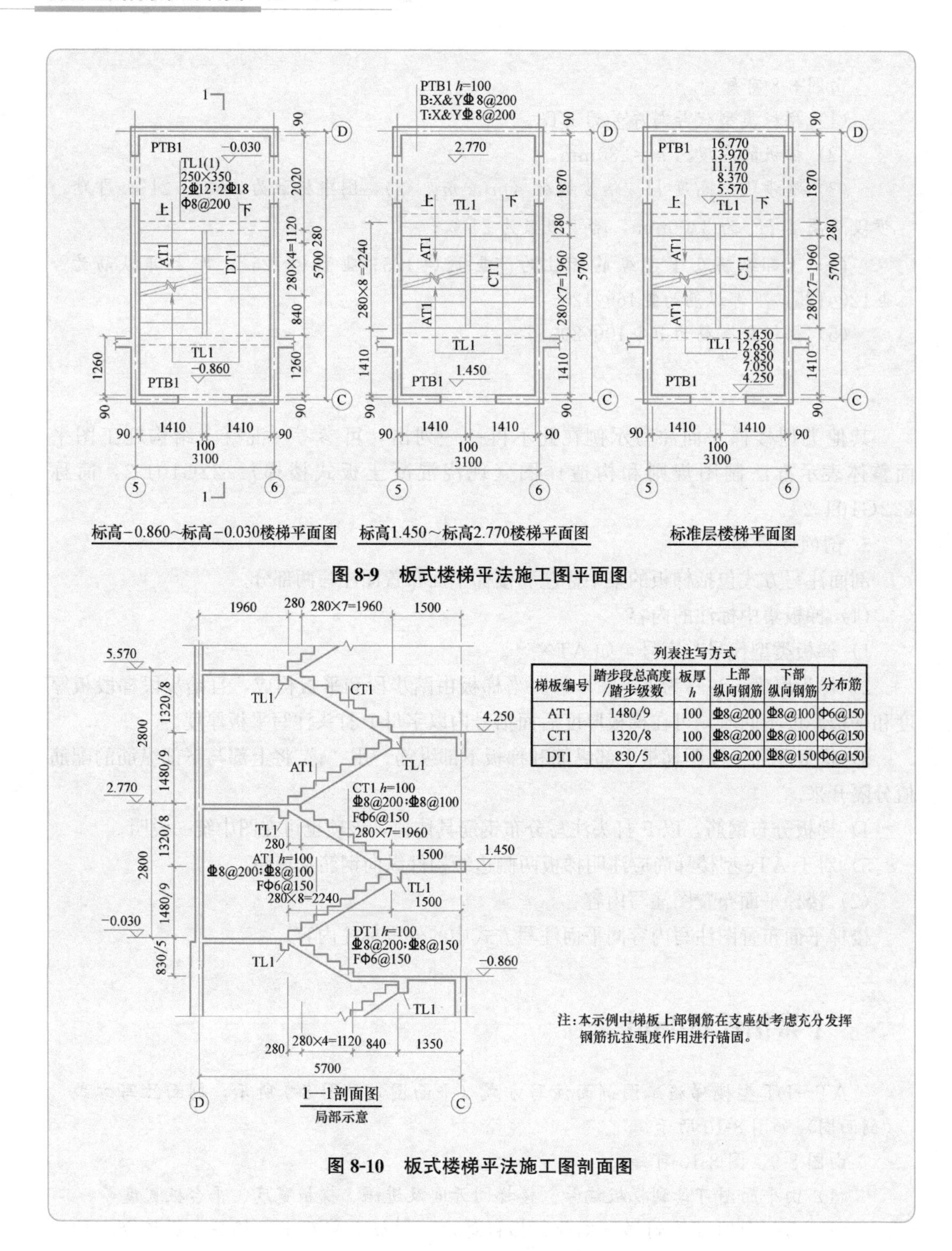

列表注写方式

梯板编号	踏步段总高度/踏步级数	板厚h	上部纵向钢筋	下部纵向钢筋	分布筋
AT1	1480/9	100	⌀8@200	⌀8@100	Φ6@150
CT1	1320/8	100	⌀8@200	⌀8@100	Φ6@150
DT1	830/5	100	⌀8@200	⌀8@150	Φ6@150

图 8-9 板式楼梯平法施工图平面图

图 8-10 板式楼梯平法施工图剖面图

4. 列表注写方式

列表注写方式，是用列表方式注写梯板截面尺寸和配筋具体数值的方式来表达楼梯施工图。包括梯板的表格和楼梯平面布置图两部分。

（1）梯板列表注写方式

梯板几何尺寸和配筋　　表 8-1

梯板编号	踏步段总高度/踏步级数	板厚 h	上部纵向钢筋	下部纵向钢筋	分布筋	暗梁纵筋	暗梁箍筋
AT1	1800/12	120	⌀10@150	⌀12@150	Φ8@250		
ATc2	1650/11	150	⌀12@150	⌀12@150	Φ8@200	6⌀12	Φ8@200

注：对于 ATc 型楼梯尚应注明梯板两侧边缘构件纵向钢筋及箍筋。

（2）楼梯平面布置图注写内容

注写内容同平面注写方式中的外围标注内容。

5. 其他

（1）楼层平台梁、板配筋可绘制在楼梯平面图中，也可在各层梁、板配筋图中绘制；层间平台梁板配筋在楼梯平面图中绘制。

（2）楼层平台板可与该层的现浇楼板整体设计。

8.2 板式楼梯标准构造详图

1. AT 型楼梯配筋构造

（1）AT 型楼梯的适用条件

两梯梁之间的矩形梯板全部由踏步段构成，即踏步段两端均以梯梁为支座。

（2）AT 型楼梯配筋构造

AT 型楼梯板中共有 4 种钢筋：下部纵筋、低端上部纵筋、高端上部纵筋、分布钢筋。

2. BT 型楼梯配筋构造

（1）BT 型楼梯的适用条件

两梯梁之间的矩形梯板由低端平板和踏步段构成，两部分的一端各自以梯梁为支座。

（2）BT 型楼梯配筋构造

BT 型楼梯板中共有 5 种钢筋：下部纵筋、低端上部纵筋（两种）、高端上部纵筋、分布钢筋。

3. CT 型楼梯配筋构造

（1）CT 型楼梯的适用条件

两梯梁之间的矩形梯板由踏步段和高端平板构成，两部分的一端各自以梯梁为支座。

（2）CT 型楼梯配筋构造

CT 型楼梯板中共有 5 种钢筋：下部纵筋（两种）、低端上部纵筋、高端上部纵筋、分布钢筋。

4. DT 型楼梯配筋构造

（1）DT 型楼梯的适用条件

两梯梁之间的矩形梯板由低端平板、踏步段和高端平板构成，高、低端平板的一端各自以梯梁为支座。

（2）DT 型楼梯配筋构造

DT 型楼梯板中共有 6 种钢筋：下部纵筋（两种）、低端上部纵筋（两种）、高端上部纵筋、分布钢筋。

5. ET 型楼梯配筋构造

（1）ET 型楼梯的适用条件

两梯梁之间的矩形梯板由低端踏步段、中位平板和高端踏步段构成，高、低端踏步段的一端各自以梯梁为支座。

（2）ET 型楼梯配筋构造

ET 型楼梯板中共有 5 种钢筋：下部纵筋（两种）、上部纵筋（两种）、分布钢筋。

上述五种楼梯的配筋构造如图 8-11 所示。其他类型楼梯构造详图在此不再一一列出，可参考《22G101-2》。

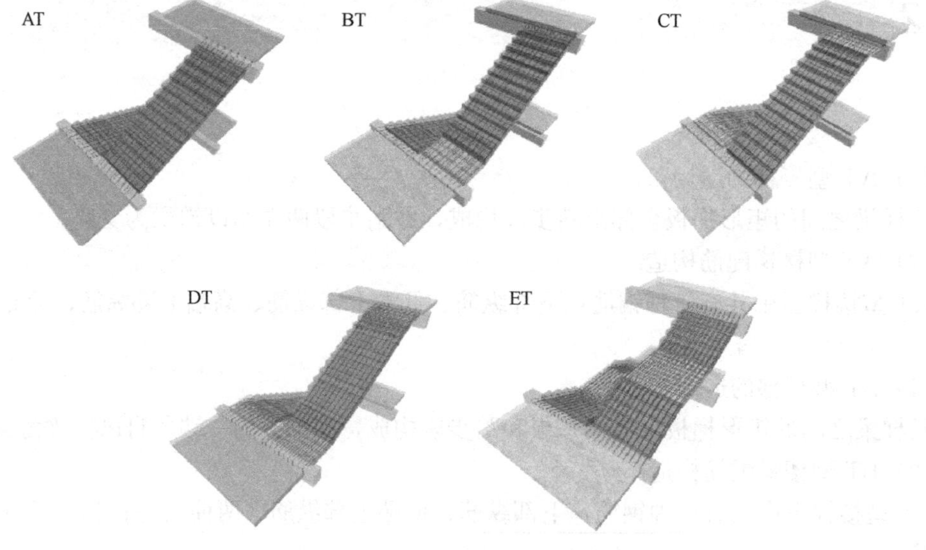

图 8-11　AT～ET 型楼梯配筋构造

8.3 板式楼梯平法施工图识读案例

8.3.1 楼梯平法施工图的主要内容

楼梯平法施工图主要包括：

(1) 图名和比例。
(2) 定位轴线、编号和间距尺寸。
(3) 梯板、平台板、梯梁的平面布置，楼梯上行方向。
(4) 梯板厚度、踏步段总高度及踏步级数、配筋。
(5) 梯梁、梯柱配筋。
(6) 必要的设计详图和说明。

8.3.2 楼梯平法施工图识读案例

1. 案例分析

AT 型楼梯平法施工图如图 8-12 所示，楼梯采用 C20 混凝土，梯板混凝土保护层厚度为 20mm；梯梁截面尺寸为 200mm×400mm。运用楼梯平法制图规则及构造图识读楼梯平法施工图。

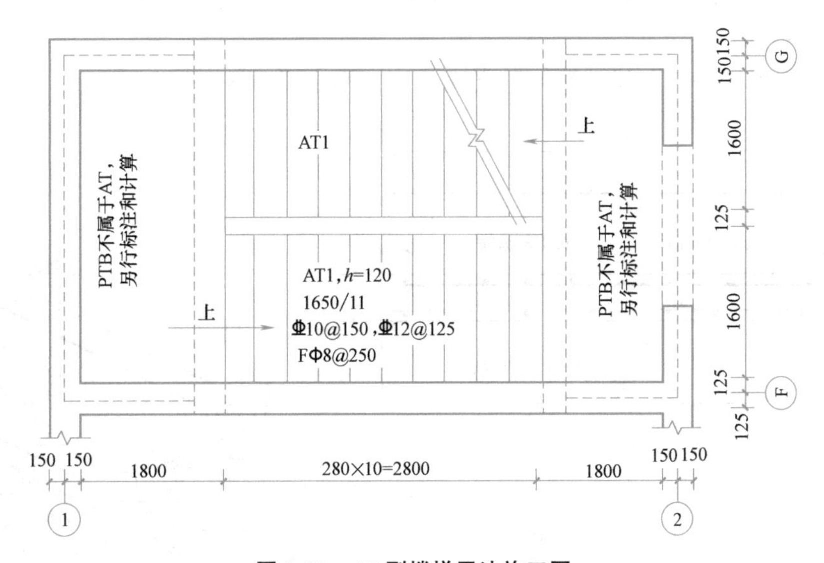

图 8-12　AT 型楼梯平法施工图

【识读分析】

(1) 识读楼梯平面图集中标注
1) 梯板的类型为 AT，序号为 1。
2) 梯板厚度 h=120mm。
3) 踏步高度 h_S=150mm（1650/11=150）。
4) 上部纵筋为直径为 10mm 的 HRB400 钢筋，间距为 150mm。
5) 下部纵筋为直径为 12mm 的 HRB400 钢筋，间距为 125mm。
6) 分布钢筋为直径为 8mm 的 HPB300 钢筋，间距为 250mm。
(2) 识读楼梯平面图外围标注
1) 梯板净跨度 l_n=2800mm。
2) 梯板净宽度 b_n=1600mm。

3）踏步宽度 b_s＝280mm。

4）平台板宽度 1800mm。

5）梯井宽度 125mm。

（3）配筋构造

梯板内斜放钢筋长度：钢筋斜长＝水平投影长度×k

楼梯坡度系数 k：$k=\frac{\sqrt{b_s^2+h_s^2}}{b_s}$

故，图 8-12 中 AT1 楼梯坡度系数 $k=\frac{\sqrt{280^2+150^2}}{280}=1.13$

1）下部纵筋

由图 8-13 可知梯板下部纵筋伸入支座长度：不小于 $5d$ 且至少伸过支座中心线，即 $\max(5d, b/2\times k)=\max(5\times12, 200/2\times1.13)=113$mm

梯板踏步段内下部斜放纵筋长度：钢筋水平投影长度×k＝2800×1.13＝3164mm

2）上部纵筋

由图 8-13 可知梯板上部纵筋伸过支座长度：不小于 $0.35l_{ab}$（$0.6l_{ab}$）且伸至梁边再

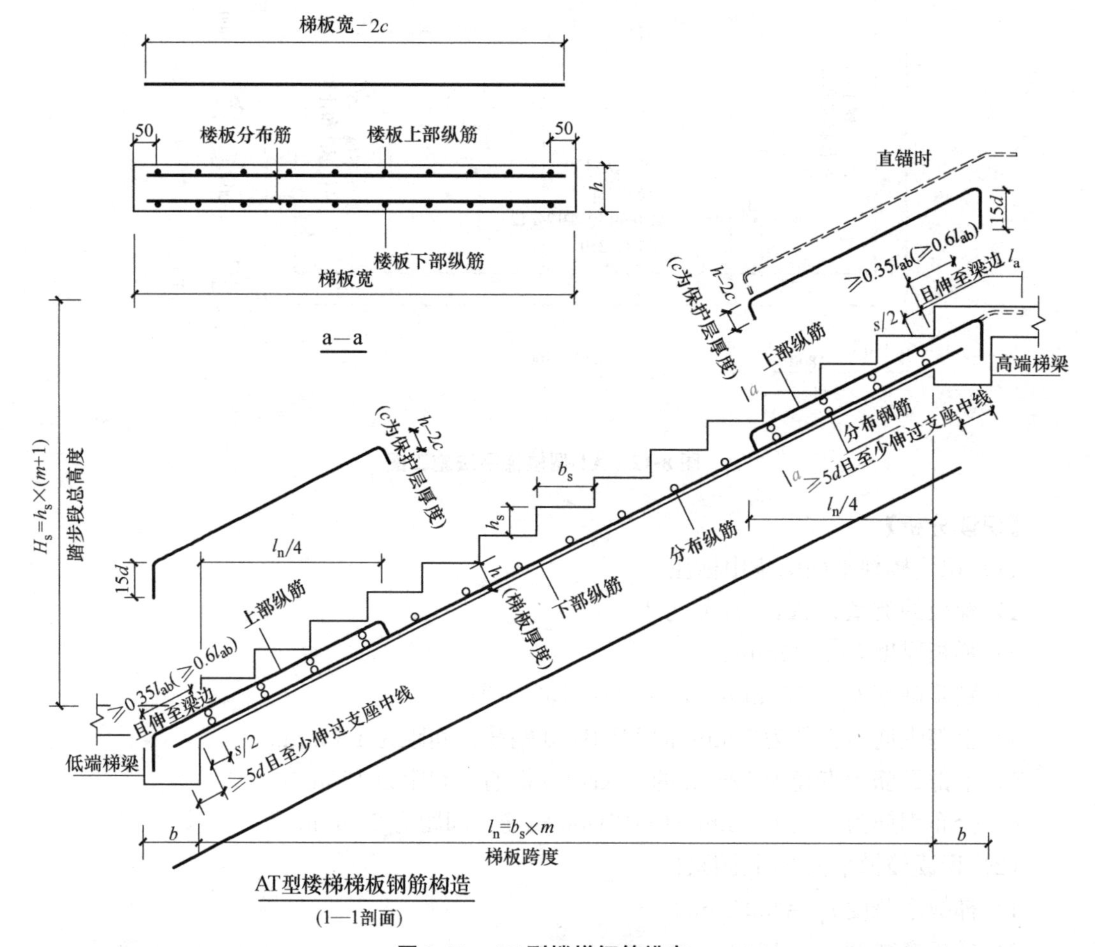

图 8-13　AT 型楼梯钢筋排布

向下弯折 $15d$，有条件时可直接伸入平台板内锚固，从支座内边算起总锚固长度不小于 l_a。所以，梯板上部纵筋在支座中的长度可以有两种算法。

① 第一种是：$(b-c)\times k+15d$，其中 b 为支座宽度，c 为混凝土保护层厚度；

② 第二种是：l_a

梯板踏步段内上部斜放纵筋长度：$l_n/4\times k=2800/4\times1.13=791$mm。

(4) 梯板纵筋的布置

由图 8-13 的 a-a 截面剖面图可知：第一根纵筋距梯板边的距离为 50mm，即在板宽－100mm 的范围内布置纵筋。分布钢筋长度＝梯板宽－$2c$＝1600－2×20＝1560mm。

2. 实训任务

识读附录《某某小区别墅结构施工图》结施 12、《22G101》系列图集中的相关案例图，完成楼梯平法施工图的识读。

(1) 识读一号楼梯－0.050m 标高楼梯平面图及剖面图，完成下列填空。

1）楼梯间的开间是________，进深是________，梯板的编号为________，踏步宽度为________，踏步高度为________，踏步级数为________，梯段低端平板宽度为________，梯段斜板水平投影跨度为________，梯段跨度为________，梯板宽度为________。

2）梯板上部纵筋为________，下部纵筋为________，分布钢筋为________。

(2) 识读一号楼梯 3.250m 标高楼梯平面图及剖面图，完成下列填空。

TL-1 顶面标高为________，截面宽度为________，截面高度为________；上部通长筋为________，下部通长筋为________；TZ1 的起止标高为________，柱截面尺寸为________，柱纵筋为________，柱箍筋为________。

节点详图①表示梯梁 TL-1 的顶面有局部突出，突出部分的宽度为________，突出梁顶高度为________，突出部分配置纵向钢筋为________，开口箍筋为________。

(3) 识读一号楼梯 6.550m 标高楼梯平面图及剖面图，完成下列填空。

梯板的编号为________，踏步宽度为________，踏步高度为________，踏步级数为________，梯板 TB1 的坡度系数 k 为________，梯板 TB2 的坡度系数 k 为________，梯板 TB3 的坡度系数 k 为________。梯板 TB2 低端平板宽度为________，其下部及上部第一根纵筋距梯板边的距离为________。

平台板的编号为________，板厚为________；平台板下部 X 方向钢筋为________，Y 方向钢筋为________；平台板上部 X 方向钢筋为________，Y 方向钢筋为________，平台板顶面标高为________。

单元小结

本单元结合工程实例从楼梯平法施工图导读和标准构造详图两个方面对楼梯平法施工图进行识读。

楼梯平法施工图导读部分从板式楼梯类型、平面注写方式以及截面注写方式三个方面，系统地讲述了楼梯梯段板、楼梯平台板平面表示方法的识读要点；标准构造详图识读部分给出了板式楼梯梯板上部和下部纵筋锚固构造、梯板纵向钢筋斜长计算方法、分布钢筋排布构造、平台板钢筋锚固和排布构造要求。

通过对板式楼梯平法施工图和标准构造详图的识读，使学生熟练掌握板式楼梯平法施工图的识读方法和识读要点，为学习楼梯钢筋翻样和工程量计算打下良好基础。

思考及练习题

一、填空题

1. 某楼梯集中标注 1800/12，“1800”表示________，“12”表示________。
2. 梯板下部纵筋伸过支座不小于________ d，且至少________。
3. 梯板上部纵筋用于设计按铰接的情况时锚固长度取________。
4. 梯板上部纵筋伸至支座对边再向下弯折________ d。
5. ET 型梯板由________、中位平板和________ 构成。

二、单选题

1. 梯板全部由踏步段构成的是（　　）型。

A. AT　　B. BT　　C. CT　　D. DT

2. 梯板由低端平板和踏步段构成的是（　　）型。

A. AT　　B. BT　　C. CT　　D. DT

3. 梯板由踏步段和高端平板构成的是（　　）型。

A. AT　　B. BT　　C. CT　　D. DT

4. 梯板由低端平板、踏步板和高端平板构成的是（　　）型。

A. AT　　B. BT　　C. ET　　D. DT

5. 梯板上部纵筋用于设计考虑充分发挥钢筋抗拉强度的情况时锚固长度取（　　）l_{ab}。

A. 0.15　　B. 0.25　　C. 0.35　　D. 0.60

6. 梯板上部纵筋有条件时可直接伸入平台板内锚固，从支座内边算起总锚固长度不小于（　　）。

A. l_a　　B. l_{ab}　　C. $0.35l_{ab}$　　D. $0.6l_{ab}$

三、判断题

1. 某楼梯集中标注 FΦ8@200，表示梯板上部钢筋Φ8@200。（　　）
2. CT3 h=110，表示 3 号 CT 型梯板，板厚 110mm。（　　）
3. PTB1 h=120，表示 1 号平台板，板厚 120mm。（　　）
4. 某楼梯集中标注Φ10@200；Φ12@150，表示下部纵筋Φ10@200，上部纵筋Φ12@150。（　　）

5. 梯板上部纵筋向梯板内的延伸长度为梯板净跨的 1/4。（　　）

四、识图题

识读图 8-14 楼梯平法施工图，回答下列问题：

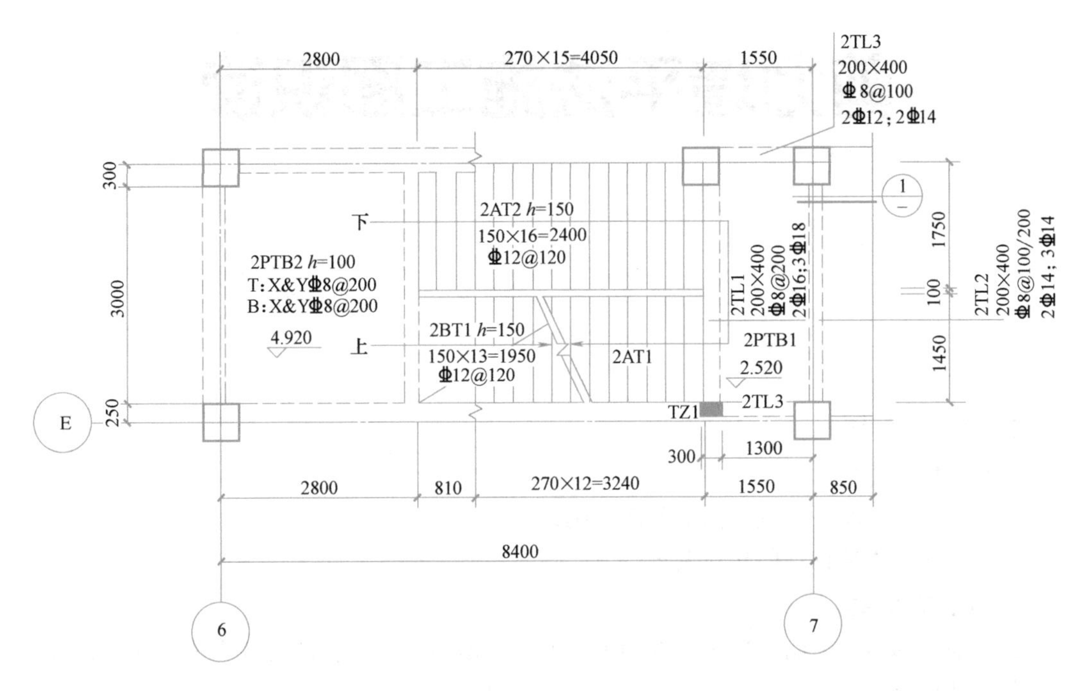

注：图中未注明的梯段板支座负筋为Φ 14@120，未注明的分布筋为Φ 8@200。

图 8-14　楼梯平法施工图

1. 识读梯板 AT2

梯板厚度________；踏步级数________；踏步宽度________；踏步高度________；上部钢筋级别________直径________；下部钢筋级别________直径________；分布钢筋级别________直径________。

2. 识读梯板 BT1

低端平板跨度________；踏步级数________；踏步宽度________；踏步高度________；梯段斜板水平投影长度________；梯段水平投影总长度________。

3. 识读平台板 PTB2

平台板厚度________；平台板底部 X 向受力钢筋________；平台板顶部 Y 向钢筋________；平台板标高________。

4. 识读梯梁

梯梁编号为________；TL1 的宽度为________，高度为________；TL2 的上部纵筋为________，下部纵筋为________，箍筋为________。

5. 楼梯构造要求识读

AT2 的上部纵筋应伸入梯梁内________，伸入梯板内长度为________。PTB2 的下部受力钢筋应伸入梯梁内________。

教学单元9 Chapter 09

剪力墙平法施工图识读

1. 知识目标

(1) 了解剪力墙的基本特性;

(2) 掌握剪力墙平法施工图的制图规则;

(3) 掌握剪力墙构件的构造要求。

2. 能力目标

(1) 通过学习剪力墙平法施工图的表示方式，墙柱、墙身、墙梁的内容，能够识读剪力墙的平法施工图;

(2) 根据具体工程案例的剪力墙平法施工图，能够识读工程中剪力墙的配筋情况。

建议学时: 12学时

建议教学形式: 配套使用《22G101-1》图集和教材提供的数字资源。

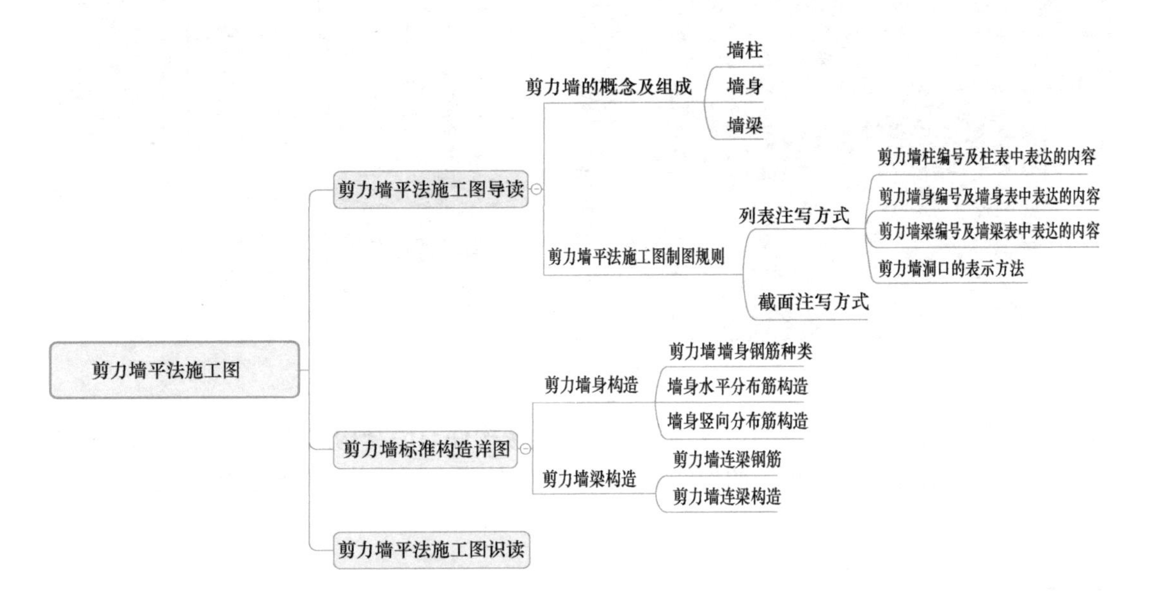

9.1 剪力墙平法施工图导读

9.1.1 剪力墙的概念及组成

剪力墙又称抗风墙、抗震墙或结构墙，一般用钢筋混凝土做成，如图 9-1 所示。为房屋或构筑物中主要承受风荷载或地震作用引起的水平荷载和竖向荷载（重力）的墙体，防止结构剪切（受剪）破坏。

剪力墙结构是用钢筋混凝土墙板来代替框架结构中的梁柱，能承担各类荷载引起的内力，并能有效控制结构的水平力。这种用钢筋混凝土墙板来承受竖向力和水平力的结构称为剪力墙结构，在高层房屋中被大量运用。

剪力墙结构是指纵横向的主要承重结构全部为结构墙的结构。当墙体处于建筑物中合适的位置时，它们能形成一种有效抵抗水平作用的结构体系，同时又能起到对空间的分割作用。结构墙的高度一般与整个房屋的高度相等，自基础直至屋顶，高达几十米甚至百米；其宽度则视建筑平面的布置而定，一般为几米至十几米。相对而言，它的厚度则很薄，一般仅为 200～300mm，最小可为 160mm。由于剪力墙在其墙身平面内的抗侧移刚度很大，而其墙身平面外刚度却很小，一般可以忽略不计，故建筑物上大部分的水平作用或水平剪力通常被分配到剪力墙上，这也是剪力墙名称的由来。

在剪力墙结构中，为了加强单片墙体抵抗水平地震作用的能力，需要在边缘处对剪力

图 9-1　剪力墙

墙进行加强，这就是剪力墙的边缘构件。这些边缘构件与墙身构成整体墙肢，共同作用，所以剪力墙构件不是一个单一的构件，而由墙柱、墙身、墙梁共同组成。如图 9-2 所示。

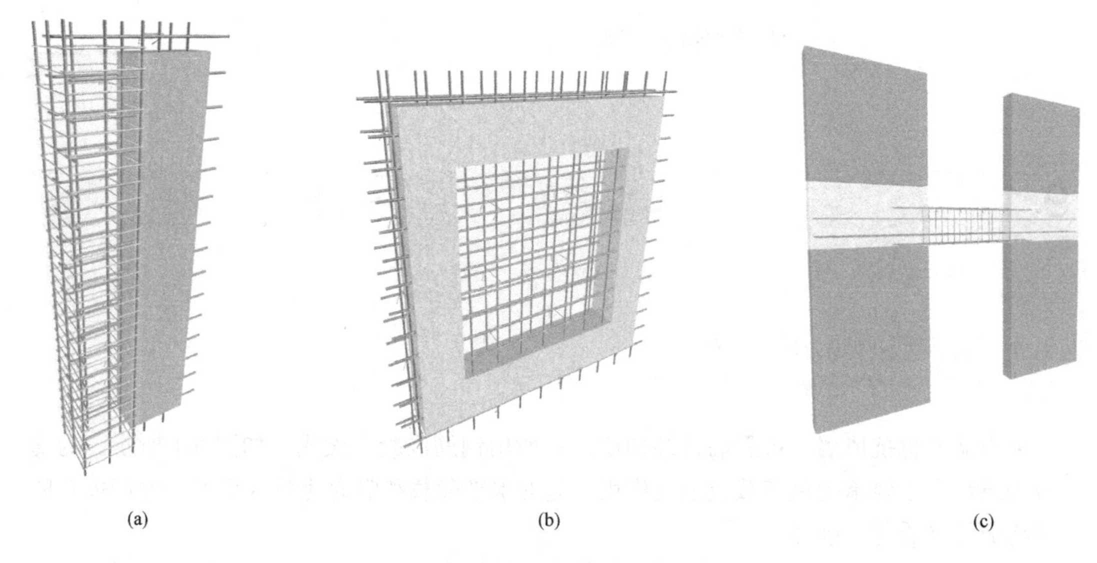

(a)　(b)　(c)

图 9-2　剪力墙墙柱、墙身、墙梁钢筋三维图

(a) 墙柱；(b) 墙身；(c) 墙梁

剪力墙的墙柱一般位于墙体的端部和转角处，可从两个角度划分：(1) 按柱面有没有突出墙面划分为暗柱和端柱。暗柱的宽度等于墙的厚度，是隐藏在剪力墙里面看不见的；端柱的宽度比墙的厚度大，突出墙面。(2) 从受力和抗震划分为约束边缘构件和构造边缘构件。对于抗震等级一、二级的剪力墙底部加强部位及一层的剪力墙肢，应设置约束边缘构件；其他的部位和三、四级抗震的剪力墙应设置构造边缘构件。约束边缘构件对体积配箍率等要求更严，用在比较重要的受力较大结构部位，构造边缘构件要求宽松一些。

剪力墙的墙梁有连梁、暗梁和边框梁。连梁是在剪力墙结构和框架-剪力墙结构中，连接墙肢与墙肢，且跨高比小于 5 的梁；暗梁一般设置在楼板的一些部位，梁宽同墙厚，隐藏在剪力墙内；边框梁的梁宽大于墙厚，突出墙面。

9.1.2　剪力墙平法施工图的表达方式

剪力墙平法施工图是在剪力墙平面布置图上采用列表注写方式或截面注写方式表达。剪力墙平面布置图可采用适当比例单独绘制，也可与柱或梁平面布置图合并绘制。当剪力墙较复杂或采用截面注写方式时，应按标准层分别绘制剪力墙平面布置图。

1. 列表注写方式

列表注写方式是指分别在剪力墙柱表、剪力墙身表和剪力墙梁表中，对应于剪力墙平面布置图上的编号，用绘制截面配筋图并注写几何尺寸与配筋具体数值的方式，来表示剪力墙平法施工图。识图时也应用剪力墙平面布置图与墙柱表、墙身表、墙梁表对照数据逐个识读，如图 9-3 所示。

剪力墙身表

编号	标高(m)	墙厚	水平分布筋	垂直分布筋	拉结筋(矩形)
Q1	−0.030～30.270	300	⏀12@200	⏀12@200	Φ6@600×600
	30.270～59.070	250	⏀10@200	⏀10@200	Φ6@600×600

剪力墙梁表

编号	所在楼层号	梁顶相对标高高差(m)	梁截面 $b \times h$	上部纵筋	下部纵筋	箍筋
LL3	3		300×2070	4⏀22	4⏀22	Φ10@100(2)
	4		300×1770	4⏀22	4⏀22	Φ10@100(2)
	4～9		300×1670	4⏀22	4⏀22	Φ10@100(2)

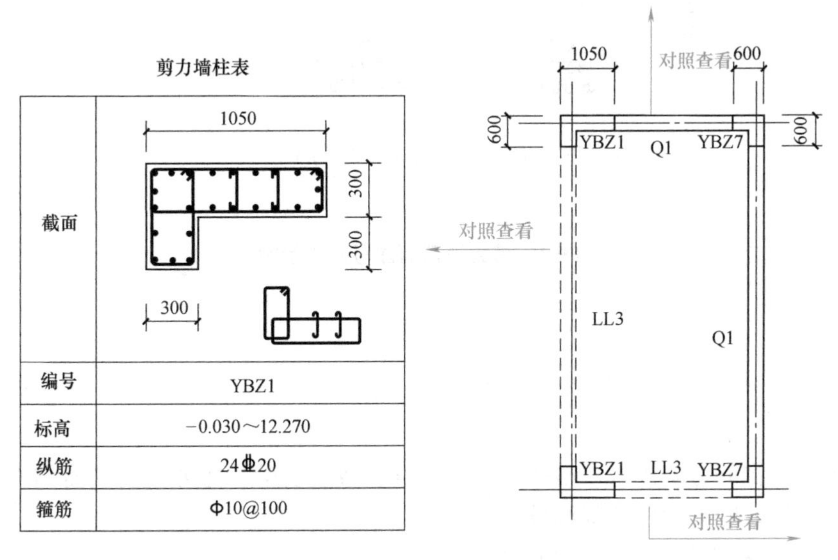

−0.030～12.270m剪力墙平法施工图(局部)

图 9-3　剪力墙列表注写方式示例

2. 截面注写方式

截面注写方式是指在分标准层绘制的剪力墙平面布置图上，以直接在墙柱、墙身、墙梁上注写截面尺寸和配筋具体数值的方式来表达剪力墙平法施工图，如图 9-4 所示。

选用适当比例原位放大绘制剪力墙平面布置图，对墙柱绘制配筋截面图；对所有墙柱、墙身、墙梁分别进行编号，并分别在相同编号的墙柱、墙身、墙梁中选择一根墙柱、一道墙身、一根墙梁进行注写。

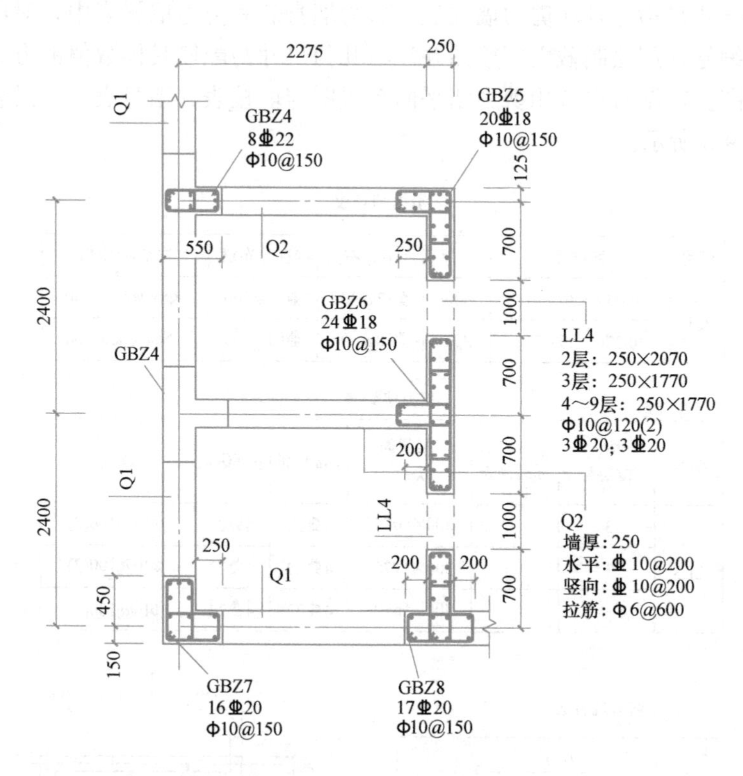

图 9-4 剪力墙截面注写方式示例

9.1.3 剪力墙平法施工图列表注写方式

编号规定：将剪力墙按剪力墙柱、剪力墙身、剪力墙梁、剪力墙洞（简称为墙柱、墙身、墙梁、墙洞）四类构件分别编号。

1. 剪力墙柱编号及柱表中表达的内容

(1) 墙柱编号

由墙柱类型代号和序号组成，表达形式见表 9-1，墙柱类型如图 9-5 所示。

墙柱编号　　　表 9-1

墙柱类型	代号	序号
约束边缘构件	YBZ	××
构造边缘构件	GBZ	××
非边缘暗柱	AZ	××
扶壁柱	FBZ	××

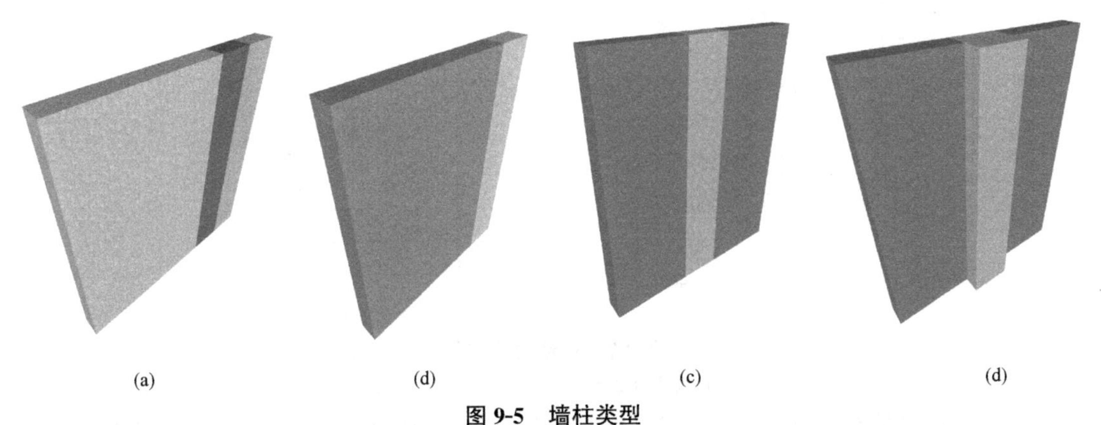

图 9-5　墙柱类型

(a) 约束边缘构件；(b) 构造边缘构件；(c) 非边缘暗柱；(d) 扶壁柱

1）约束边缘构件

约束边缘构件包括约束边缘暗柱、约束边缘端柱、约束边缘翼墙、约束边缘转角墙四种，如图 9-6 所示。

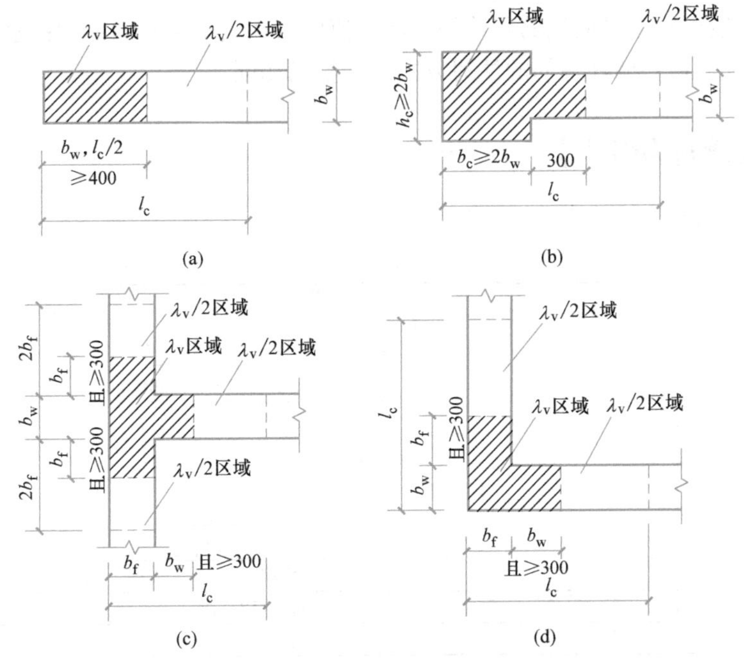

图 9-6　约束边缘构件

(a) 约束边缘暗柱；(b) 约束边缘端柱；(c) 约束边缘翼墙；(d) 约束边缘转角墙

2）构造边缘构件

构造边缘构件包括构造边缘暗柱、构造边缘端柱、构造边缘翼墙、构造边缘转角墙四种，如图 9-7 所示。

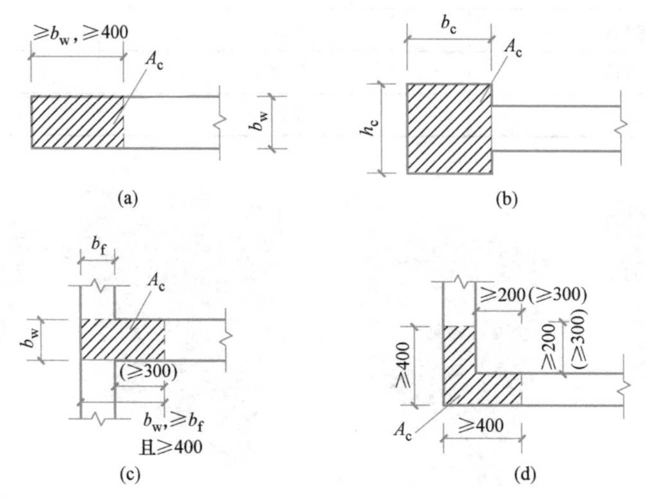

图 9-7　构造边缘构件

（a）构造边缘暗柱；（b）构造边缘端柱；

（c）构造边缘翼墙（括号中数值用于高层建筑）；（d）构造边缘转角墙（括号中数值用于高层建筑）

（2）剪力墙柱表中表达的内容

1）注写墙柱编号（表 9-1），绘制该墙柱的截面配筋图，标注墙柱几何尺寸。

2）注写各段墙柱的起止标高，自墙柱根部往上以变截面位置或截面未变但配筋改变处为界分段注写。墙柱根部标高一般指基础顶面标高。

3）注写各段墙柱的纵向钢筋和箍筋，注写值应与在表中绘制的截面配筋图对应一致。纵向钢筋注总配筋值；墙柱箍筋的注写方式与柱箍筋相同。

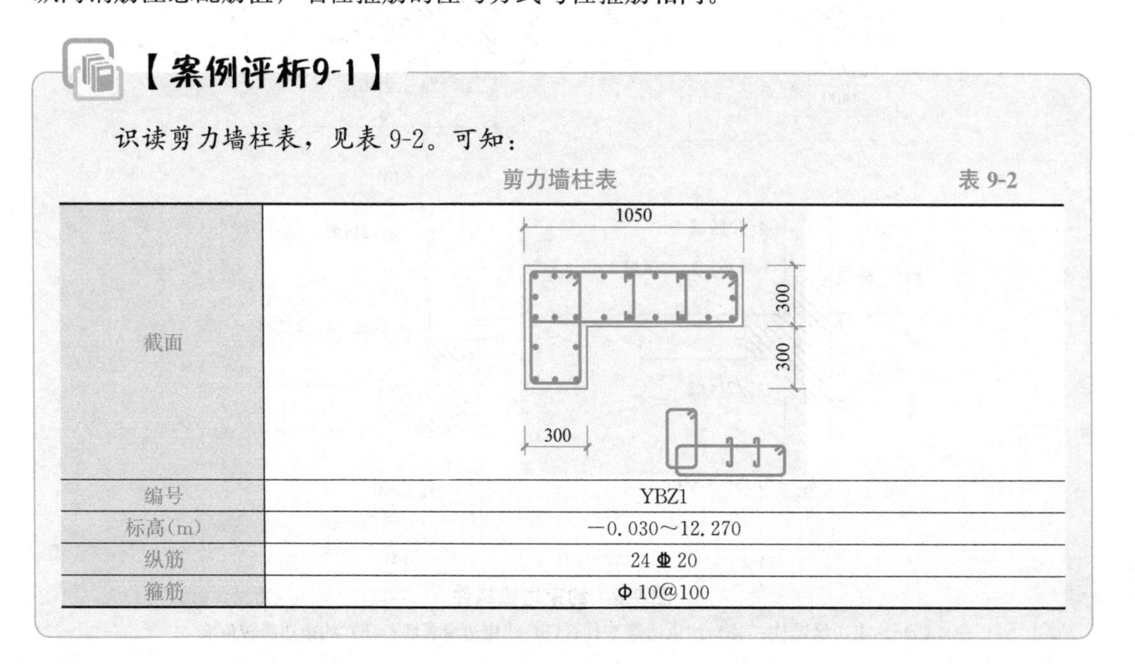

【案例评析9-1】

识读剪力墙柱表，见表 9-2。可知：

剪力墙柱表　　表 9-2

截面	1050；300；300；300
编号	YBZ1
标高(m)	−0.030～12.270
纵筋	24 Φ 20
箍筋	ϕ 10@100

YBZ1 表示约束边缘构件 1。

标高为−0.030～12.270m。

纵筋为 24⌀20，表示纵筋为 24 根 HRB400 级钢筋，直径为 20mm。

箍筋为Φ10@100，表示箍筋为 HPB300 级钢筋，直径为 10mm，间距为 100mm。

2. 剪力墙身编号及墙身表中表达的内容

（1）墙身编号

由墙身代号、序号以及墙身所配置的水平与竖向分布钢筋的排数组成，其中排数注写在括号内。表达形式为：Q××（××排）。当墙身所设置的水平与竖向分布钢筋的排数为 2 时可不注。

（2）剪力墙身表中表达的内容

1）注写墙身编号（含水平与竖向分布钢筋的排数）。

2）注写各段墙身起止标高，自墙身根部往上以变截面位置或截面未变但配筋改变处为界分段注写。墙身根部标高一般指基础顶面标高。

3）注写水平分布钢筋、竖向分布钢筋和拉结筋的具体数值。注写数值为一排水平分布钢筋和竖向分布钢筋的规格与间距，具体设置几排在墙身编号后面表达。

4）拉结筋应注明布置方式“矩形”或“梅花”布置，用于剪力墙分布钢筋的拉结，如图 9-8 所示。

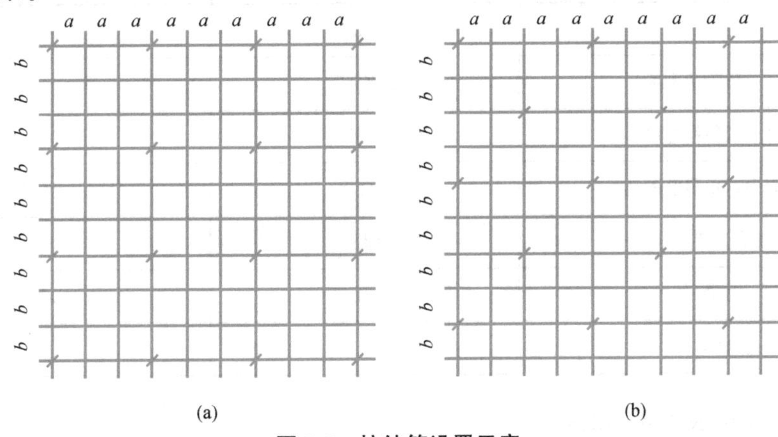

图 9-8　拉结筋设置示意

（a）拉结筋@3a×3b 矩形（a≤200、b≤200）；（b）拉结筋@4a×4b 梅花（a≤150、b≤150）

a—竖向分布钢筋间距；b—水平分布钢筋间距

【案例评析9-2】

识读剪力墙身表，见表 9-3。可知：

剪力墙 Q1 在 30.270～59.070m 标高范围内的厚度为 250mm。

水平分布筋为⌀10@200，表示水平分布筋为 HRB400 级钢筋，直径为 10mm，间距为 200mm。

竖向分布筋为Φ10@200，表示竖向分布筋为HRB400级钢筋，直径为10mm，间距为200mm，分两排布置。

拉筋为Φ6水平方向间距为600mm，竖向间距为600mm，矩形布置。

剪力墙身表 表9-3

编号	标高(m)	墙厚	水平分布筋	垂直分布筋	拉结筋(矩形)
Q1	−0.030～30.270	300	Φ12@200	Φ12@200	Φ6@600×600
	30.270～59.070	250	Φ10@200	Φ10@200	Φ6@600×600

3. 剪力墙梁编号及墙梁表中表达的内容

(1) 墙梁编号

由墙梁类型代号和序号组成，表达形式见表9-4。

墙梁编号 表9-4

墙梁类型	代号	序号
连梁	LL	××
连梁(对角暗撑配筋)	LL(JC)	××
连梁(交叉斜筋配筋)	LL(JX)	××
连梁(集中对角斜筋配筋)	LL(DX)	××
连梁(跨高比不小于5)	LLk	××
暗梁	AL	××
边框梁	BKL	××

(2) 剪力墙梁表中表达的内容

1) 注写墙梁编号。

2) 注写墙梁所在楼层号。

3) 注写墙梁顶面标高高差，是指相对于墙梁所在结构层楼面标高的高差值。高于结构层楼面为正值，低于结构层楼面为负值，当无高差时不注。

4) 注写墙梁截面尺寸 $b \times h$，上部纵筋、下部纵筋和箍筋的具体数值。

墙梁侧面纵筋的配置：当墙身水平分布钢筋满足连梁、暗梁及边框梁的梁侧面纵向构造钢筋的要求时，该筋配置同墙身水平分布钢筋，表中不注，施工按标准构造详图的要求即可。当墙身水平分布钢筋不满足连梁、暗梁及边框梁的梁侧面纵向构造钢筋的要求时，应在表中补充注明梁侧面纵筋的具体数值。

【案例评析9-3】

识读剪力墙梁表，见表 9-5。可知：

LL3 表示 3 号连梁，在 3 层梁宽 300mm，梁高 2070mm。

上部纵筋为 4 Φ 22，表示上部纵筋为 4 根 HRB400 级钢筋，直径为 22mm。

下部纵筋为 4 Φ 22，表示下部纵筋为 4 根 HRB400 级钢筋，直径为 22mm。

箍筋为Φ 10@100，表示箍筋为 HPB300 级钢筋直径 10mm，间距 100mm，双肢箍。

剪力墙梁表　　表 9-5

编号	所在楼层号	梁顶相对标高高差(m)	梁截面 $b\times b$	上部纵筋	下部纵筋	箍筋
LL3	3		300×2070	4 Φ 22	4 Φ 22	Φ 10@100(2)
	4		300×1770	4 Φ 22	4 Φ 22	Φ 10@100(2)
	4～9		300×1670	4 Φ 22	4 Φ 22	Φ 10@100(2)

9.1.4　剪力墙洞口的表示方法

无论采用列表注写方式还是截面注写方式，剪力墙上的洞口均可在剪力墙平面布置图上原位表达。

1. 洞口的具体表示方法

（1）在剪力墙平面布置图上绘制洞口示意，并标注洞口中心的平面定位尺寸。

（2）在洞口中心位置引注：①洞口编号；②洞口几何尺寸；③洞口中心相对标高；④洞口每边补强钢筋，共四项内容。

2. 具体规定

（1）洞口编号：矩形洞口为 JD××（××为序号），圆形洞口为 YD××（××为序号）。

（2）洞口几何尺寸：矩形洞口为洞宽×洞高（$b\times h$），圆形洞口为洞口直径 D。

（3）洞口中心相对标高，是相对于结构层楼（地）面标高的洞口中心高度。当其高于结构层楼面时为正值，低于结构层楼面时为负值。

（4）洞口每边补强钢筋，注写为洞口每边补强钢筋的具体数值。

【例】　JD2　400×300　+3.100　3 Φ 14。表示 2 号矩形洞口，洞宽 400mm、洞高 300mm，洞口中心距本结构层楼面 3100mm，洞口每边补强钢筋为 3 Φ 14。

9.2　剪力墙标准构造详图

剪力墙柱钢筋构造和框架柱基本相同，本节主要介绍墙身和墙梁的钢筋构造要求。

9.2.1 剪力墙墙身构造

1. 剪力墙墙身钢筋种类

剪力墙身钢筋包括水平分布筋、竖向分布筋及拉结筋。如图 9-9 所示。

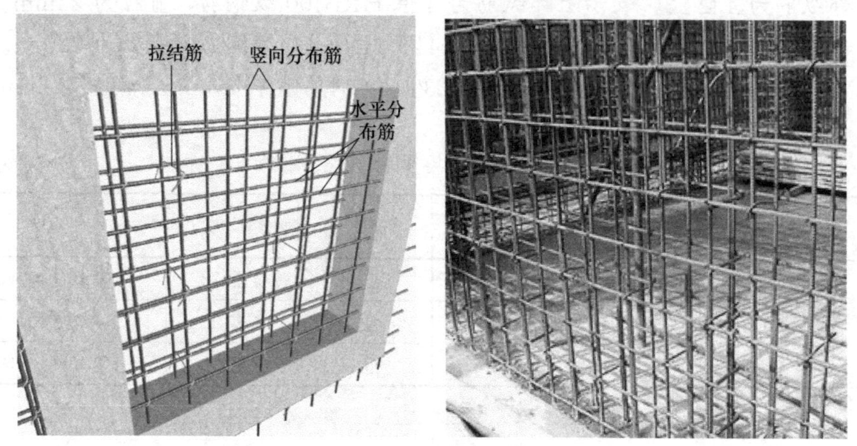

图 9-9 剪力墙墙身钢筋

2. 墙身水平分布筋构造

（1）墙身水平分布筋在端部构造

墙身水平分布筋在端部构造分为端部无暗柱、端部有暗柱、端部有 L 形暗柱及端部为端柱等几种情况，构造如图 9-10 所示。

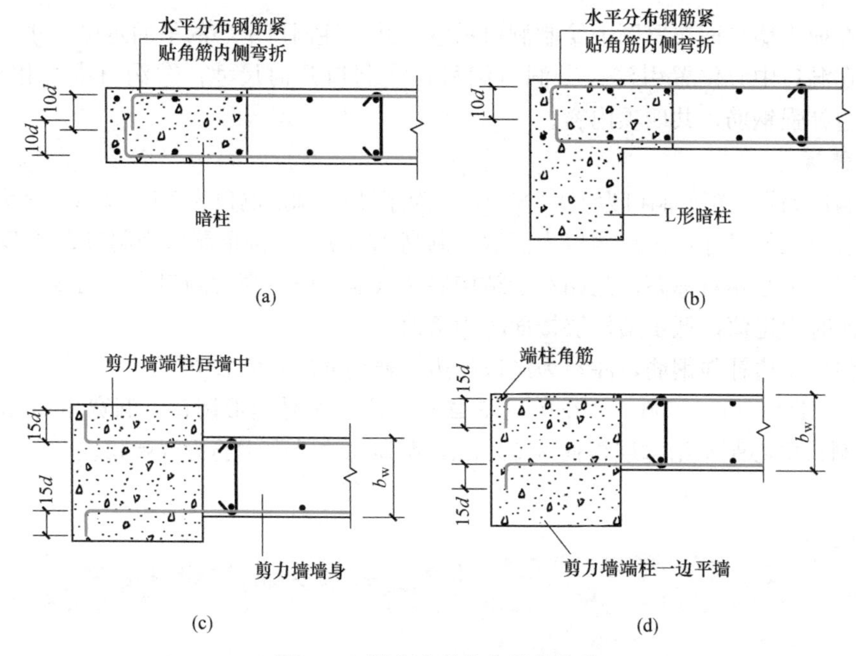

图 9-10 墙身水平筋在端部构造

（a）端部有暗柱；（b）端部有 L 形暗柱；（c）端部有居中端柱；（d）端部有一侧平墙端柱

（2）墙身水平分布筋在转角处构造

墙身水平分布筋在转角处构造分为暗柱转角墙及端柱转角墙，构造如图 9-11 所示。

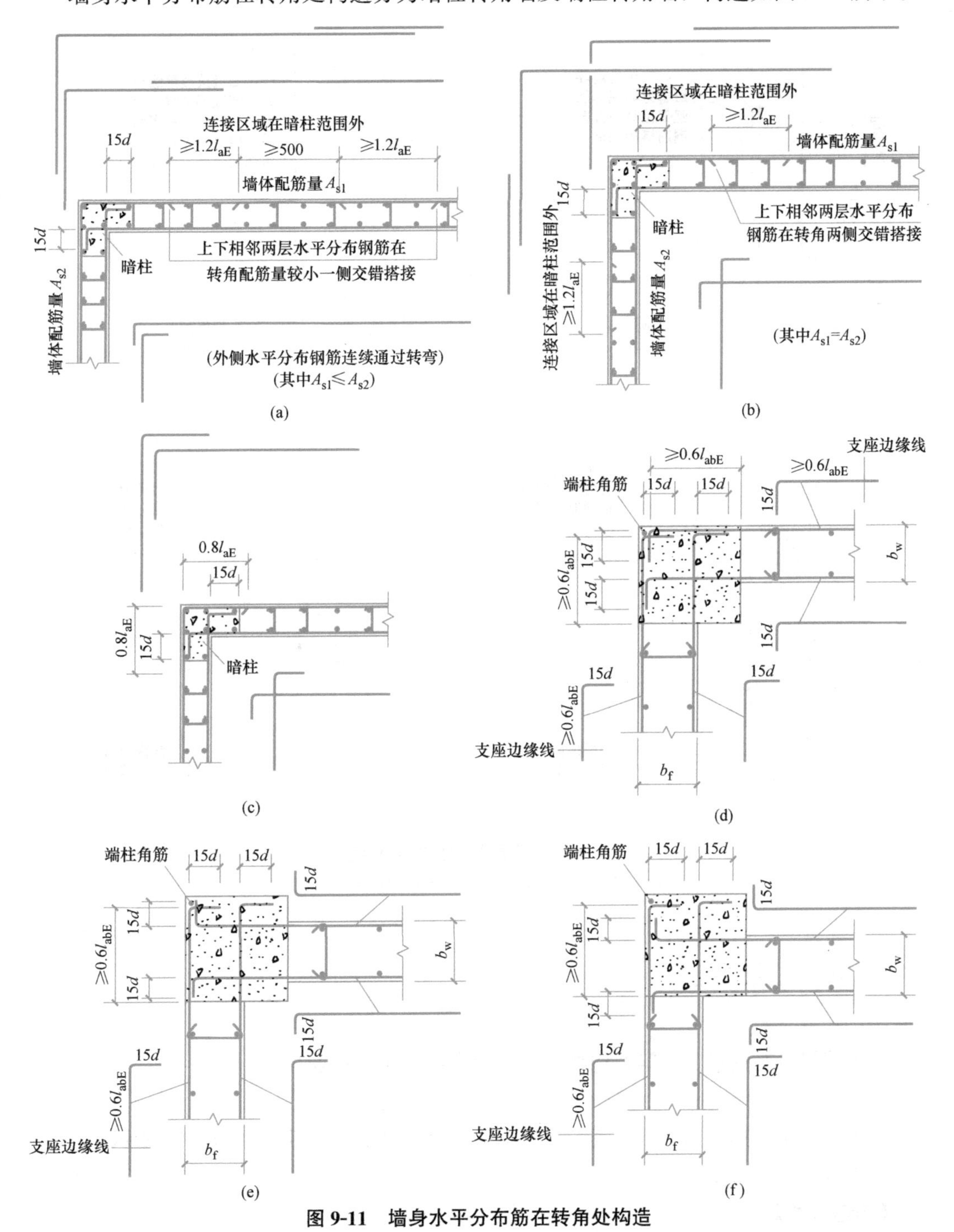

图 9-11　墙身水平分布筋在转角处构造

（a）转角墙（直角转角墙水平分布钢筋在一侧交错搭接构造）；（b）转角墙（直角转角墙水平分布钢筋两侧交替交错搭接构造）；（c）转角墙（直角转角墙水平分布钢筋在转角交错搭接构造）；（d）端柱转角墙（端柱两侧平外墙面的转角墙水平分布钢筋端部构造）；（e）端柱转角墙（端柱一侧平外墙面的转角墙水平分布钢筋端部构造）；（f）端柱转角墙（端柱一侧平外一侧平内墙面的转角墙水平分布钢筋端部构造）

3. 墙身竖向分布筋构造

墙身竖向分布筋的连接分搭接、机械连接及焊接，如图 9-12 所示。

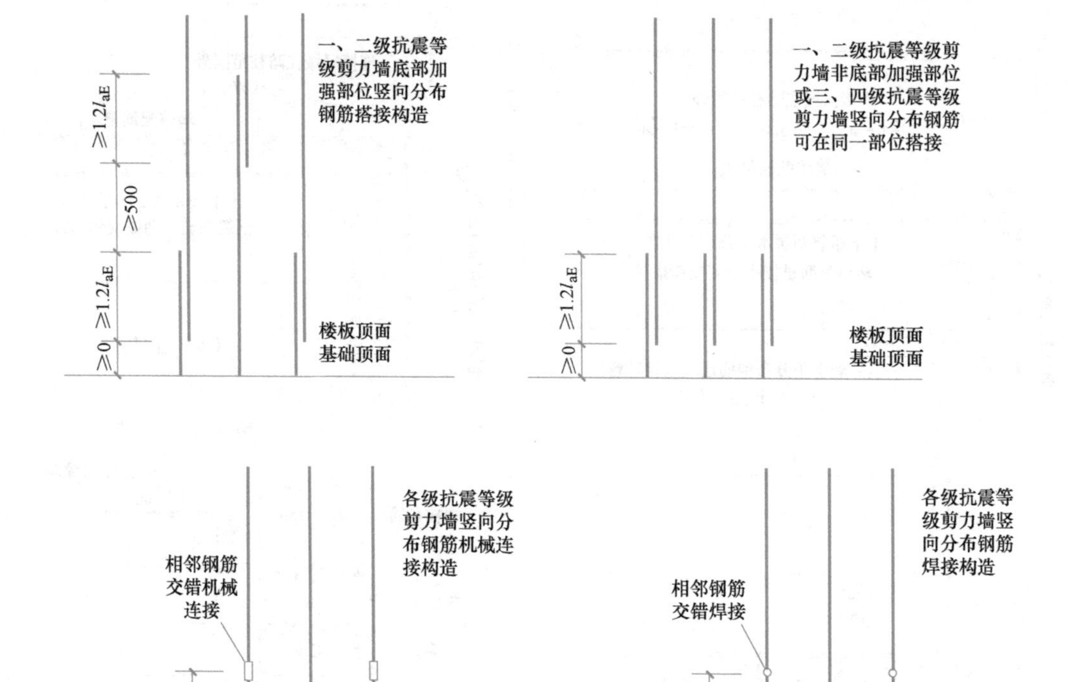

图 9-12　墙身竖向分布筋构造

(a) 构造 1；(b) 构造 2；(c) 构造 3；(d) 构造 4

9.2.2　剪力墙梁构造

剪力墙梁分为连梁、暗梁及边框梁，下面介绍连梁的钢筋构造。

1. 剪力墙连梁钢筋

剪力墙连梁钢筋分为上部纵筋、下部纵筋、箍筋及侧面纵筋，如图 9-13 所示。

2. 剪力墙连梁构造

【构造解读】

(1) 连梁端部墙肢不大于 l_{aE}（l_a）或不大于 600mm 时，上部纵筋及下部纵筋伸至墙外侧纵筋内侧后弯折，弯折长度 15d。

(2) 连梁端部墙肢大于 l_{aE}（l_a）且大于 600mm 时，上部纵筋及下部纵筋伸入墙内

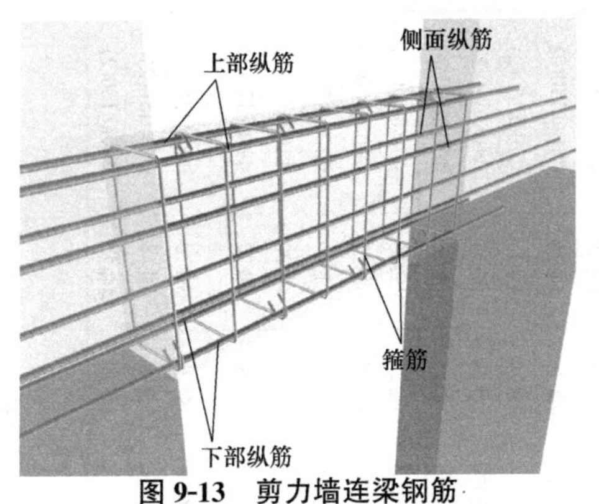

图 9-13　剪力墙连梁钢筋

l_{aE}（l_a）且不小于 600mm。

（3）连梁箍筋起步距离 50mm，在连梁内按箍筋间距均匀布置。

（4）连梁侧面纵筋为墙身水平分布筋。

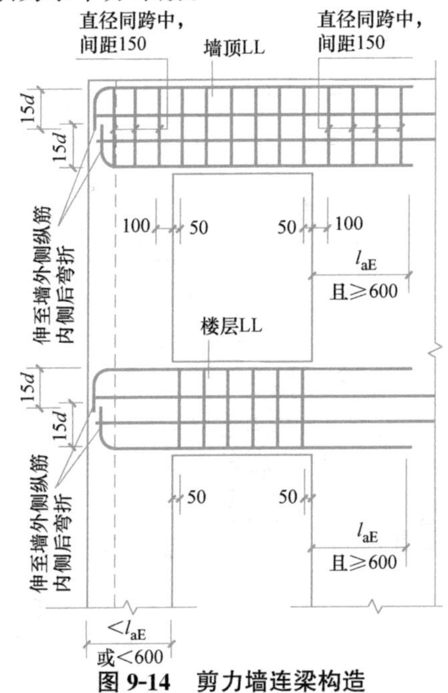

图 9-14　剪力墙连梁构造

9.3　剪力墙平法施工图识读案例

9.3.1　任务实施

剪力墙平法施工图如图 9-15、图 9-16 所示，结合《22G101-1》中第 1-18、1-19 页，完成剪力墙平法施工图的识读。

层号	标高(m)	层高(m)	
屋面2	65.670		
塔层2	62.370	3.30	
屋面1(塔层1)	59.070	3.30	
16	55.470	3.60	
15	51.870	3.60	
14	48.270	3.60	
13	44.670	3.60	
12	41.070	3.60	
11	37.470	3.60	
10	33.870	3.60	
9	30.270	3.60	
8	26.670	3.60	
7	23.070	3.60	
6	19.470	3.60	
5	15.870	3.60	
4	12.270	3.60	
3	8.670	3.60	
2	4.470	4.20	底部加强部位
1	−0.030	4.50	
−1	−4.530	4.50	
−2	−9.030	4.50	

结构层楼面标高
结 构 层 高

上部结构嵌固部位：
−0.030m

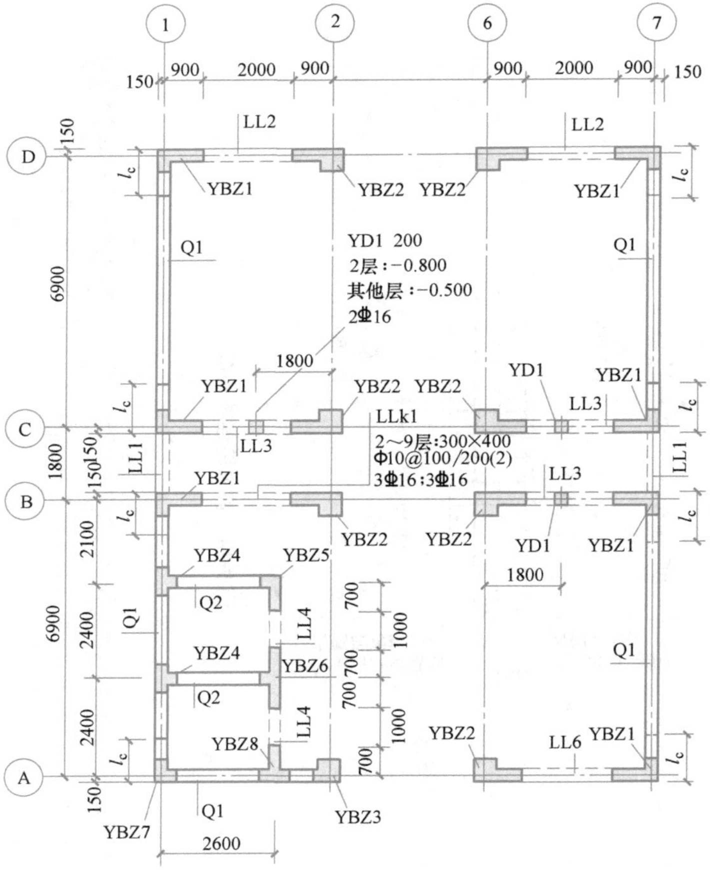

−0.030~12.270剪力墙平法施工图

剪力墙梁表

编号	所在楼层号	梁顶相对标高高差(m)	梁截面 $b \times h$	上部纵筋	下部纵筋	箍筋
LL1	2~9	0.800	300×2000	4⏀25	4⏀25	Φ10@100(2)
	10~16	0.800	250×2000	4⏀22	4⏀22	Φ10@100(2)
	屋面1		250×1200	4⏀20	4⏀20	Φ10@100(2)
LL2	3	−1.200	300×2520	4⏀25	4⏀25	Φ10@150(2)
	4	−0.900	300×2070	4⏀25	4⏀25	Φ10@150(2)
	5~9	−0.900	300×1770	4⏀25	4⏀25	Φ10@150(2)
	10~屋面1	−0.900	250×1770	4⏀22	4⏀22	Φ10@150(2)
LL3	2		300×2070	4⏀25	4⏀25	Φ10@100(2)
	3		300×1770	4⏀25	4⏀25	Φ10@100(2)
	4~9		300×1170	4⏀25	4⏀25	Φ10@100(2)
	10~屋面1		250×1170	4⏀22	4⏀22	Φ10@100(2)
LL4	2		250×2070	4⏀20	4⏀20	Φ10@120(2)
	3		250×1770	4⏀20	4⏀20	Φ10@120(2)
	4~屋面1		250×1770	4⏀20	4⏀20	Φ10@120(2)
AL1	2~9		300×600	3⏀20	3⏀20	Φ8@150(2)
	10~16		250×500	3⏀18	3⏀18	Φ8@150(2)
BKL1	屋面1		500×750	4⏀22	4⏀22	Φ10@150(2)

剪力墙身表

编号	标高(m)	墙厚	水平分布筋	垂直分布筋	拉筋(矩形)
Q1	−0.030~30.270	300	⏀12@200	⏀12@200	Φ6@600×600
	30.270~59.070	250	⏀10@200	⏀10@200	Φ6@600×600
Q2	−0.030~30.270	250	⏀10@200	⏀10@200	Φ6@600×600
	30.270~59.070	200	⏀10@200	⏀10@200	Φ6@600×600

图 9-15　剪力墙平法施工图

层号	标高(m)	层高(m)
屋面2	65.670	
塔层2	62.370	3.30
屋面1(塔层1)	59.070	3.30
16	55.470	3.60
15	51.870	3.60
14	48.270	3.60
13	44.670	3.60
12	41.070	3.60
11	37.470	3.60
10	33.870	3.60
9	30.270	3.60
8	26.670	3.60
7	23.070	3.60
6	19.470	3.60
5	15.870	3.60
4	12.270	3.60
3	8.670	3.60
2	4.470	4.20
1	-0.030	4.50
-1	-4.530	4.50
-2	-9.030	4.50

底部加强部位

结构层楼面标高
结 构 层 高

上部结构嵌固部位
-0.030m

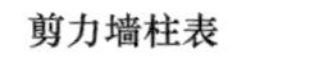

剪力墙柱表

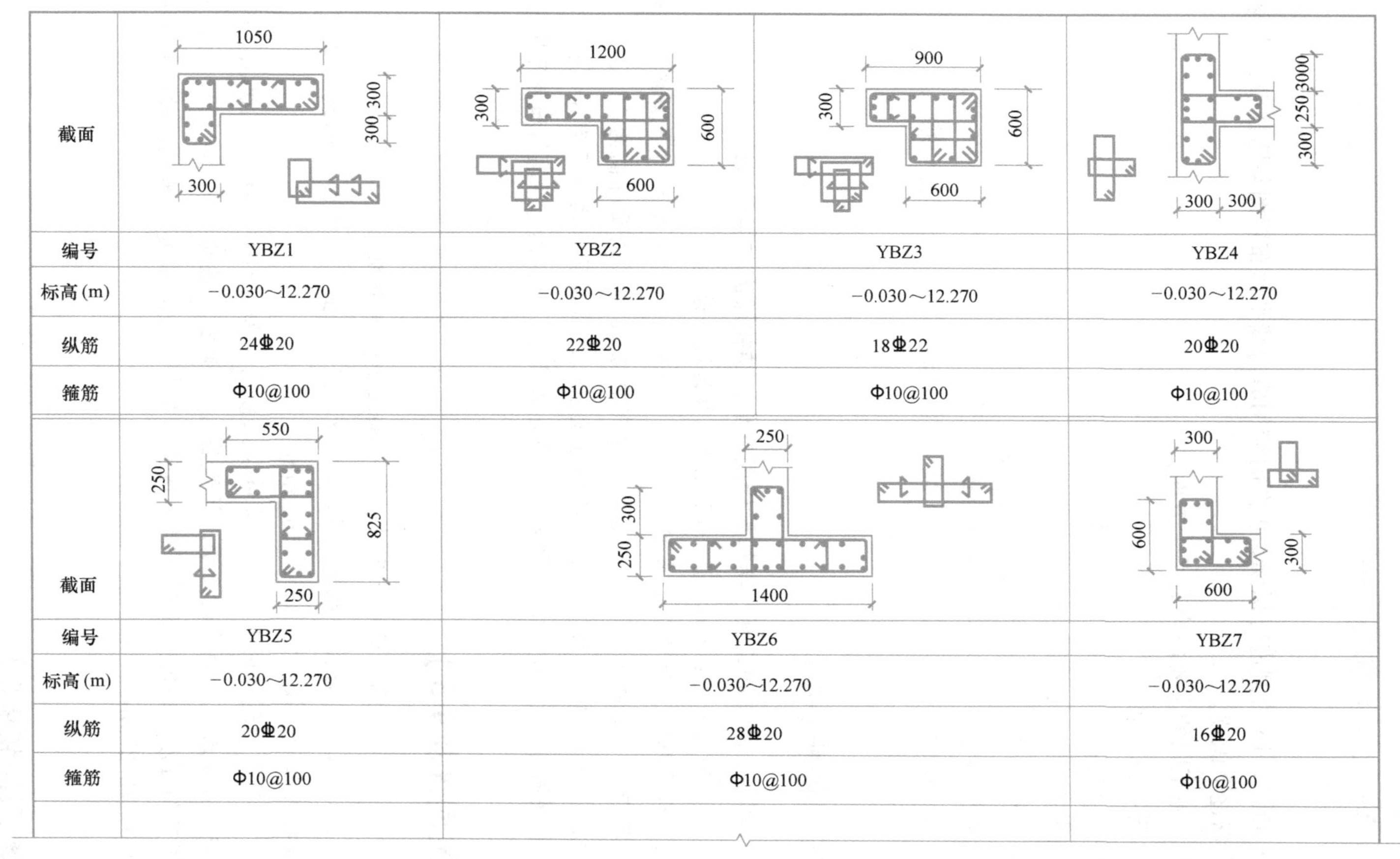

截面				
编号	YBZ1	YBZ2	YBZ3	YBZ4
标高(m)	-0.030～12.270	-0.030～12.270	-0.030～12.270	-0.030～12.270
纵筋	24⊈20	22⊈20	18⊈22	20⊈20
箍筋	Φ10@100	Φ10@100	Φ10@100	Φ10@100

截面			
编号	YBZ5	YBZ6	YBZ7
标高(m)	-0.030～12.270	-0.030～12.270	-0.030～12.270
纵筋	20⊈20	28⊈20	16⊈20
箍筋	Φ10@100	Φ10@100	Φ10@100

-0.030～12.270剪力墙平法施工图(部分剪力墙柱表)

图 9-16　剪力墙柱表

9.3.2 剪力墙平法施工图标注识读

以图 9-15 和图 9-16 为例进行识读。识图时应用剪力墙平面布置图与墙柱表、墙身表、墙梁表对照数据逐个识读。

剪力墙平法施工图的主要内容有 7 个方面：

1. 图名、图号和比例；
2. 结构层楼面标高、结构层高与层号；
3. 定位轴线及其编号、间距尺寸；
4. 墙柱：墙柱编号、尺寸、配筋和起止标高；
5. 墙身：墙身编号、尺寸、各段起止标高和配筋；
6. 墙梁：墙梁的编号、所在的楼层号、墙梁顶面标高高差、尺寸及配筋；
7. 其他详图及说明。

【案例评析9-4】

图名、图号和比例；结构层楼面标高、结构层高与层号识读

由图 9-15 可知图名为：−0.030～12.270m 剪力墙平法施工图。

由结构层楼面标高、结构层高表可知：−0.030～12.270m 剪力墙平法施工图对应的是第一层楼面（楼面标高为−0.030m）至第四层楼面（楼面标高为 12.270m）。第一层结构层高为 4.50m，第二层结构层高为 4.20m，第三层结构层高为 3.60m。

上部结构嵌固部位：−0.030m，即自−0.030m 向上 $H_n/3$ 范围为柱箍筋加密区范围。

【案例评析9-5】

墙柱编号、尺寸、配筋和起止标高识读

由图 9-15 可识读到墙柱的编号及位置，如 YZB1，在①轴线和⑦轴线上共有 7 个。其位置均为柱外边线距定位轴线 150mm。

由图 9-16 可识读到柱的尺寸、配筋和起止标高，如 YZB1 的详图，1050、300、300、300 四个数字表示柱的平面尺寸；柱纵筋为 24 ⌀20，箍筋为Φ 10@100，由图中箍筋分离图可知 YZB1 的箍筋由两个封闭箍筋和两个单肢拉筋复合而成；柱的起止标高为−0.030～12.270m。

【案例评析9-6】

墙身编号、尺寸、各段起止标高和配筋识读

由图 9-15 平法施工图可识读到墙身的编号及位置，如 Q1，在①轴线、⑦轴线、A 轴线上。

由剪力墙身表可识读到 Q1 在－0.030～30.270m 标高范围内的厚度为 300mm，墙身外边线距定位轴线 150mm；在 30.270～59.070m 标高范围内的厚度为 250mm，墙身外边线距定位轴线 150mm；故 30.270m 标高处为剪力墙墙身截面尺寸变化处，墙体内侧竖向分布筋应根据具体情况弯折锚固或弯折伸向上层墙体。

－0.030～30.270m 标高范围墙体水平分布筋、竖向分布筋均为Φ 12@200，拉筋为Φ 6@600×600，矩形布置方式。30.270～59.070m 标高范围内墙体水平分布筋、竖向分布筋均为Φ 10@200，拉筋为Φ 6@600×600，矩形布置方式。

【案例评析9-7】

墙梁的编号、所在的楼层号、墙梁顶面标高高差、尺寸及配筋识读

由图 9-15 平法施工图可识读到墙梁的编号及位置，如 LL1 在①轴线和⑦轴线上。

由剪力墙梁表可识读到：

1. 连梁 LL1 在 2～9 层。梁宽 300mm，梁高 2000mm；连梁上部纵筋为 4 Φ 25，下部纵筋为 4 Φ 25；箍筋为Φ 10@100，双肢箍；梁顶面与结构楼面标高高差为 0.800m；梁侧面纵筋为墙身水平分布筋Φ 12@200。

2. 连梁 LL1 在 10～16 层。梁宽 250mm，梁高 2000mm；连梁上部纵筋为 4 Φ 22，下部纵筋为 4 Φ 22；箍筋为Φ 10@100，双肢箍；梁顶面与结构楼面标高高差为 0.800m；梁侧面纵筋为墙身水平分布筋Φ 10@200。

3. 连梁 LL1 在屋面 1。梁宽 250mm，梁高 1200mm；连梁上部纵筋为 4 Φ 20，下部纵筋为 4 Φ 20；箍筋为Φ 10@100，双肢箍；梁顶面与结构楼面标高无高差；梁侧面纵筋为墙身水平分布筋Φ 10@200。

单元小结

本单元结合工程实例从剪力墙平法施工图导读和标准构造详图两个方面对剪力墙平法施工图进行识读。

剪力墙平法施工图导读部分从剪力墙墙柱、墙身、墙梁、墙上洞口四个方面，系统地讲述了剪力墙（墙柱、墙身、墙梁）截面尺寸、起止标高、配筋等平面表示方法及识读要点；标准构造详图识读部分给出了剪力墙（墙柱、墙身、墙梁）钢筋锚固长度确定、钢筋连接位置、墙身钢筋与墙柱墙梁钢筋位置关系等构造要求。

通过对剪力墙平法施工图和标准构造详图的识读，使学生熟练掌握剪力墙平法施工图的识读方法和识读要点，为学习剪力墙结构工程钢筋翻样和工程施工打下良好基础。

思考及练习题

一、单选题

1. 下列属于剪力墙构件的是（　　）。

A. 框架梁　　B. 墙柱　　C. 框架柱　　D. 非框架梁

2. 剪力墙 GBZ 表示（　　）。

A. 约束边缘构件　　B. 构造边缘构件　　C. 非边缘暗柱　　D. 构造柱

3. 下列不属于剪力墙身钢筋的是（　　）。

A. 箍筋　　B. 水平分布筋　　C. 竖向分布筋　　D. 拉结筋

4. 下列不属于剪力墙梁编号的是（　　）。

A. LL　　B. BKL　　C. AL　　D. L

5. 剪力墙身表中表达的内容不包括（　　）。

A. 注写墙身编号

B. 注写水平、竖向分布钢筋和拉结筋的具体数值

C. 注写各段墙身起止标高

D. 注写截面尺寸和轴线位置关系

6. 剪力墙拉结筋设置方式包括（　　）。

A. 梅花和对称　　B. 梅花和矩形　　C. 对称和矩形　　D. 平行和矩形

7. 标注剪力墙梁用 $b \times h$ 表示截面尺寸，其中 h 表示（　　）。

A. 梁高　　B. 梁长　　C. 梁宽　　D. 梁标高

8. 剪力墙梁标注上部纵筋 3 ⏀20 表示含义（　　）。

A. 3 根 HRB335 级钢筋直径 20mm

B. HRB335 级钢筋间距为 3mm 直径 20mm

C. 3 根 HRB400 级钢筋直径 20mm

D. HRB400 级钢筋间距为 3mm 直径 20mm

9. 剪力墙洞口编号 YD1 1000 表示含义（　　）。

A. 1 号圆形洞口，直径 1000mm

B. 1 号圆形洞口，距离地面高度 1000mm

C. 1 号矩形洞口，直径 1000mm

D. 1 号矩形洞口，距离地面高度 1000mm

10. 关于剪力墙下列说法错误的是（　　）。

A. YBZ1 表示 1 号约束边缘构件

B. LL1 300×1000 1 号连梁，截面宽度 300mm，截面高度 1000mm

C. JD1 400×300 表示 1 个矩形洞口，洞高 400mm，洞宽 300mm

D. Q1（2 排）表示 1 号剪力墙身双排配筋

二、识图题

1. 根据《22G101》的规定，描述图 9-17 中的 GBZ1 的具体信息。

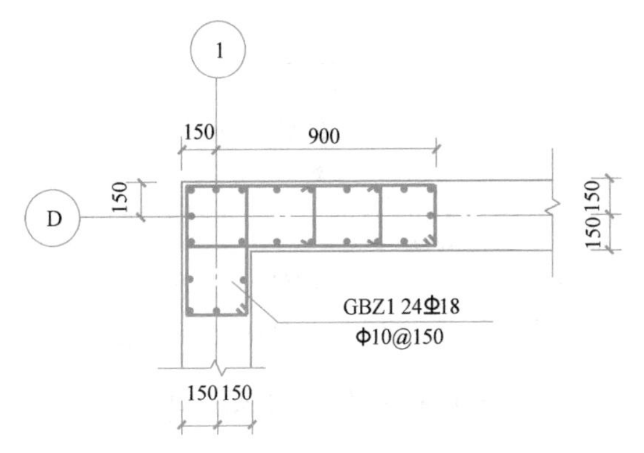

图 9-17　剪力墙柱平法施工图

剪力墙平法施工图注写方式包括＿＿＿＿＿＿和＿＿＿＿＿＿。此图采用的是＿＿＿＿注写方式，墙柱名称＿＿＿＿＿，全部纵筋为＿＿＿＿＿，箍筋为＿＿＿＿＿。

2. 识读表 9-6 信息，完成下列内容。

剪力墙梁表　　表 9-6

名称	所在楼层号	梁截面	上部纵筋	下部纵筋	侧面纵筋（每侧各）	箍筋	梁顶相对标高高差(m)
LL-1	2～9	200×1100	2Φ22	2Φ22	Φ10@200	Φ8@150(2)	0.600
	10～16	200×1500	3Φ25	3Φ25	Φ10@200	Φ10@150(2)	0.600
	屋面 1	200×1500	3Φ25	3Φ25	Φ10@200	Φ10@150(2)	

LL1 表示＿＿＿＿号＿＿＿＿梁。

2～9 层截面尺寸，梁宽＿＿＿＿，梁高＿＿＿＿，梁顶标高距结构层楼面标高＿＿＿＿ m，上部纵筋＿＿＿＿，下部纵筋＿＿＿＿，箍筋采用＿＿＿＿级钢筋，直径＿＿＿＿间距为＿＿＿＿。

10～16 层截面尺寸，梁宽＿＿＿＿，梁高＿＿＿＿，梁顶标高距结构层楼面标高＿＿＿＿ m，箍筋为＿＿＿＿。

屋面层截面尺寸，梁宽＿＿＿＿，梁高＿＿＿＿，梁顶标高距结构层楼面标高＿＿＿＿ m，箍筋为＿＿＿＿。

3. 识读表 9-7 信息，完成下列内容。

Q2 表示剪力墙厚度＿＿＿＿，水平分布筋＿＿＿＿，竖向分布筋＿＿＿＿，拉结筋直径＿＿＿＿，水平间距＿＿＿＿，竖向间距＿＿＿＿，拉结筋布置方式＿＿＿＿。

剪力墙身表　　表 9-7

名称	墙厚	水平分布筋	垂直分布筋	拉筋(梅花)
Q-1(2 排)	200	Φ8@200	Φ10@200	Φ6@400×400
Q-2(2 排)	200	Φ8@200	Φ10@200	Φ6@400×400

4. 根据图 9-18 表述出 YD1 标注的含义。

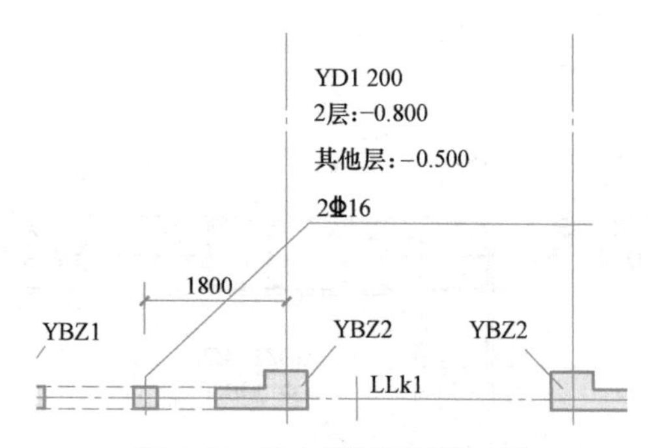

图 9-18 剪力墙洞平法施工图

YD1 200 中 YD1 表示________，200 表示________，洞口中心相对标高：2 层为________，其他层层为________，洞口边补强钢筋为________。

5. 请解释图 9-19 中 LL1 中各符号的含义。

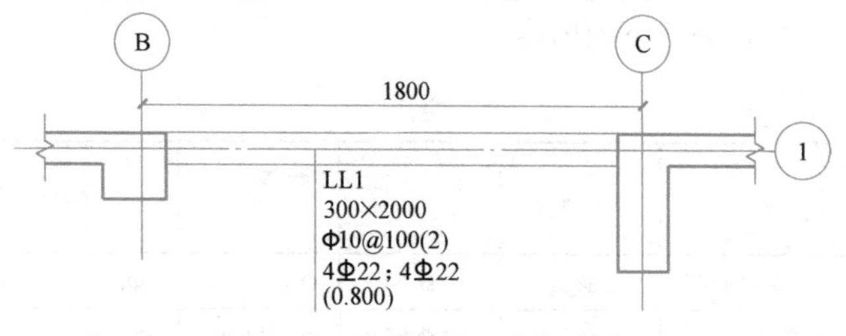

图 9-19 剪力墙梁平法施工图

____

____

____

____

参考文献

[1] 刘悦，李盛楠. 混凝土结构平法识图［M］. 北京：北京理工大学出版社，2015.

[2] 李晓红，袁帅. 混凝土结构平法识图［M］. 2 版. 北京：中国电力出版社，2013.

[3] 朱溢镕，黄丽华，赵冬. BIM 算量一图一练［M］. 北京：化学工业出版社，2016.

[4] 庞玲. 钢筋平法识图与算量［M］. 北京：中国建筑工业出版社，2016.

[5] 王仁田，林宏剑. 建筑力学与结构平法识图［M］. 北京：高等教育出版社，2013.

[6] 马少杰，张丽，吴耘. 16G101 图集—混凝土结构施工图平法识读［M］. 天津：天津科学技术出版社，2018.

[7] 彭波. G101 平法钢筋计算精讲［M］. 北京：中国电力出版社，2014.

[8] 上官子昌. 16G101 图集应用——平法钢筋算量［M］. 北京：中国建筑工业出版社 2016.

[9] 杨韬. BIM 建筑与装饰工程计量实训教程［M］. 北京：中国建材工业出版社，2018.

[10] 李庆肖. 力学与结构识图［M］. 武汉：中国地质大学出版社，2015.

[11] 杨晓光. 混凝土结构平法规则与三维视图［M］. 北京：化学工业出版社，2018.

[12] 许佳琪. 混凝土结构平法识图要点解析［M］. 北京：中国计划出版社，2015.

[13] 褚振文，方传斌. 16G101 图集导读［M］. 北京：化学工业出版社，2017.

[14] 李晓红，赵庆辉. 混凝土结构平法施工图识读与钢筋计算［M］. 北京：科学出版社，2015.

[15] 周元清，纪也莉. 建筑力学与结构基础［M］. 武汉：中国地质大学出版社，2013.

[16] 中国建筑标准设计研究院. 混凝土结构施工图平面整体表示方法制图规则和构造详图（现浇混凝土框架、剪力墙、梁、板）：22G101-1［S］. 北京：中国标准出版社，2022.

[17] 中国建筑标准设计研究院. 混凝土结构施工图平面整体表示方法制图规则和构造详图（现浇混凝土板式楼梯）：22G101-2［S］. 北京：中国标准出版社，2022.

[18] 中国建筑标准设计研究院. 混凝土结构施工图平面整体表示方法制图规则和构造详图（独立基础、条形基础、筏形基础、桩基础）：22G101-3［S］. 北京：中国标准出版社，2022.

附录
《某某小区别墅结构施工图》

××××建筑设计有限公司 图 纸 目 录	建设单位	××××有限公司		
	项目名称	某某小区别墅	专业	结 构
	项目编号		阶段	施工图
	编 制 人		日期	

序号	图别 图号	图纸名称	图幅	备 注
1	结施-01	结构设计总说明(一)	A2	
2	结施-02	结构设计总说明(二)	A2	
3	结施-03	基础平面图	A3	
4	结施-04	基础顶～6.550 柱平法施工图	A3	
5	结施-05	6.550～9.600 柱平法施工图	A3	
6	结施-06	3.250 梁平法施工图	A3	
7	结施-07	6.550 梁平法施工图	A3	
8	结施-08	9.600 梁平法施工图	A3	
9	结施-09	3.250 板平法施工图	A3	
10	结施-10	6.550 板平法施工图	A3	
11	结施-11	9.600 板平法施工图	A3	
12	结施-12	楼梯详图	A3	

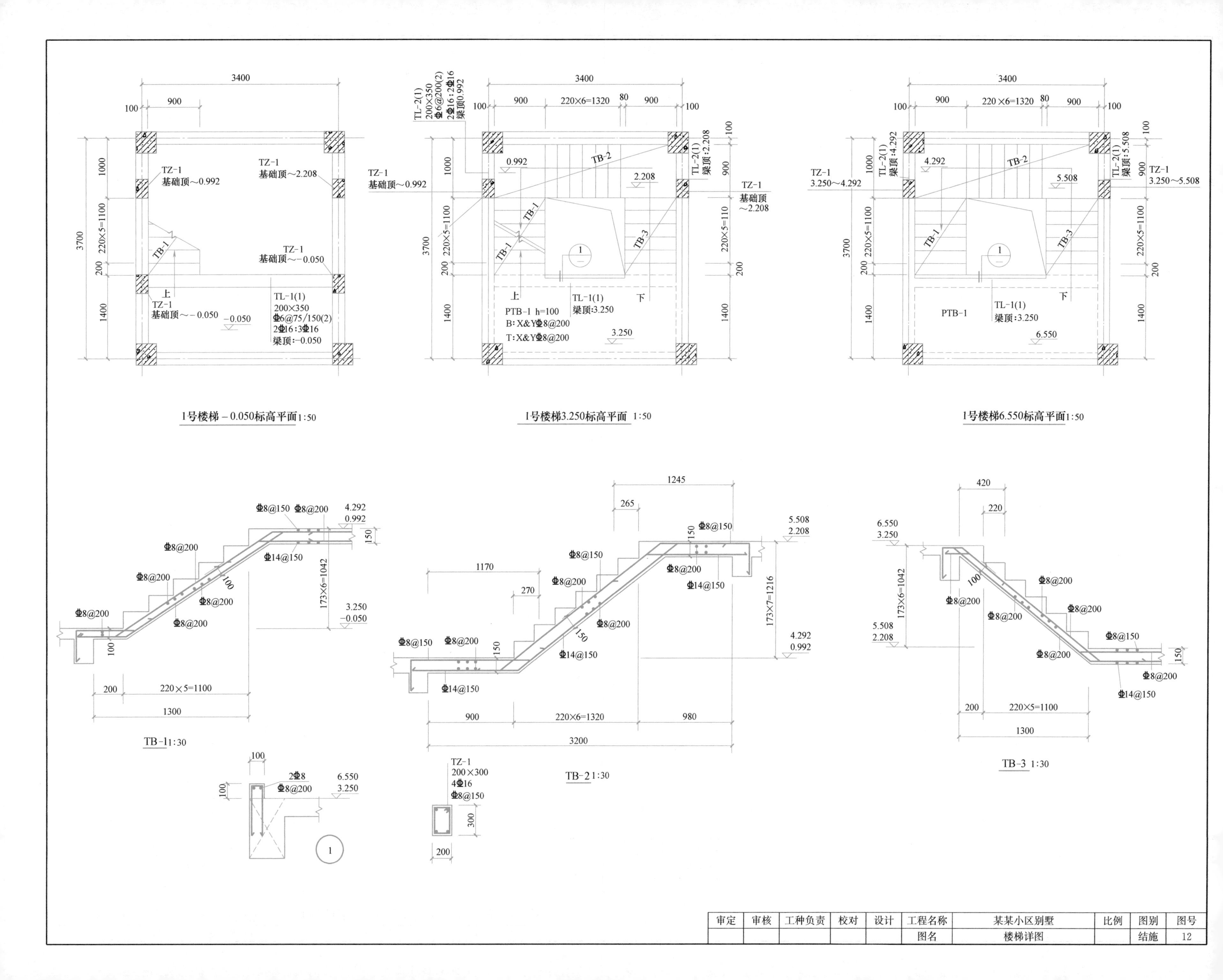
1号楼梯－0.050标高平面 1:50
1号楼梯3.250标高平面 1:50
1号楼梯6.550标高平面 1:50
TB-1 1:30
TB-2 1:30
TB-3 1:30
TZ-1
200×300
4Φ16
Φ8@150
审定
审核
工种负责
校对
设计
工程名称
某某小区别墅
比例
图别
图号
图名
楼梯详图
结施
12

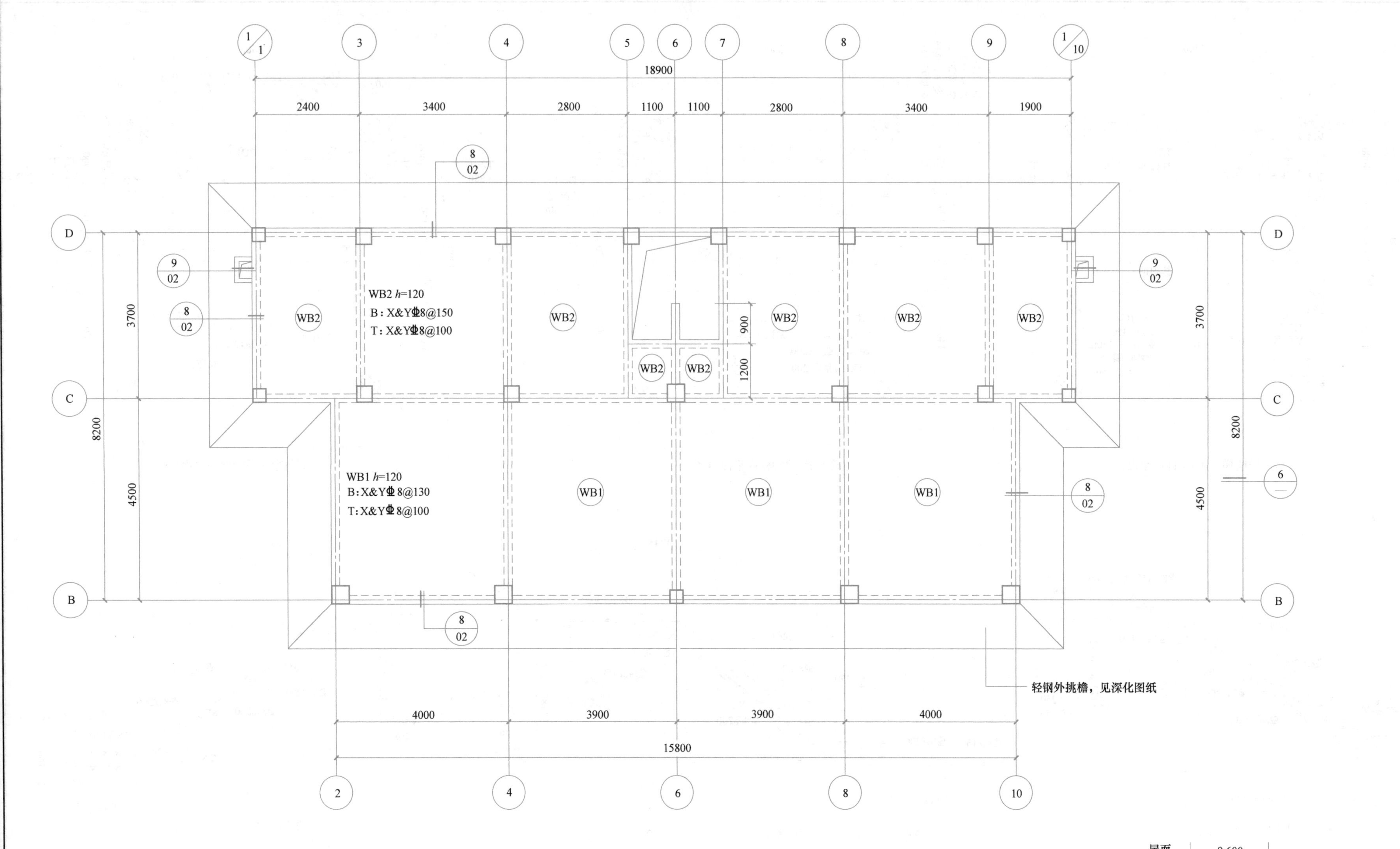

9.600板平法施工图 1∶100

说明：1.填充墙下无梁者在板中附加钢筋，钢筋锚入两端梁中150或过洞边450。200厚墙下板下部附加2⏀16∶100厚墙下板下部附加2⏀14。
2.图中未注明梁定位均轴线居中或与柱边齐。
3.节点大样请结合建筑图施工，板上预留洞口尺寸详见建施，洞口边筋详见总说明。

屋面	9.600	
3	6.550	3.050
2	3.250	3.300
基础顶	−1.500～−1.300	4.550～4.750
层号	标高(m)	层高(m)

结构层楼面基准标高
结构层高

审定	审核	工种负责	校对	设计	工程名称	某某小区别墅	比例	图别	图号
					图名	9.600 板平法施工图	1∶100	结施	11

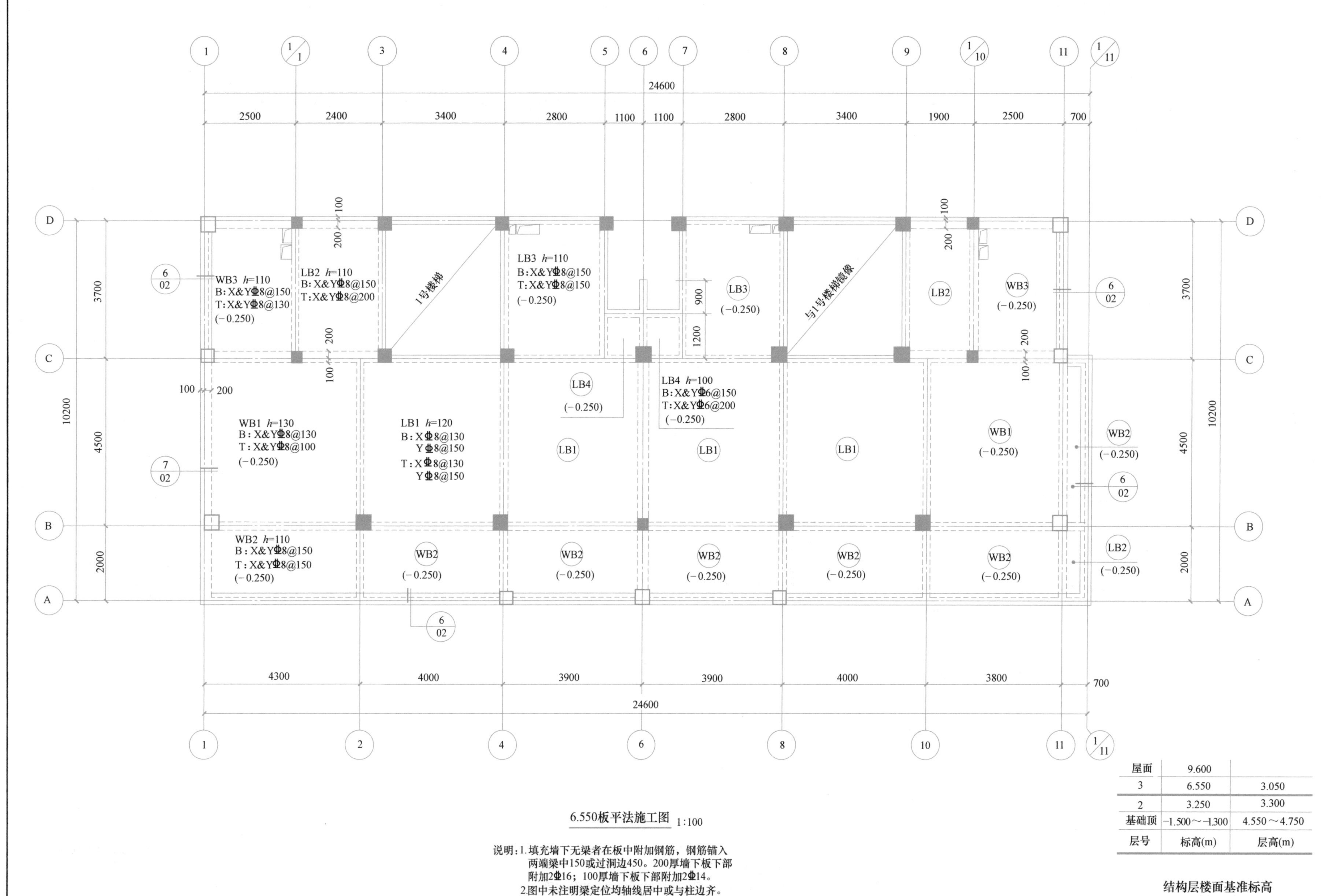

6.550板平法施工图 1:100

说明：1.填充墙下无梁者在板中附加钢筋，钢筋锚入两端梁中150或过洞边450。200厚墙下板下部附加2Φ16；100厚墙下板下部附加2Φ14。

2.图中未注明梁定位均轴线居中或与柱边齐。

3.节点大样请结合建筑图施工，板上预留洞口尺寸详见建施，洞口加筋详见总说明。

4.卫生间回填物容重不得超过10kN/m³。

屋面	9.600	
3	6.550	3.050
2	3.250	3.300
基础顶	-1.500～-1.300	4.550～4.750
层号	标高(m)	层高(m)

结构层楼面基准标高
结构层高

审定	审核	工种负责	校对	设计	工程名称	某某小区别墅	比例	图别	图号
					图名	6.550板平法施工图	1∶100	结施	10

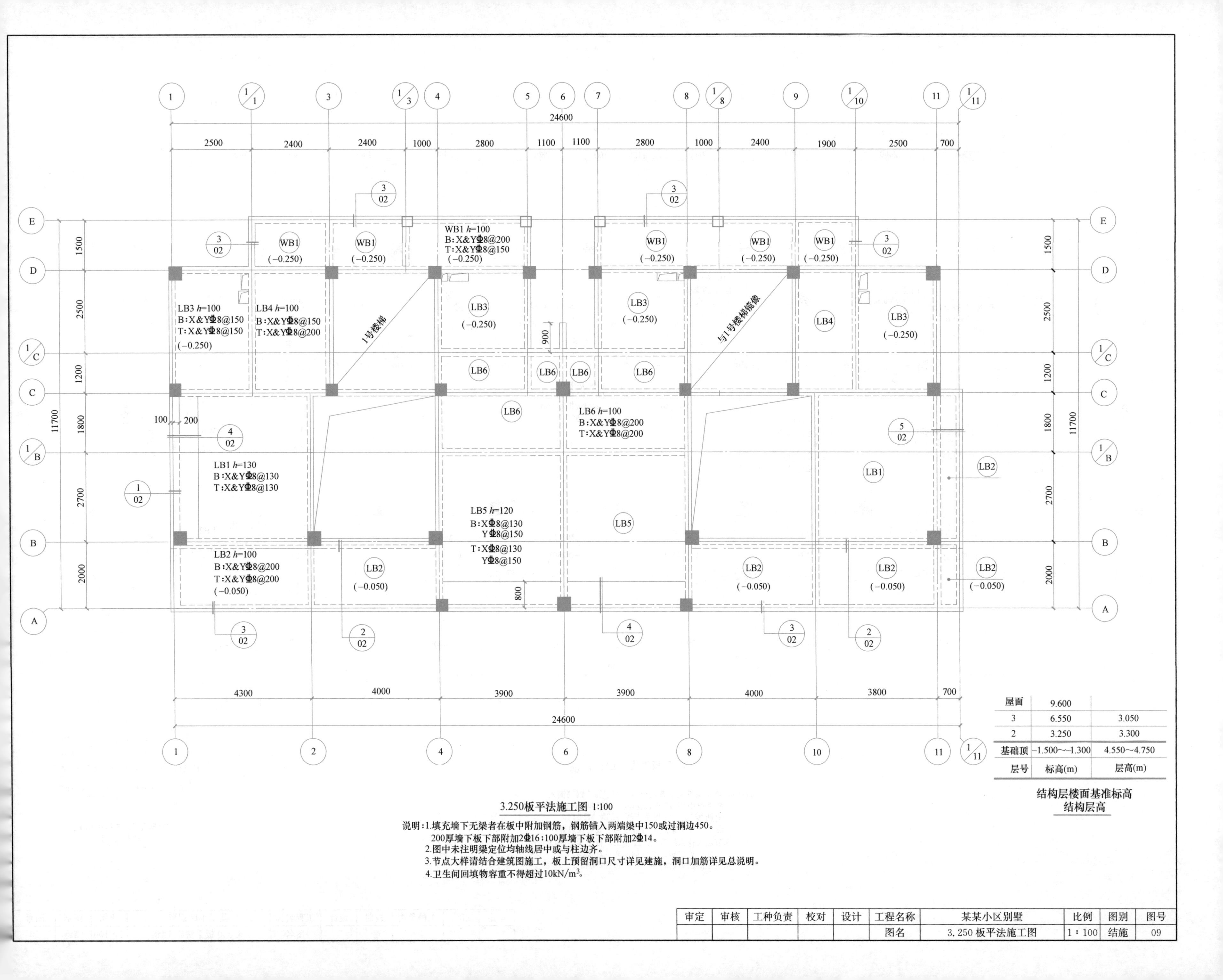

WB1 h=100
B:X&Y⏀8@200
T:X&Y⏀8@150
(−0.250)
LB3 h=100
B:X&Y⏀8@150
T:X&Y⏀8@150
(−0.250)
LB4 h=100
B:X&Y⏀8@150
T:X&Y⏀8@200
1号楼梯
与1号楼梯镜像
LB6 h=100
B:X&Y⏀8@200
T:X&Y⏀8@200
LB1 h=130
B:X&Y⏀8@130
T:X&Y⏀8@130
LB5 h=120
B:X⏀8@130
Y⏀8@150
T:X⏀8@130
Y⏀8@150
LB2 h=100
B:X&Y⏀8@200
T:X&Y⏀8@200
(−0.050)
24600
4300 4000 3900 3900 4000 3800 700
2500 2400 2400 1000 2800 1100 1100 2800 1000 2400 1900 2500 700
11700
1500 2500 1200 1800 2700 2000
屋面 9.600
3 6.550 3.050
2 3.250 3.300
基础顶 −1.500~−1.300 4.550~4.750
层号 标高(m) 层高(m)
结构层楼面基准标高
结构层高
3.250板平法施工图 1:100
说明:1.填充墙下无梁者在板中附加钢筋，钢筋锚入两端梁中150或过洞边450。
200厚墙下板下部附加2⏀16;100厚墙下板下部附加2⏀14。
2.图中未注明梁定位均轴线居中或与柱边齐。
3.节点大样请结合建筑图施工，板上预留洞口尺寸详见建施，洞口加筋详见总说明。
4.卫生间回填物容重不得超过10kN/m3。
审定 审核 工种负责 校对 设计 工程名称 某某小区别墅 比例 图别 图号
图名 3.250板平法施工图 1:100 结施 09

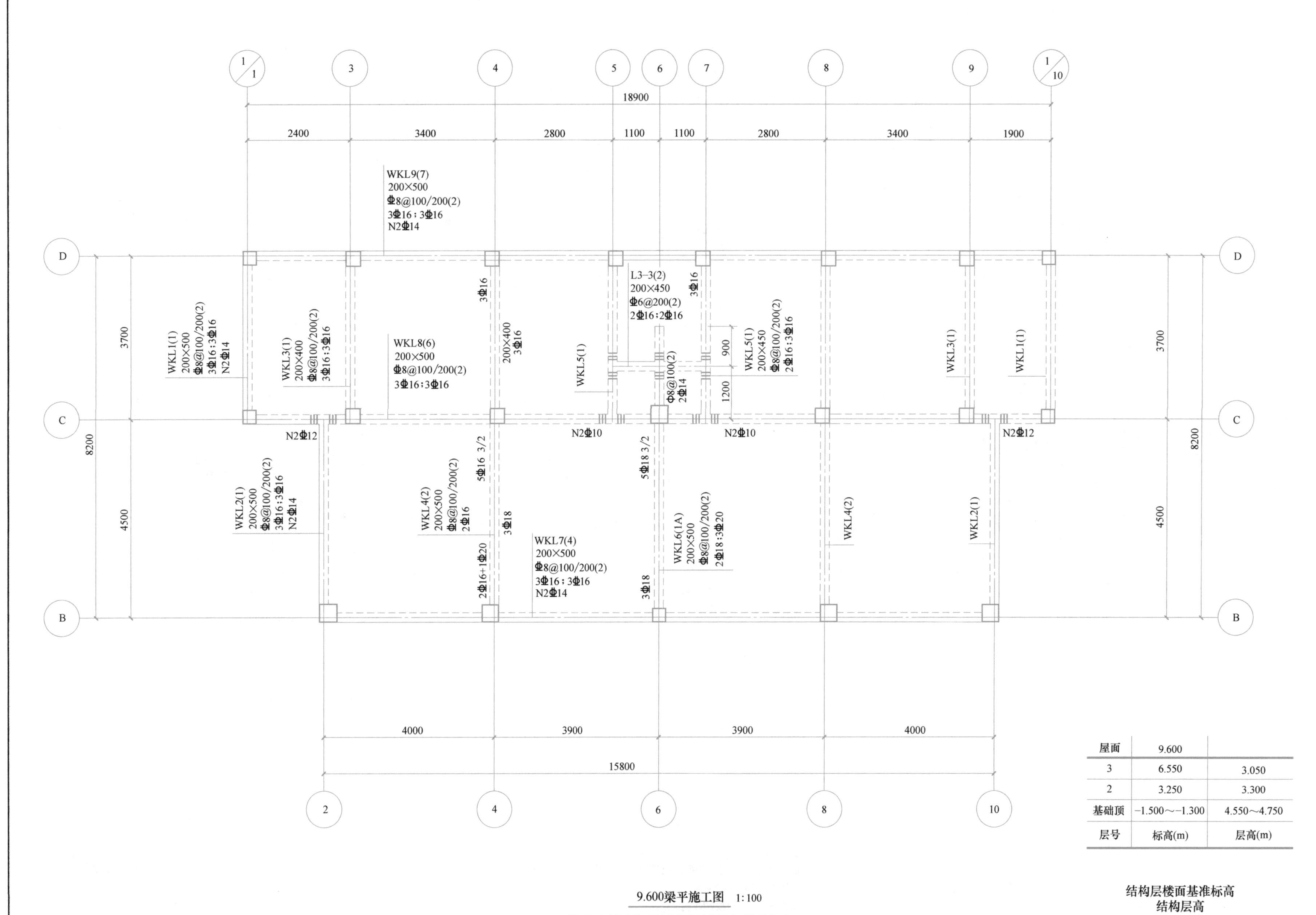

屋面	9.600	
3	6.550	3.050
2	3.250	3.300
基础顶	-1.500～-1.300	4.550～4.750
层号	标高(m)	层高(m)

结构层楼面基准标高
结构层高

9.600梁平施工图 1:100

说明：1.图中未注明梁定位均轴线居中或与柱边齐。
2.主次梁交接处箍筋加密，图纸为注明的附加箍筋均为每侧3Φ8@50。

审定	审核	工种负责	校对	设计	工程名称	某某小区别墅	比例	图别	图号
					图名	9.600梁平法施工图	1：100	结施	08

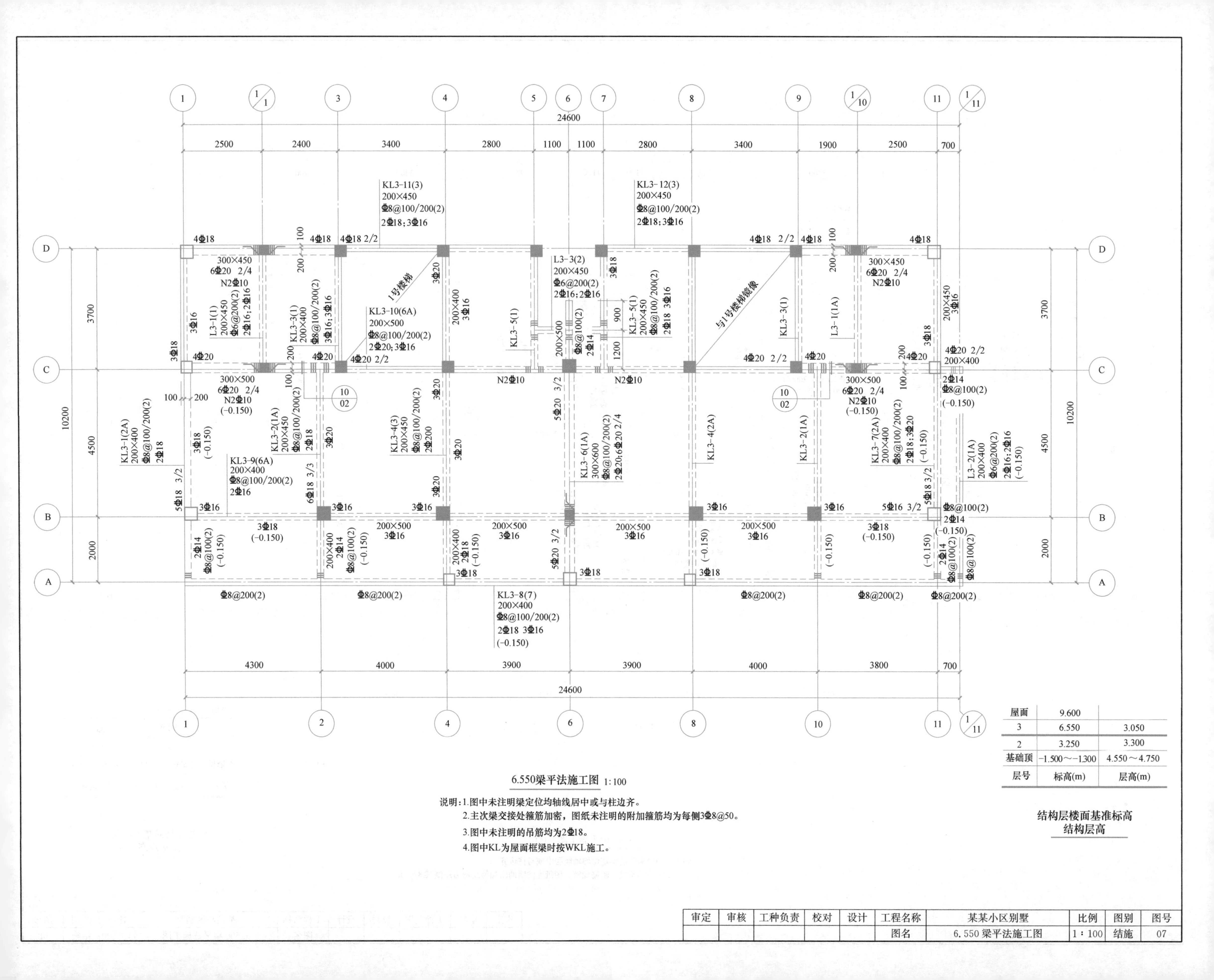

6.550梁平法施工图 1:100
说明:1.图中未注明梁定位均轴线居中或与柱边齐。
2.主次梁交接处箍筋加密，图纸未注明的附加箍筋均为每侧3Φ8@50。
3.图中未注明的吊筋均为2Φ18。
4.图中KL为屋面框梁时按WKL施工。
屋面 9.600
3 6.550 3.050
2 3.250 3.300
基础顶 -1.500～-1300 4.550～4.750
层号 标高(m) 层高(m)
结构层楼面基准标高
结构层高
审定 审核 工种负责 校对 设计 工程名称 某某小区别墅 比例 图别 图号
图名 6.550梁平法施工图 1:100 结施 07

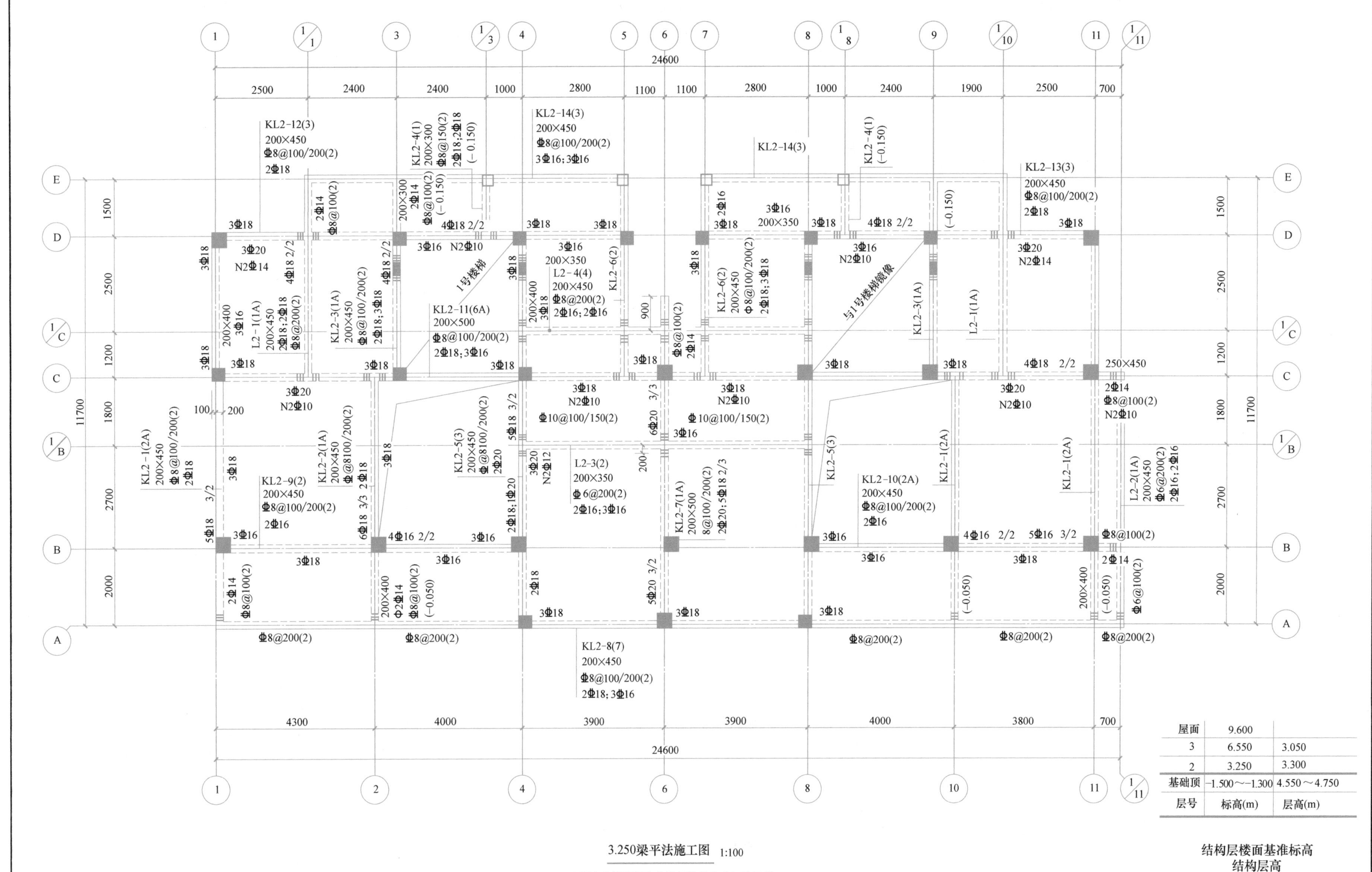

屋面	9.600	
3	6.550	3.050
2	3.250	3.300
基础顶	-1.500~-1.300	4.550~4.750
层号	标高(m)	层高(m)

结构层楼面基准标高
结构层高

3.250梁平法施工图 1:100

说明：1.图中未注明梁定位均轴线居中或与柱边齐。

2.主次梁交接处箍筋加密，图纸未注明的附加箍筋均为每侧3Φ8@50。

3.图中KL为屋面框梁时按WKL施工。

审定	审核	工种负责	校对	设计	工程名称	某某小区别墅	比例	图别	图号
					图名	3.250梁平法施工图	1:100	结施	06

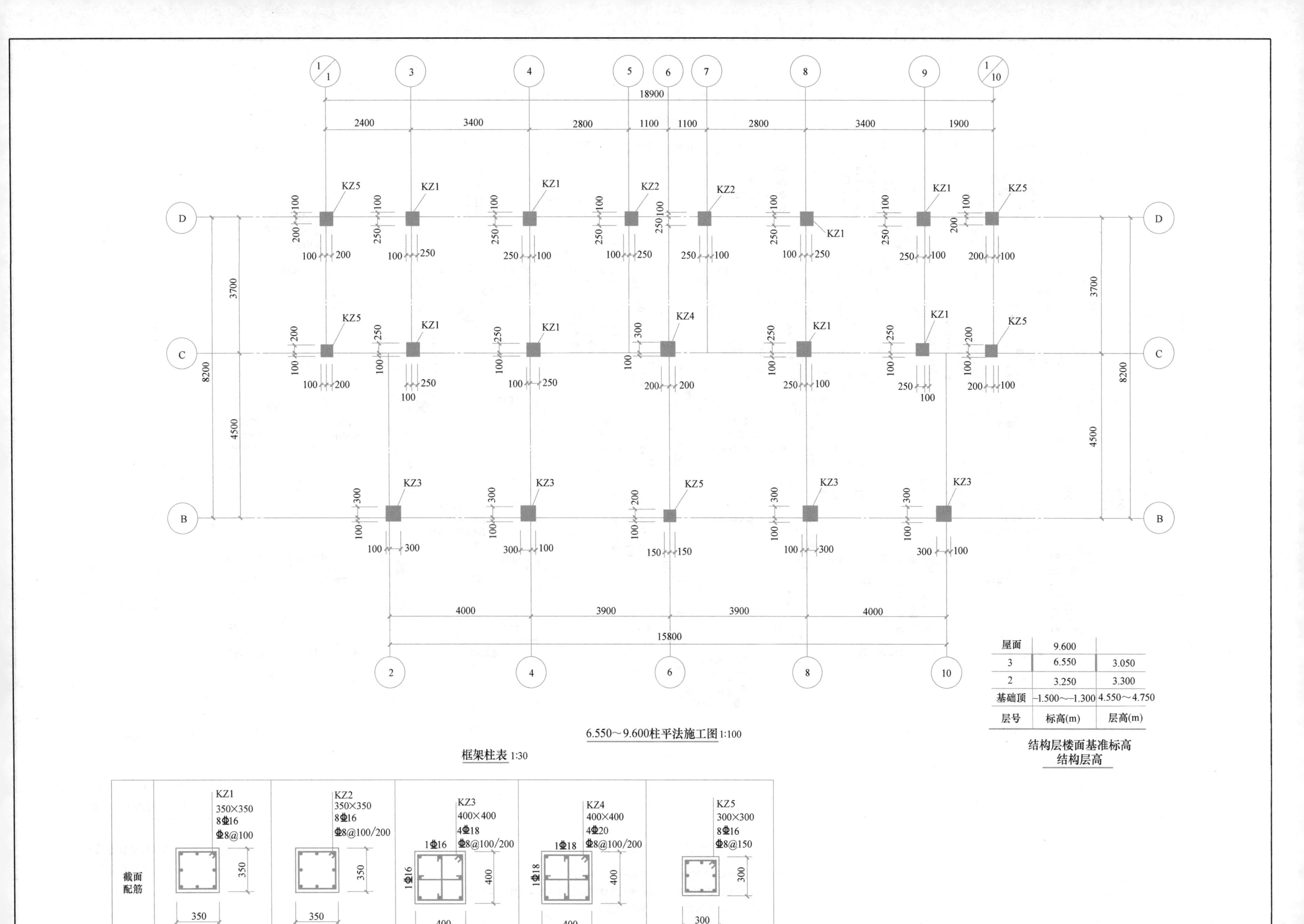

审定	审核	工种负责	校对	设计	工程名称	某某小区别墅	比例	图别	图号
					图名	6.550～9.600 柱平法施工图	1∶100	结施	05

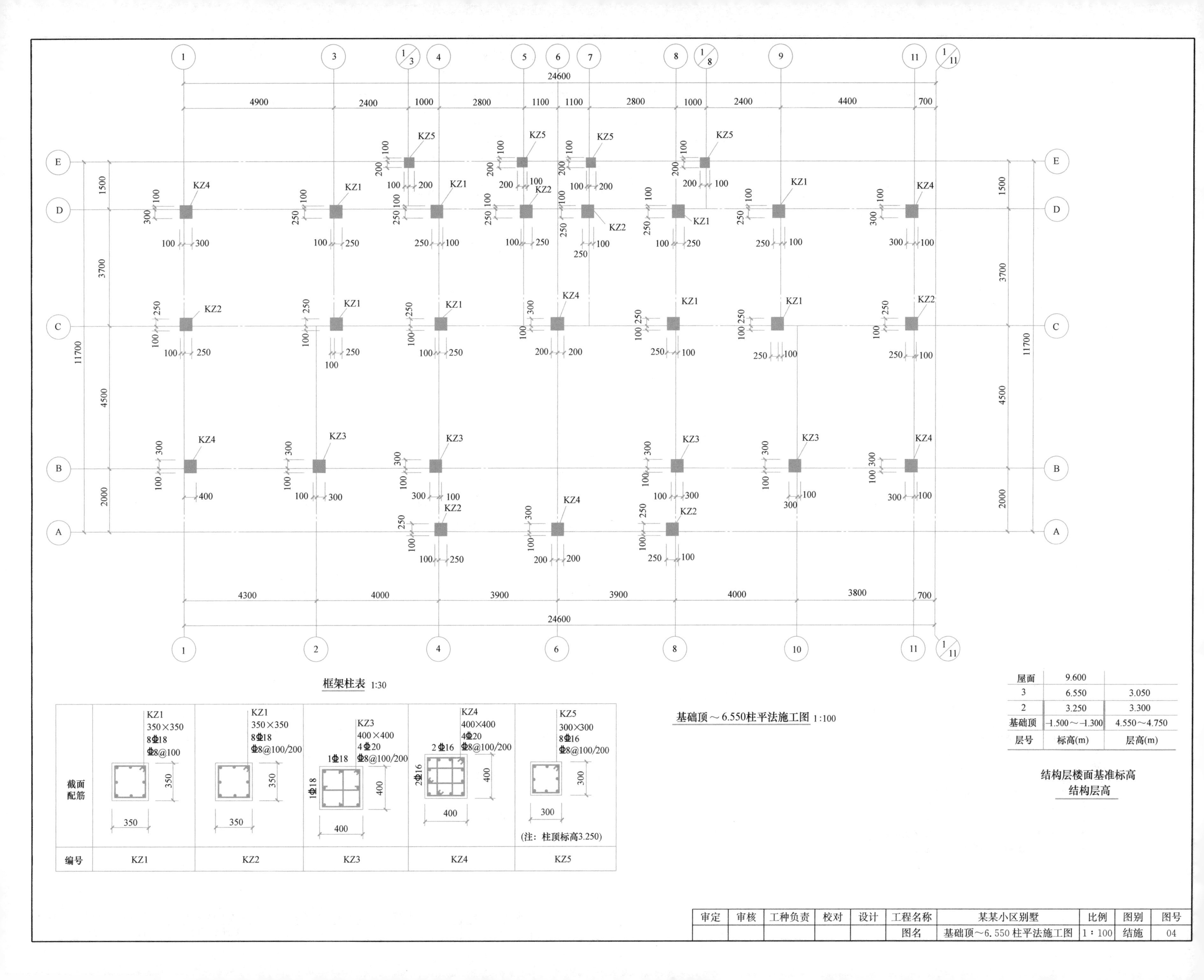

框架柱表 1:30
基础顶～6.550柱平法施工图 1:100
KZ1 350×350 8Φ18 Φ8@100
KZ1 350×350 8Φ18 Φ8@100/200
KZ3 400×400 4Φ20 1Φ18 Φ8@100/200
KZ4 400×400 4Φ20 2Φ16 Φ8@100/200
KZ5 300×300 8Φ16 Φ8@100/200
(注：柱顶标高3.250)
截面配筋
编号
KZ1
KZ2
KZ3
KZ4
KZ5
屋面 9.600
3 6.550 3.050
2 3.250 3.300
基础顶 -1.500～-1.300 4.550～4.750
层号 标高(m) 层高(m)
结构层楼面基准标高
结构层高
审定 审核 工种负责 校对 设计 工程名称 某某小区别墅 比例 图别 图号
图名 基础顶～6.550柱平法施工图 1∶100 结施 04

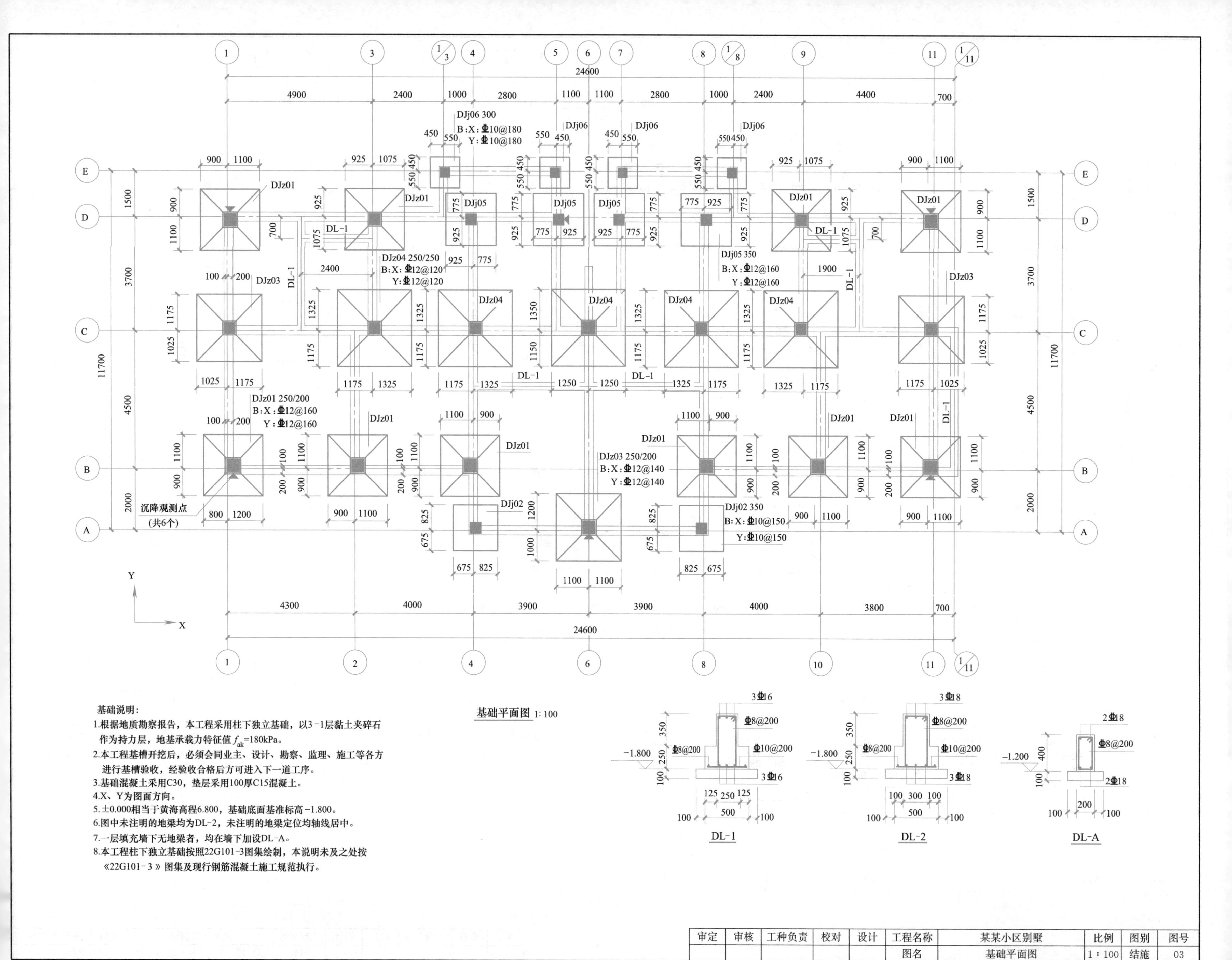

基础平面图 1:100
基础说明：
1.根据地质勘察报告，本工程采用柱下独立基础，以3-1层黏土夹碎石作为持力层，地基承载力特征值f_{ak}=180kPa。
2.本工程基槽开挖后，必须会同业主、设计、勘察、监理、施工等各方进行基槽验收，经验收合格后方可进入下一道工序。
3.基础混凝土采用C30，垫层采用100厚C15混凝土。
4.X、Y为图面方向。
5.±0.000相当于黄海高程6.800，基础底面基准标高-1.800。
6.图中未注明的地梁均为DL-2，未注明的地梁定位均轴线居中。
7.一层填充墙下无地梁者，均在墙下加设DL-A。
8.本工程柱下独立基础按照22G101-3图集绘制，本说明未及之处按《22G101-3》图集及现行钢筋混凝土施工规范执行。
DJj06 300
B:X:⌀10@180
Y:⌀10@180
DJz04 250/250
B:X:⌀12@120
Y:⌀12@120
DJj05 350
B:X:⌀12@160
Y:⌀12@160
DJz01 250/200
B:X:⌀12@160
Y:⌀12@160
DJz03 250/200
B:X:⌀12@140
Y:⌀12@140
DJj02 350
B:X:⌀10@150
Y:⌀10@150
DJz01
DJz03
DJz04
DJj02
DJj05
DJj06
DL-1
沉降观测点
(共6个)
24600
11700
DL-1
DL-2
DL-A
3⌀16
⌀8@200
⌀10@200
3⌀18
2⌀18
-1.800
-1.200
审定
审核
工种负责
校对
设计
工程名称
某某小区别墅
图名
基础平面图
比例
1:100
图别
结施
图号
03

(5)楼板外墙转角及板短跨不小于3.9m处楼板四角上部配置放射形钢筋见图4。

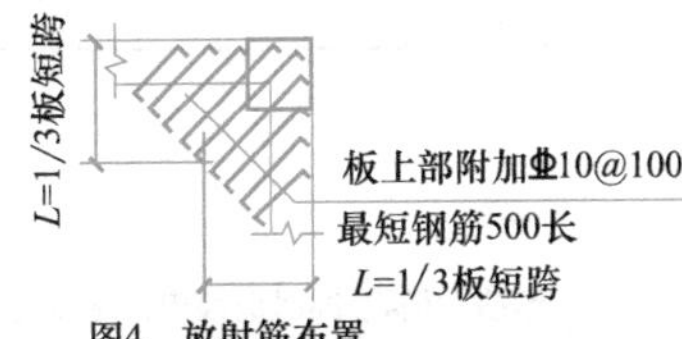

图4 放射筋布置

(6)当有管道井时，其板内钢筋仍应按图设置，并按板上开洞规定处理，待管道设备安装完毕后，再用混凝土逐层浇实，混凝土强度等级同各楼层，板厚度见各平面图标注。

(7)板内埋设管线时，所铺设管线应放在板底钢筋之上，板上部钢筋之下，且管线的混凝土保护层应不小于30mm，且应在管线上下各铺设550级冷轧带Φ^{R}4@100钢筋网片，宽度600。

(8)对设备的预留孔洞及预埋件与安装单位配合施工，未经设计人员同意，不得随意在板上打洞、剔凿。

(9)跨度大于4.0m的板施工支模时应起拱，起拱高度为跨度的2/1000。

6.钢筋混凝土梁

(1)楼层(包括屋面)框架梁纵向钢筋构造详见图标图集《22G101-1》第2-33页。

(2)框架梁中间支座纵向钢筋详见图标图集《22G101-1》第2-37页。

(3)框架梁箍筋构造详见图标图集《22G101-1》第2-39页。

(4)非框架梁配筋构造详见图标图集《22G101-1》第2-40页。

(5)不伸入支座的梁下部纵向钢筋断点位置、附加箍筋、附加吊筋、梁侧面构造筋等其他构造要求详见图标图集《22G101-1》。

(6)当次梁与框架梁或主梁同高时，次梁主筋应放在主梁钢筋的内侧。

(7)梁上不允许预留洞口，预埋件需与安装单位配合施工。

(8)屋面(包括露台)处的框架梁均按《22G101-1》中屋面框架梁WKL的构造处理。

(9)跨度大于4.0m的梁施工支模时应起拱，起拱高度为跨度的2/1000。

7.钢筋混凝土柱

(1)框架柱纵向钢筋连接构造详图见图标图集《22G101-1》第2-9页。

(2)框架边柱和角柱柱顶纵向钢筋构造详图见图标图集《22G101-1》第2-14、2-15页。

(3)框架中柱柱顶纵向钢筋构造，框架变截面位置纵向钢筋构造详见图标图集《22G101-1》第2-16页。

(4)框架柱箍筋构造和梁上柱纵向钢筋详见图标图集《22G101-3》第2-12、2-13页。

(5)柱插筋在基础中的锚固构造详见图标图集《22G101-3》。

(6)柱上不允许预留孔洞，预埋件需与安装单位配合施工。

(7)柱上节点的其他构造要求详见图标图集《22G101-1》。

十、砌体工程

1.砌体填充墙平面位置建筑施工前，不得随意更改。应配合建施图，按要求预留墙体插筋。

2.砌体填充墙应沿框架柱(包括构造柱)或钢筋混凝土墙全高每隔500mm设置2Φ6的拉筋，拉筋伸入填充墙内的长度不小于填充墙长的1/5，且不小于700mm，详见图5。

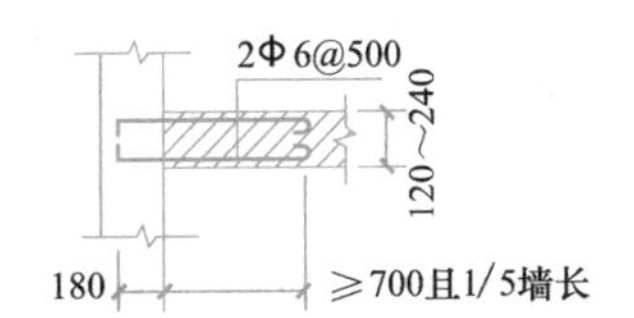

图5 填充墙与混凝土柱、墙间拉筋构造

3.砌体填充墙内的构造柱一般不在各楼层结构平面图中画出，一律按以下原则设置：

(1)填充墙长度大于5m时，沿墙长度方向每隔4m设置一根构造柱；

(2)外墙及楼梯间墙转角处设置构造柱；

(3)填充墙端部无翼墙或混凝土柱(墙)时，在端部增设构造柱；

(4)超过2m的门窗洞口两侧。

构造柱尺寸：墙宽为240,配筋为4Φ12，Φ6@200。

4.砌体填充墙高度大于4m时，墙体半高处或门洞上皮设与柱连接且沿全墙贯通的钢筋混凝土水平圈梁，圈梁高200，宽同墙宽，配筋为4Φ12，Φ6@200。若水平圈梁遇过梁，则兼作过梁并按过梁增配钢筋，柱(墙)施工时，应在相应位置预留4Φ12与圈梁纵筋连接。

5.填充墙内的构造柱应先砌墙后浇混凝土，施工主体结构时，应在上下楼层梁的相应位置预留相同直径和数量的插筋与构造柱纵筋连接。

6.框架柱(或构造柱)边砖墙垛长度不大于120时，可采用素混凝土整浇。

7.砌体内门窗洞口顶部无梁时，均按图6的要求设置钢筋混凝土过梁。

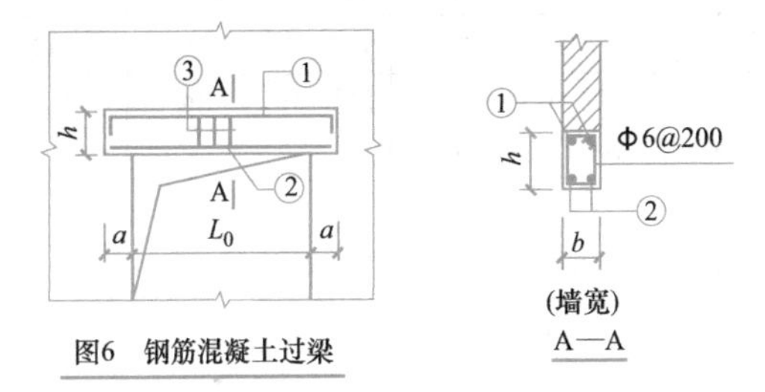

图6 钢筋混凝土过梁

钢筋混凝土过梁截面配筋表

净跨L_0	L_0≤1000	1000<L_0≤1500	1500<L_0≤2000	2000<L_0≤2500	2500<L_0≤3000	3000<L_0≤3500	3500<L_0
梁高h	120	150	180	240	300	350	另详施工图
支承长度a	180	240	240	360	360	360	
面筋①	2Φ10	2Φ10	2Φ10	2Φ12	2Φ12	2Φ12	
底筋②	2Φ10	2Φ12	2Φ14	2Φ16	2Φ16	3Φ16	

8.在填充墙与混凝土构造周边接缝处，应固定设置镀锌钢丝网，其宽度不小于200。

9.砌块墙体开设管线槽时应使用开槽机，严禁敲击成槽。管线埋设后，小孔和小槽用水泥砂浆填补，大孔和大槽用细石混凝土填满。

十一、其他施工注意事项

1.卫生间、开水间、室外楼地面及屋面交界处墙体，靠外侧做250高、120宽素混凝土翻边。

2.所有预留孔洞、预埋套管，应根据各专业图纸，由各工种施工人员核对无误后方可施工。结构图纸中标注的预留孔洞等与各专业图纸不符时，应事先通知设计人员处理。

3.预埋件的设置：建筑幕墙、顶棚、门窗、楼梯栏杆、电缆桥架、管道支架以及电梯导轨等与主体结构连接时，各工种应密切配合进行预埋件的埋设，不得随意采用膨胀螺栓固定。建筑幕墙与主体结构的连接必须采用预埋件连接。

4.施工中混凝土强度达到70%时方可拆除底模和浇筑上层混凝土;在悬挑梁、板等结构上的支撑，必须在混凝土强度达到设计强度的100%时方可拆除。

5.屋面天沟及雨篷等应设置必要的过水管(孔)，施工完毕后必须清扫干净，保护排水畅通。过水管(孔)设置的标高应考虑建筑面层的厚度。

6.施工楼面堆载不得超过设计使用荷载。未经结构工程师允许不得改变使用环境及原设计的使用功能。

7.防雷接地做法详电气施工图。

8.钢筋混凝土栏板每隔12m设置20mm宽温度缝。

9.本总说明未做详尽规定或未及之处按现行有关规范、规程执行。

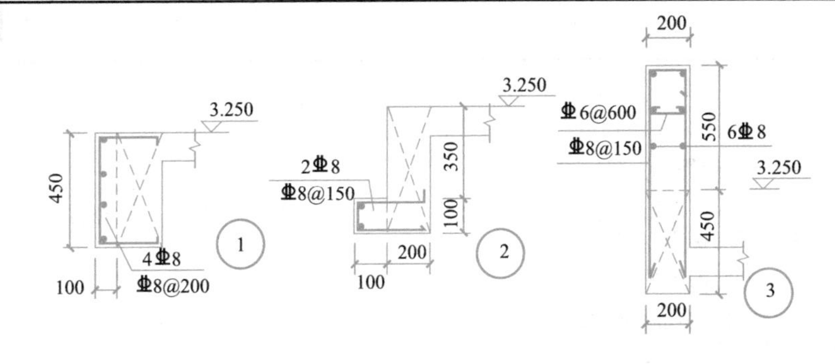

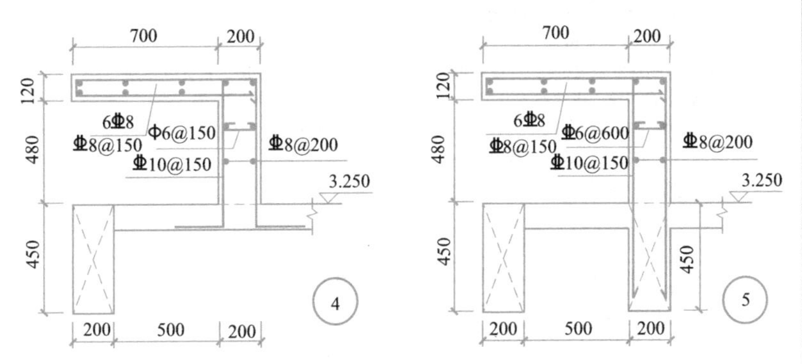

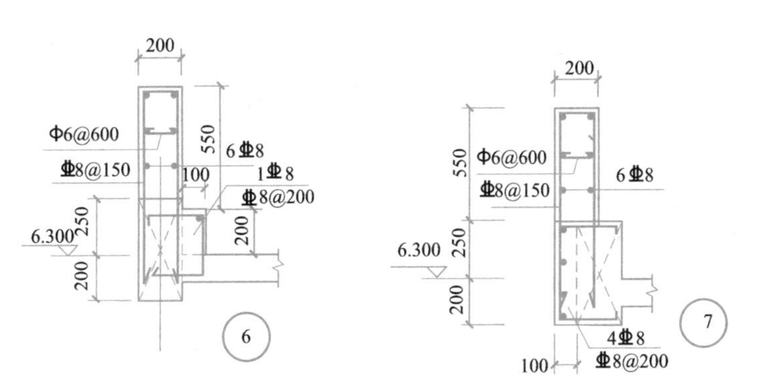

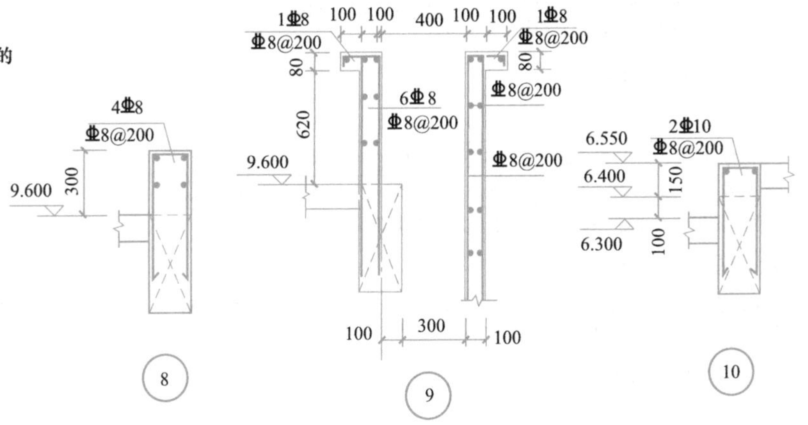

审定	审核	工种负责	校对	设计	工程名称	某某小区别墅	比例	图别	图号
					图名	结构设计总说明(二)		结施	02

附录　《某某小区别墅结构施工图》

结构设计总说明

一、工程概况

本工程位于××省××市，为某某小区别墅，地上三层，建筑高度10.050m，框架结构，基础形式为柱下独立基础。

二、设计依据

1.本工程设计使用年限为50年

2.自然条件：

(1)基本风压0.55kN/m²，地面粗糙度B类。

(2)基本雪压0.45kN/m²。

(3)场地地震基本烈度6度，特征周期值0.45s，抗震设防烈度6度，设计基本地震加速度0.05g，设计地震分组第一组，建筑物场地土类别为Ⅲ类。

3.××工程勘察院提供的《××小区岩土工程勘察报告》

4.政府有关主管部门对本工程的审查批复文件

5.本工程设计所执行的规范及规程见下表：

序号	名称	编号和版本号
1	《建筑结构可靠性设计统一标准》	GB 50068—2018
2	《建筑工程抗震设防分类标准》	GB 50223—2008
3	《建筑结构荷载规范》	GB 50009—2012
4	《建筑抗震设计规范》	GB 50011—2010(2016年版)
5	《混凝土结构设计规范》	GB 50010—2010(2015年版)
6	《建筑地基基础设计规范》	GB 50007—2011
7	《砌体结构设计规范》	GB 50003—2011

三、图纸说明

1.本工程结构施工图中除注明外，标高以m为单位，尺寸以mm为单位。

2.本工程相对标高±0.000相当于黄海高程6.800m。

四、建筑分类等级

序号	名称	等级	序号	名称	等级
1	建筑结构安全等级	二级	5	建筑耐火等级	二级
2	地基基础设计等级	丙级	6	砌体施工质量控制等级	B级
3	建筑抗震设防类别	丙类	7	混凝土构件的环境类别	一类
4	框架抗震等级	四级			二a类

五、主要荷载取值

楼(屋)面活荷载见下表：(单位：kN/m²)

部位	阳台、厨房	卫生间	屋顶露台	不上人屋面	楼梯间	其余房间
荷载	2.5	2.5	2.5	0.5	2.5	2.0

注：使用荷载和施工荷载不得大于设计活荷载值。

六、设计计算程序

本工程使用中国建筑科学研究院PKPMCAD工程部编制的PKPMCAD系列软件，2010新规范版本进行结构整体分析。

七、主要结构材料

1.混凝土强度等级见下表：

部位及构件	混凝土强度等级	备注
基础垫层	C15	
基础	C30	
柱	C30	
梁、板	C30	
过梁、构造柱、圈梁	C20	

2.钢筋符号、钢材牌号见下表：

热轧钢筋种类	符号	f_y(N/mm²)	钢材牌号	厚度(mm)	f(N/mm²)
HPB300(Q235)	Φ	270	Q235-B	≤16	215
			Q345-B	≤16	310
HRB400	⌀	360			

3.焊条

E43型：用于HPB300钢筋焊接，Q235-B钢材焊接。

E50型：HRB400钢筋焊接，Q345-B钢材焊接。

钢筋与钢材焊接随钢筋定焊条，焊接应符合JGJ 18—2012有关规定。

4.墙体材料

构件部位		砌块材料	砌块强度等级	砂浆材料	砂浆强度等级
±0.000以下		混凝土普通砖	MU15	水泥砂浆	M10
±0.000以上	外墙	烧结页岩多孔砖	MU10	混合砂浆	M7.5
	内墙	加气混凝土砌块	A5.0	专用砂浆	Mb5.0

八、地基基础

1.基础类型：本工程采用柱下独立基础，详见结施-03。

2.基础施工前需将表面耕植土清除。基槽开挖时，如遇异常情况，应通知勘察设计部门处理。基槽开挖完毕后应会同勘察、设计部门验槽，合格后方可进入下一步施工。

3.基坑开挖时应根据勘察报告提供的参数进行放坡，对基坑距道路、市政管线、现有建筑物较近处应进行边坡支护，以确保道路、市政管线、现有建筑的安全和施工顺利进行。

4.地下水位较高时，施工应采取有效措施降低地下水位，保证正常施工。

5.基底超挖部分用砂石(其中碎石、卵石占全重30%)，分层回填至设计标高，压实系数≥0.97，基础混凝土养护完成后应迅速回填土(压实系数≥0.94)至室外标高。

6.基础墙体采用MU15混凝土普通砖，M10水泥砂浆砌筑，双面20厚1:3防水砂浆粉刷。

7.本工程要求进行沉降观测：沉降观测点位置详见结施-02基础施工图。沉降观测自完成±0.000层开始，每施工一层观测一次，封顶后每月观测一次，竣工验收后第一年观测次数不少于4次，第二年不少于2次，以后每年不少于1次，直至建筑物沉降稳定。未尽之处按《建筑变形测量规范》JGJ 8—2022执行，沉降观测做法见图1。

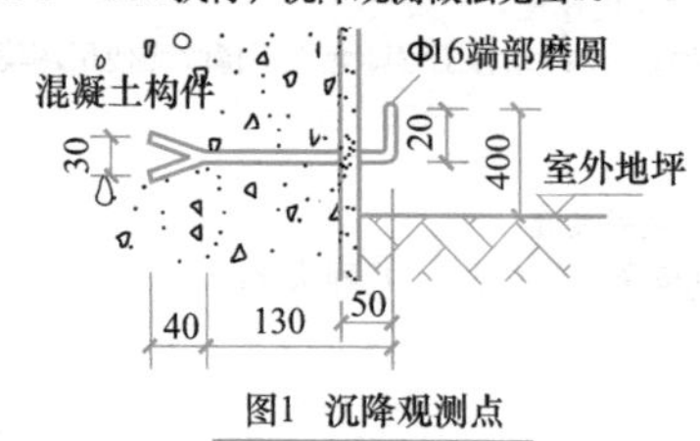

图1　沉降观测点

九、钢筋混凝土

1.本工程采用国家标准图集《混凝土结构施工图平面整体表示方法制图规则和构造详图》22G101的表示方法，施工图中未注明的构造要求均按照标准图集的相关要求执行。

2.钢筋的混凝土保护层厚度

构件中受力钢筋的保护层厚度，最外层钢筋的外边缘至混凝土表面的距离不应小于钢筋的公称直径，且符合下表规定：

环境类别		板、墙 C25	板、墙 C30～C45	梁、柱 C25	梁、柱 C30～C45
一		20	15	25	20
二	a	25	20	30	25

注：基础的混凝土保护层厚度为40mm。

3.钢筋接头形式和要求

(1)梁柱钢筋宜优先采用机械接头，钢筋直径d≥28时应采用机械连接；d=25时宜采用机械连接。

(2)接头位置宜设置在受力较小处，在同一根钢筋上宜少设接头。

(3)受力钢筋的接头位置应相互错开，当采用焊接接头时，相邻接头之间距离应大于35d，且不小于500mm。

当采用绑扎搭接时，相邻接头中心之间的距离应大于1.3倍搭接长度。位于同一连接区段内的受力钢筋搭接接头面积百分率应符合下表要求：

接头形式	受拉区接头面积百分率	受压区接头面积百分率
机械连接	≤50%	不限
焊接连接	≤50%	不限
绑扎连接	<25%	≤50%

4.纵向钢筋的锚固长度、搭接长度

(1)纵向钢筋的锚固长度

详见《混凝土结构施工图平面整体表示方法制图规则和构造详图》22G101中第57、58页。

注：所有锚固长度均应大于200mm，HPB300钢筋两端必须加弯钩。

(2)纵向钢筋的搭接长度

纵向钢筋的搭接接头百分率	≤25	50	100
纵向受拉钢筋的搭接长度	$1.2l_a$	$1.4l_a$	$1.6l_a$
纵向受压钢筋的搭接长度	$0.85l_a$	$1.0l_a$	$1.13l_a$

注：抗震设计时为l_{aE}；受拉和受压钢筋搭接长度分别不应小于300和200mm。

5.现浇钢筋混凝土板

(1)双向板钢筋的放置，短跨方向钢筋置于外层，长跨方向钢筋置于内层。现浇板施工时，应采取措施保证钢筋位置正确。

(2)现浇板钢筋的锚固、连接等构造详见图标图集《22G101-1》第2-50～2-52页。

(3)单向板受力钢筋，双向板支座负筋必须配置分布筋，图中未注明分布筋均为Φ6@200。

(4)板上洞口加强：除已注明者外，孔洞直径(矩形洞长边尺寸)不大于300时，相碰钢筋绕过即可；孔洞直径(矩形洞长边尺寸)大于300，而小于1000时，按图2、图3加强。

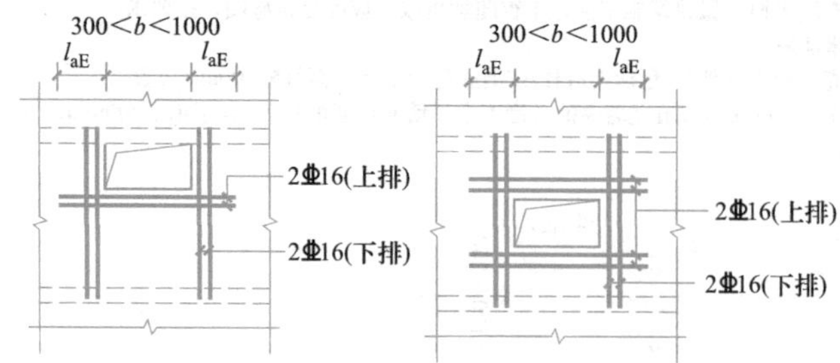

图2　板洞口加固配筋图(附加钢筋应伸至支座内)

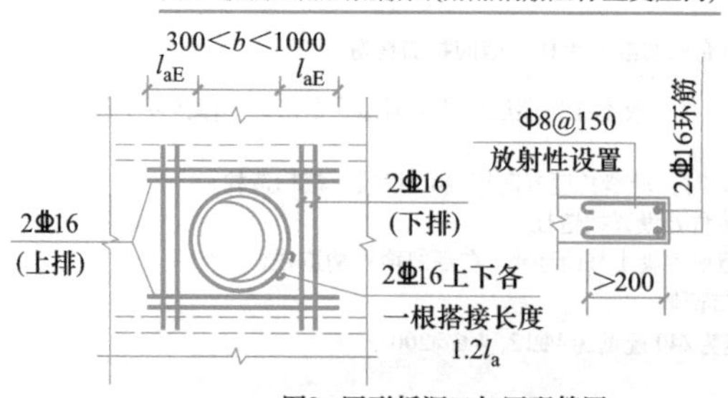

图3　圆形板洞口加固配筋图

审定	审核	工种负责	校对	设计	工程名称	某某小区别墅	比例	图别	图号
					图名	结构设计总说明(一)		结施	01